全国电力行业"十四五"规划教材

化工厂锅炉概论

魏　博　陈丽娟　谭厚章　王毅斌　马金荣　编
李　显　主审

中国电力出版社
CHINA ELECTRIC POWER PRESS

内 容 提 要

本书以化工厂生产过程中用来提供蒸汽和电力等所用的锅炉设备为对象，介绍了锅炉工作过程的基本原理、基础知识、化工厂锅炉常见结构及故障诊断等内容。

本书共分为十章，主要内容包括：概述，燃料及燃烧计算，锅炉机组热平衡及能效分析，燃烧理论基础，锅炉循环方式及换热器，燃油燃气锅炉，层燃炉，室燃炉，流化床炉，锅炉结渣、积灰、腐蚀、磨损与超温等内容。

本书系统性强，覆盖面广，可作为普通高等教育化学工程与技术、过程装备与控制工程等专业教材，也可供从事食品化工、能源化工、纺织化工、冶金化工等领域相关技术人员参考用书。

图书在版编目（CIP）数据

化工厂锅炉概论 / 魏博等编. -- 北京：中国电力出版社，2024.9. -- ISBN 978-7-5198-8970-8

Ⅰ. TK229

中国国家版本馆 CIP 数据核字第 2024CT6137 号

出版发行：中国电力出版社
地　　址：北京市东城区北京站西街 19 号（邮政编码 100005）
网　　址：http：//www.cepp.sgcc.com.cn
责任编辑：吴玉贤（010-63412540）
责任校对：黄　蓓　王海南
装帧设计：张俊霞
责任印制：吴　迪

印　　刷：北京天泽润科贸有限公司
版　　次：2024 年 9 月第一版
印　　次：2024 年 9 月北京第一次印刷
开　　本：787 毫米×1092 毫米　16 开本
印　　张：14.5
字　　数：361 千字
定　　价：48.00 元

前　言

总码

化工生产过程中不可避免地需要使用到蒸汽和电力，而现有化工企业相关技术人员和企业管理人员普遍对全厂生产用蒸汽和电力供给的锅炉不够了解。锅炉是化工厂主要的能量消耗设备，其产生的蒸汽和电力可谓生产过程的大动脉，锅炉运行中产生的问题也对企业正常生产产生重要影响。

本书编者调研了不同类型的多个化工企业，分析了不同化工生产过程中能提供给锅炉的燃料，并针对不同燃料在燃烧过程中采用的锅炉形式，介绍了燃油燃气锅炉和以链条炉为主的层燃炉、室燃炉及流化床锅炉的结构特点、工作原理、运行方式，以及不同类型锅炉的能效分析与故障诊断。对于锅炉运行中较为常见的结渣、积灰、腐蚀、磨损与超温等问题，提出了相应的解决措施，作为拓展阅读内容，读者可扫描二维码获取。

本书为产教融合教材，由新疆大学、西安交通大学和新疆新业能源化工有限责任公司联合编写，由魏博、陈丽娟、谭厚章、王毅斌、马金荣编，魏博统稿。在教材编写过程中，新疆新业能源化工有限责任公司作为新疆大学产教融合的长期合作企业，为本教材提供了大量素材、资料和建议。新疆大学化工学院的领导和老师也给予了积极的帮助和支持，并提出了许多宝贵意见。王建江老师、刘坤朋老师、马瑞老师、杨涛博士、王世海博士对书稿编写提供了很大帮助，吴文亚、肖伍扬、马芳茹、刘江山、吴雪佼、蒋权、刘康、刘伟华、杨森、尤丽吐孜·吐尔逊等硕士研究生在书稿的图表绘制方面提供了大力支持。除此以外，编者还参阅了一些化工企业提供的资料和大量优秀教材，在此一并表示感谢。

本书由华中科技大学李显教授主审，主审老师提出了很多建议和意见，在此表示衷心感谢。

由于作者水平所限，书中难免有疏漏和不足之处，真诚希望读者批评指正。

编　者
2024 年 8 月

目　录

第 1 篇

锅炉基础知识

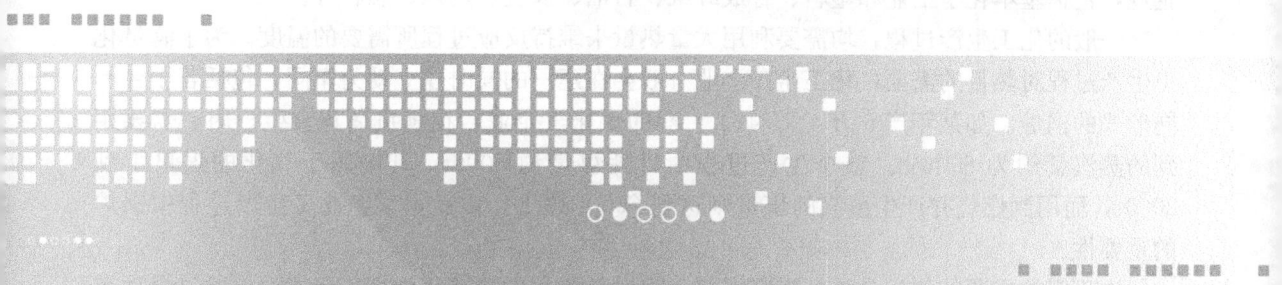

第 1 章 概 述

【本章导读】

本章将介绍化工厂使用锅炉的设备分类，锅炉评价的指标与锅炉型号，并简单介绍当前化工厂锅炉的现状与发展。

化学工业又称化学加工工业，泛指生产过程中化学方法占主要地位的过程工业，19 世纪初开始形成。最初化学工业只生产纯碱、硫酸等少数几种无机产品和主要从植物中提取制成燃料的有机产品。后来，化学工业领域逐步出现了大批综合利用资源和规模大型化的化工企业，包括基本化学工业和塑料、合成纤维、石油、橡胶、药剂、燃料等。

一般的化工生产过程，均需要利用大量热量来维持反应过程所需要的温度。为了满足化工生产过程对热量的需要，化工生产企业一般会在建厂的同时建立动力车间，包括若干台不同形式的锅炉。如某年产 6 万 t 1,4-丁二醇的煤化工企业，在满负荷正常生产时，需要用到的蒸汽量约为 800t/h。整个生产过程中日耗煤量约 8000t，其中用于气化的煤量不到 2000t，而用到燃烧并产生蒸汽的煤量则达到 6000t 以上。由此可见，化工生产过程中锅炉的重要性。

由于锅炉主要的作用是维持燃料燃烧，将燃料的化学能转化为烟气热能，并通过合理布置的换热器，将烟气热能传递给蒸汽，以满足化工生产的需要。而燃料燃烧温度较高，伴随着燃烧同时发生的还有设备的结渣、沾污、腐蚀、磨损等可能导致设备停车的问题。即便是能够稳定运行，锅炉的经济性运转也是降低整体化工产品成本的有效手段之一。为了提高化工企业生产的稳定性和经济性，锅炉所在的动力车间通常是化工企业重点关注的区域。

随着国家对环境要求不断提高，环境保护部门也提出了燃烧污染物的排放限值。目前在大型电站燃煤锅炉提出超低排放的标准，要求烟气中 NO_x 不得超过 $50mg/m^3$，SO_x 不得超过 $30mg/m^3$，微细颗粒物不得超过 $10mg/m^3$。化工企业内锅炉的排放标准在多地也参照此排放限值执行。后期可能还会对燃烧烟气中的重金属，甚至 CO_2 提出排放标准要求。而这些污染物排放要求，与锅炉设备、燃料、污染物脱除设备等紧密相关。

综上所述，锅炉在化工生产中起到了非常关键的作用。因此，在化工领域提高锅炉效率，稳定运行时间，降低污染物排放是化工企业的重要工作。

1.1 化工厂锅炉设备分类

化工厂依据其化学产品的生产工艺不同，地区燃料禀赋差异，采用的燃料和燃烧方式也不同。如天然气合成氨工艺通常采用天然气作为燃料，因此采用燃气锅炉供应热量；采用水煤浆气化技术制合成氨、甲醇、烯烃等企业，由于水煤浆制备过程需制备煤粉，通常采用以煤粉为燃料的室燃炉；采用碎煤气化技术的化工企业，一般将原煤进行直接筛分，块煤用于气化，而筛下的末煤则可直接用于流化床锅炉燃烧。针对单晶硅、冶炼铝等产业，由于用电量巨大，通常采用大型电站锅炉标准进行建设锅炉。至于其他一些小型化工企业，也有采用块煤层燃的方式，或天然气、重油等燃烧方式提供热量。

由于化工企业种类繁多，采用的燃烧方式也存在很大差异，因此，锅炉分类的方法也很多。

1.1.1 按蒸发量分

按照蒸发量的大小，锅炉有小型、中型和大型之分，但它们之间没有固定的分界。随着锅炉工业的发展，锅炉的容量日益增大。以往的大型锅炉目前只能算中型甚至小型锅炉。根据目前的情况，一般认为额定蒸发量 $D_e < 400t/h$ 的是小型锅炉，$1000t/h > D_e > 400t/h$ 的是中型锅炉，$D_e > 1000t/h$ 的是大型锅炉。一般中小型锅炉大多采用自然循环的方式布置换热器，而中型锅炉可用自然循环，也可用控制循环或直流的方式布置换热器。

1.1.2 按蒸汽压力分

按蒸汽压力的高低，可将锅炉分为低压锅炉（$p \leqslant 2.45MPa$，表压，下同）、中压锅炉（$p = 2.94 \sim 4.92MPa$）、高压锅炉（$p = 7.84 \sim 10.8MPa$）、超高压锅炉（$p = 11.8 \sim 14.7MPa$）、亚临界锅炉（$p = 15.7 \sim 19.6MPa$）、超临界锅炉（$p \geqslant 22.1MPa$）。近期发展的超超临界锅炉，最大压力达到 29MPa 以上，蒸发量在 3000t/h 左右。

1.1.3 按燃烧方式分

按燃料在锅炉中的燃烧方式不同，锅炉可分为层燃炉、室燃炉、旋风炉和流化床炉等，如图 1-1 所示。

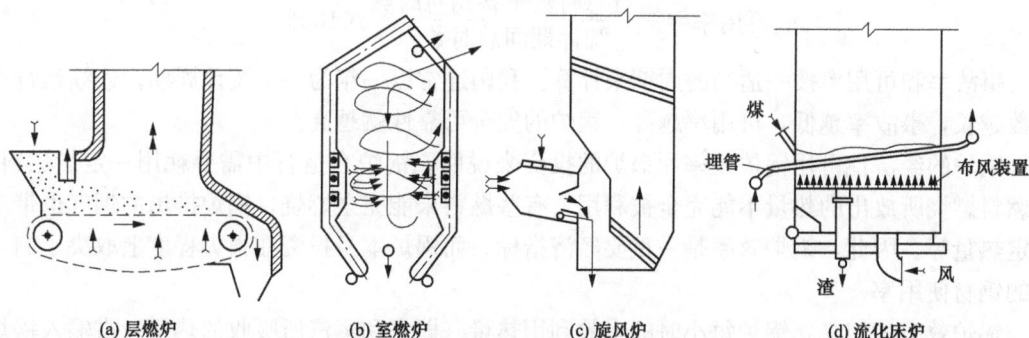

图 1-1 锅炉燃烧方式

层燃炉具有炉箅（或称炉排），煤块或其他固体燃料主要在炉箅上的燃料层内燃烧。燃烧所需空气由炉箅下的配风箱送入，穿过燃料层进行燃烧反应。这类锅炉多为小容量、低参数的工业用炉。

室燃炉是目前电厂锅炉的主要类型。燃油炉、燃气炉以及煤粉炉均属于室燃炉。在燃烧煤粉的室燃炉中，燃料是悬浮在炉膛空间内进行燃烧的。根据排渣方式的不同，室燃炉又可分为固态排渣炉和液态排渣炉。在我国电厂锅炉中，固态排渣室燃炉占有绝对的优势。

旋风炉是一个圆柱形旋风筒作为燃烧室的炉子，气流在筒内高速旋转，较细的煤粉在旋风筒内悬浮燃烧，而较粗的煤粒则贴在筒壁上燃烧。筒内的高速旋转气流使燃烧加速，并使灰渣熔化形成液态排渣。旋风筒有立式和卧式两种布置形式，可燃用粗的煤粉或煤屑。

流化床炉又称沸腾炉，炉子的底部为一多孔的布风板，空气以高速穿经孔眼，均匀进入布风板上的床料层中。床层中的物料为炽热的固体颗粒和少量煤粒，当高速空气穿过时床料上下翻滚，形成"沸腾"状态。在沸腾过程中煤粒与空气良好的接触混合，着火燃烧速度快、效率高，床内安置有以水和蒸汽（或空气）为冷却介质的埋管，使床层温度控制为700～1000℃。现代的流化床炉，为了提高燃烧效率减轻环境污染和对流受热面的磨损，在炉膛出口处将烟气中的大部分固体颗粒从气流中分离出来并收集起来，送回炉膛继续燃烧，称为循环流化床锅炉。沸腾炉可在常压下燃烧，也可在增压下燃烧。由增压沸腾炉出来的高温高压燃气，经除尘后可送入燃气轮机，而由埋管等受热面出来的蒸汽则送入蒸汽轮机，这样就形成所谓燃气-蒸汽联合循环。

1.2　锅炉评价的指标与锅炉型号

1.2.1　锅炉评价的指标

除了上述表征锅炉设备的基本特征外，锅炉特征还可以用锅炉的安全和经济指标来表示。在工业生产中，尤其在火力发电厂中，锅炉是重要设备之一，它的安全性和经济性指标对生产十分重要。而锅炉又是高温高压的大型设备，一旦发生爆炸或破裂事故将非常危险。

锅炉的安全性常用下述几种指标来衡量：

$$连续运行小时数＝两次检修之间的小时数$$

$$事故率＝\frac{事故停用小时数}{总运行小时数＋事故停用小时数}×100\%$$

$$可用率＝\frac{运行总时数＋备用总时数}{统计期间总时数}×100\%$$

事故率和可用率按一适当的周期来计算。我国通常以一年为一个统计周期。连续运行小时数越长，事故率越低，可用率越高，锅炉的安全可靠性就越高。

锅炉的经济性可用锅炉效率和锅炉的投资来说明。锅炉在运行中需要耗用一定量燃料，但燃料燃烧所放出的热量不能完全被利用：有些燃料未能完全燃烧，锅炉排出的烟气也带走一定热量等。因此，锅炉效率是一重要经济指标。而锅炉本身投资在很大程度上取决于制造时的钢材使用率。

锅炉效率的定义：锅炉每小时的有效利用热量（即水和蒸汽所吸收的热量）占输入锅炉全部热量的百分数，常用符号 η 表示，即

$$\eta＝\frac{锅炉有效利用热量}{输入锅炉总热量}×100\%$$

钢材使用率是锅炉生产1t/h蒸汽所使用钢材的吨数。锅炉的容量越小，蒸汽参数越高，钢材使用率越大。一般来说，电厂锅炉的钢材使用率为 2.5～5t/(t/h)。

1.2.2　锅炉的型号

1.电站锅炉

电站锅炉主要用途是发电，多用于多晶硅、电解铝、电石、硅铁等以电为主要能源利用方式的化工领域。为了提高发电效率，通常电站锅炉的蒸汽参数较高，蒸发量也较大。电站锅炉型号通常用一组规定的符号和数字来表示。它反映了锅炉产品的制造厂家、容量大小、参数高低、性能和规格等。国产电站锅炉型号一般表示方式如下：

$$△△—×××/×××—×××/×××—△×$$

第一组为符号，是锅炉制造厂家的汉语拼音缩写。如 HG—哈尔滨锅炉厂；SG—上海

锅炉厂；DG—东方锅炉厂；WG—武汉锅炉厂；BG—北京锅炉厂等。由于能够设计、加工、制造大型电站锅炉的要求较高，因此，国内大型锅炉厂不多。

第二组是数字。分子数字是锅炉容量，单位为 t/h；分母数字为锅炉出口过热蒸汽压力，单位为 MPa。

第三组也是数字。分子和分母分别表示过热蒸汽和再热蒸汽出口温度，单位为℃。

最后一组中，符号表示燃料代号，而数字表示设计序号。煤、油、气的燃料代号分别是 M、Y、Q，其他燃料代号是 T。

例如，DG-670/13.7-540/540-M8 表示东方锅炉厂制造锅炉容量为 670t/h，其过热蒸汽压力为 13.7MPa，过热汽和再热汽的出口温度均为 540℃，设计燃料为煤，设计序号为 8。

2. 工业锅炉

与电站锅炉不同，工业锅炉主要是为生产过程中供应蒸汽、热水的锅炉，其工质参数、锅炉容量等均按生产规模需要进行设计，采用的形式也基本涵盖了所有锅炉形式，如煤粉燃烧的室燃炉、流化床炉、炉排炉、燃油燃气炉等。工业锅炉产品型号的编制方式如图 1-2 所示。

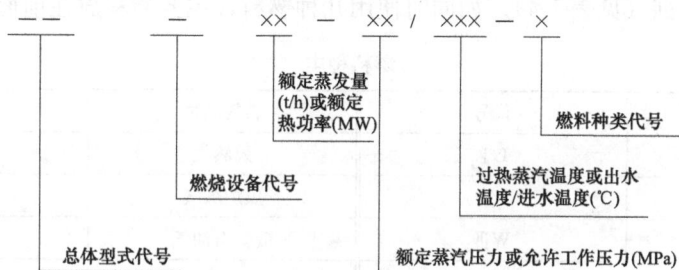

图 1-2　工业锅炉产品型号的编制方式

型号的第一部分表示锅炉和燃烧设备的型式，共分三段。第一段用两个汉语拼音字母代表锅炉的总体型式（见表 1-1、表 1-2）第二段用一个汉语拼音字母代表锅炉的燃烧设备（表 1-3），第三段用阿拉伯数字表示蒸汽锅炉的额定蒸发量为若干 t/h 或热水锅炉额定热功率为若干 MW。

表 1-1　　　　　　　　　　锅壳锅炉总体型式代号

锅壳锅炉总体型式	代号	锅壳锅炉总体型式	代号
立式水管	LS（立水）	卧式外燃	WW（卧外）
立式火管	LH（立火）	卧式内燃	WN（卧内）

注：卧式水火管快装锅炉总体型式代号为 DZ。

表 1-2　　　　　　　　　　水管锅炉总体型式代号

水管锅炉总体型式	代号	水管锅炉总体型式	代号
单汽包立式	DL（单立）	双汽包横置式	SH（双横）
单汽包纵置式	DZ（单纵）	纵横汽包式	ZH（纵横）
单汽包横置式	DH（单横）	强制循环式	QX（强循）
双汽包纵置式	SZ（双纵）		

表1-3　　　　　　　　　　　　　　　　　燃烧设备代号

燃烧设备	代号	燃烧设备	代号
固定炉排	G（固）	抛煤机	P（抛）
固定双层炉排	C（层）	振动炉排	Z（振）
活动手摇炉排	H（活）	下饲炉排	A（下）
链条炉排	L（链）	沸腾炉	F（沸）
往复炉排	W（往）	室燃炉	S（室）

　　型号的第二部分表示介质参数共分两段，中间以斜线相连。第一段用阿拉伯数字表示额定蒸气压力或允许工作压力为若干MPa；第二段用阿拉伯数学表示额定过热蒸气温度或出口水温度和进口水温度，单位为℃。蒸气温度为饱和温度时型号的第二部分无斜线和第二段。

　　型号的第三部分表示燃料种类。以汉语拼音字母代表燃料种类，同时以罗马数字代表燃料品种分类与其并列（见表1-4）。如同时使用几种燃料，主要燃料放在前面。

表1-4　　　　　　　　　　　　　　　　　燃料种类

燃料品种	代号	燃料品种	代号
Ⅰ类劣质煤	LⅠ	天然气	QT
⋮	⋮	焦炉煤气	QJ
Ⅲ类无烟煤	WⅢ	液化石油气	QY
Ⅰ类烟煤	AⅠ	油母页岩	YM
柴油	YC	其他燃料	T
重油	YZ		

　　工业锅炉如为汽水（热水、开水）两用或三用锅炉，以锅炉的主要功能来编制产品型号。例如：WNS10125YCQT表示锅壳式、卧式、内燃、室燃，额定蒸发量为10t/h，额定工作压力125MPa，燃用轻柴油或天然气两用，以燃用轻柴油为主的蒸气锅炉；WNS42-10/115/70QJ表示锅壳式、卧式、内燃、室燃，额定热功率为42MW，额定工作压力10MPa，热水温度为115℃，进水温度为70℃，燃用焦炉煤气的热水锅炉。

1.2.3　化工厂锅炉的现状与发展

　　化工厂锅炉旨在提供化工生产过程中需要的蒸汽、动力和电力，与电站锅炉相比，存在极大差异。电站锅炉在当前重点关注锅炉效率、污染物排放、深度调峰及灵活智能发电技术。而对于化工厂来说，一般生产负荷较为稳定，基本不存在深度调峰和灵活调整负荷的问题，追求更多的则是装置与系统的"长稳安满优"运行。基于此，化工厂锅炉在未来的发展主要包括以下几方面：

　　1. 特种燃料的燃烧

　　化工厂锅炉采用的燃料，一般考虑质优价廉，兼顾供应稳定，因此，通常选用的燃料可能存在质量较差，波动较大的问题。如石油石化企业，在生产过程中可能以采油过程中一并采出的伴生气作为锅炉燃料，而伴生气则与油井特性与采出过程的分离工艺紧密相关；在当前采用超临界CO_2驱油的过程中，伴生气中的CO_2可能超过70%，且存在较大的波动。在煤化工企业生产时，也重点采用当地价格相对便宜的煤作为燃料，如新疆北坡经济带主要以准东高碱煤作为化工生产的燃料煤，由于其高碱的特性，在锅炉中产生了严重的结渣沾污问题，限制了锅炉长周期稳定运行。近期，即将大力开采的新疆哈密和吐鲁番的高氯煤也被重点关注，其燃烧过程中可能造成的严重腐蚀问题不得不受到密切关注。

2. 化工生产过程废弃物掺烧

在化工生产过程中，由于生产链较长，不可避免地会产生大量废弃物，如煤化工生产过程中产生的焦油渣、气化渣，石油化工生产过程中产生的石油焦、油泥，医药化工生产过程中产生的中药渣，废水处理过程中产生的污泥等，大多被作为危险废弃物，不能送出厂区；少部分作为普通固体废弃物，在处置过程中也需要投入大量的人力和财力。除了固体废弃物以外，还有一些化工生产过程中的气体，如 VOCs、CS_2 等气体，也可以通过锅炉燃烧，使其转化为 CO_2 和普通气体污染物来进行处理。

这些含碳废弃物本身含有一定的热值，但由于这些废弃物的燃烧特性与常规燃料存在极大差异，在掺烧过程中，需要针对掺烧的废弃物开展详细的研究来确定掺烧比例和方式，以免带来意想不到的结果。

3. 烟气污染物处理

化工厂锅炉虽然容量相对较小，但污染物排放的要求全部参考电站锅炉的排放限值标准执行。由于化工厂生产过程中可能产生不同的碱性化合物，因此，化工厂中的脱硫、脱硝及除尘系统，在设计阶段还需要重点考虑生产过程中产生的 CaO、NaOH、Ca(OH)$_2$、Mg(OH)$_2$、NH_3、氨水等碱性氧化物或化合物，用来作为脱硫剂使用。

第2章　燃料及燃烧计算

【本章导读】

webster dictionary 提供了关于燃料的基本定义："可以通过燃烧产生热量的物质"。燃料的成分和各种特性是动力设备运行的基础。对于不同特性的燃料，要相应采取不同的燃烧设备和运行方式。对于锅炉设计和运行人员，掌握好锅炉燃料的性能、特点，才能保证锅炉运行的安全性和经济性。本章将介绍化工生产过程中锅炉可能用到的燃料种类；针对不同燃料类型，分析其成分和特性在燃烧过程中起到的作用，并介绍各成分和特性的测试方法。燃烧计算可得到燃烧过程中需要的空气量、生成的烟气量，对锅炉本体和辅助设备的设计及运行、锅炉设备的能效分析和设备改造提供准确的数据支持，因此，本章也将详细介绍燃烧过程中各重要参数的计算方法。

2.1　燃　料　的　定　义

燃料是指"可以通过燃烧产生热量的物质"。因此，广义上来说，只要是能通过燃烧释放热量的物质均可称之为燃料。虽然有很多物质可发生放热反应，但在一般的实际生产过程中，燃料需满足以下条件：能在燃烧时释放出大量的热量；能方便且容易地燃烧；储量或产量丰富，价格低廉；燃烧产物中污染物可控。

对于化工生产来说，使用的燃料通常与化工生产的类型紧密相关，煤化工通常以当地煤炭作为燃料，一些化工厂也会把生产过程中产生的污泥和无法处理的废渣等通过燃烧进行处理，在此时，这些污泥和废渣也作为动力设备的辅助燃料；石油化工，通常以原油、重油、渣油或生产过程中形成的可燃气体作为燃料；天然气也会被作为燃料和原料生产化肥；其他一些小型生产单位也会采用燃气作为燃料，供应热能。在制药化工、氯碱化工、纤维化工等其他化工生产过程中会产生常规方法无法处理或处理费用较高的废气、废液、废渣等，也会考虑采用锅炉对这些"三废"物质进行燃烧或高温处理，在此阶段，这些"三废"物质可能无法直接燃烧转化为热能，但只要输入锅炉，均可被视为锅炉燃料的一部分。因此，化工企业用到的燃料较普通动力燃料来说具备更广的范畴。

常用的燃料按照状态不同可分为固体燃料、液体燃料和气体燃料三类；按照燃料获得的方法不同可分为天然燃料和人工燃料；按照其化学结构可分为有机燃料和无机燃料，见表2-1。

表 2-1　　　　　　　　　　　　　　　燃料分类

类别		天然燃料	人工燃料
固体燃料	木质燃料	木柴、植物秸秆等	木炭等
	矿物质燃料	泥炭、烟煤、无烟煤褐煤、石煤、油页岩等	焦炭、半焦炭、泥炭砖、煤矸石、污泥、油泥等

续表

类别	天然燃料	人工燃料
液体燃料	石油	汽油、柴油、煤油、重油、渣油、沥青、焦油、甲醇、乙醇、植物油等
气体燃料	天然气（气田气、油田气）	液化石油气、人造煤气（焦炉煤气、发生炉煤气、高炉煤气）、沼气等

燃料通常情况下是混合物，由若干种可燃物质（有机组分）和不可燃物质组成；但近期也出现采用单一成分可燃物质作为燃料的情况，如纯 H_2、CO 等气体，碳等固体及乙醇、甲醇等液体也作为单一物质作为燃料。

2.2　固　体　燃　料

目前，化工生产过程中用到的固体燃料仍以煤为主。本书中固体燃料部分将以煤的成分、特性等介绍为主，若在实际情况中使用到了其他燃料，或在煤中掺混了其他成分，分析方法也可参考煤的分析方法。

煤是古代植物在地质变化过程中形成的，是包括有机成分和无机成分的混合物。煤的化学组成和结构十分复杂。在燃烧领域，一般通过元素分析和工业分析确定重要的组成成分，也用这两种成分分析的结果来指导动力设备的设计和运行。

2.2.1　工业分析及测试方法

煤的工业分析是指采用实验的方法来获得煤的水分（M）、挥发分（V）、灰分（A）和固定碳（FC）的含量。这几个成分反映了煤在燃烧方面的某些特性，其含量也是对煤进行分类的重要指标，且测试方法相对简单，因此，工业分析已被广泛应用。

1. 水分

在实际状态下应用的煤中所包含的全部水分，称为全水分（total moisture，M）。全水分由外在水分（flee moisture，M_f）和内在水分（inherent moisture，M_{inh}）两部分组成。

外在水分是指煤炭在开采、运输、储存及洗选过程中，附着在煤颗粒表面和大毛细孔中的水分。煤的外在水分直接受所处的外界条件的影响，如雨雪、地下水、人工润湿等因素造成水分升高，或因外界气温高或阳光直射造成水分降低。一般规定：原煤试样在温度为（20±1）℃、相对湿度为（60±1）％的空气中自然风干后失去的水分为外在水分。

内在水分是吸附或凝聚在煤颗粒内部的毛细孔中并在一定条件下煤样达到空气干燥状态时所保持的水分。因为煤的孔裂隙与煤的变质程度之间存在着一定的规律，所以最高内在水分也是煤质的特征标志之一，可用以表明煤的变质程度。

煤中全水分的测试方法：将原煤破碎至 13mm 以下，置于 105～110℃的烘箱内加热至恒重，失去的水分占原样的质量百分比即为全水分。一般来说，加热时间控制在 2h，对于特殊燃料，加热时间可依据实际情况延长。

水分在煤中属于不可燃物质，含量差别很大，少的仅为 2％以下，多的时候可达 50％以上。成煤的地质年代越长，水分越少；同时，水分也受开采、运输、存储条件的影响。

煤中水分含量增加，煤的可燃成分相对减少，发热量也降低；水分多，在燃烧初期需要吸收更多的热量来保证水分蒸发，增加着火热，使着火延迟；较多的水分会降低炉内温度水平，降低煤的燃烧速度，可能造成未完全燃烧热损失增加；由于锅炉排烟温度通常高于120℃，因此水在燃烧过程中转化为水蒸气，并以气态形式排出锅炉，造成大量损失；水以蒸汽形式存在，会增加引风机电耗。此外，原煤中水分过多，煤粉磨制困难，也会造成原煤仓、给煤机及落煤管堵塞、磨煤机出力下降等不良后果。

除上述不良影响外，在水分不是很高时也表现出积极的一面。煤中水分在燃烧初期会吸热迅速蒸发，体积膨胀，使煤爆裂开变成若干个更小的颗粒，增加反应表面积，进而增加反应速度；高温下水可与焦炭中炽热的碳反应，生成 H_2 和 CO，析出后燃烧释放热量，促进焦炭颗粒燃烧。

2. 挥发分

挥发分（volatile matter，V）是指将脱除水分后的煤样在隔绝空气的条件下，加热至一定温度和一定的时间，使煤中部分小分子气化，弱化学键断裂产生小分子从煤中析出的气体。挥发分主要由各种碳氢化合物（C_nH_m）、氢（H_2）、一氧化碳（CO）、硫化氢（H_2S）等可燃气体和氧（O_2）、二氧化碳（CO_2）、氮（N_2）等不可燃气体组成。

对于不同碳化程度的煤，挥发分析出温度和含量存在较大差异。碳化程度浅的煤，由于煤中有机质分子聚合程度低，挥发分析出的温度较低，挥发分的含量较高；在相同的加热条件下，挥发分析出的数量随煤的碳化程度的升高而降低。加热条件也会影响挥发分的析出数量，加热温度越高，时间越长，挥发分析出越多。为了能够将不同煤样进行对比，制定了统一标准。我国现行标准 GB/T 212—2008《煤的工业分析方法》明确挥发分的含量采用如下方法进行：将脱除全部水分的煤样（粒径小于 200μm），在隔绝空气的条件下，在 900℃加热 7min，样品失去的质量占脱水煤样质量的百分数即为挥发分含量。

由于挥发分包含大量可燃气体，而气体可燃物着火温度低。在煤燃烧过程中，挥发分会在水分蒸发后析出并燃烧，为后续焦炭着火提供大量热量；同时，挥发分从煤的内部析出后，在焦炭中留下大量孔隙，利于焦炭中氧的扩散，也增加了焦炭燃烧反应与氧的接触面积，从而有效地促进焦炭燃烧；因此，挥发分含量越高，煤炭越容易着火，也越容易燃尽。

正是由于煤中挥发分的含量反映了煤是否容易着火的特性，挥发分也是燃料用煤分类的重要指标之一。

3. 灰分

灰分是指煤中无机组分占煤样的质量百分比。煤中可找到目前发现的所有无机元素，最主要的有硅、铝、钙、镁、铁、钠、钾、磷、钛、硫共计 10 种。这些无机组分主要以矿物的形式存在。这些无机矿物根据来源不同，可分为内在矿物质和外来矿物质两种，其中内在矿物可继续分为一次矿物和二次矿物。一次矿物是指成煤的植物中存在的无机矿物；二次矿物是植物在成煤过程中包裹的地面或地下的其他矿物；而外来矿物是指煤炭在开采、运输、存储过程中由外界带入的矿物质。

灰分含量高，会使煤中其他可燃物质的相对含量降低，进而降低热值；在燃烧过程中，灰分会吸收炉膛内的热量，降低炉膛的温度水平，高浓度的煤灰也会造成锅炉换热器管壁的磨损；在完成燃烧后，参与燃烧的灰会带着热量排出锅炉，造成一定的热量损失；若灰的熔点过低，还会造成锅炉结渣，结渣后，部分煤灰组分还会对换热器管壁造成严重腐蚀，发生的结渣和腐蚀都会影响锅炉的安全性和经济性。

灰分的测试方法有快灰法和慢灰法两种。常用的慢灰法是将脱除水分后的煤样磨碎并筛分至粒径小于 200μm，在马弗炉中由室温按 10℃/min 升高至 500℃，保持半小时，然后再以相同的升温速率继续加热至（815±5）℃，并保持 1 小时后取出称重，剩余的质量占煤样的质量百分比即为灰分。对于一些碱金属含量较高的燃料（如高 K 的生物质，高 Na 煤）来说，由于 500℃以上会有大量无机组分气化，影响灰分的准确测试，通常情况下也采用在 450～500℃条件下加热更长的时间来获得灰分的含量。

4. 固定碳

固定碳是指煤样除去水分、挥发分和灰分后剩余的部分，是煤燃烧产生热量的主要部分。固定碳含量越高，发热量也越高。固定碳的含量一般不是测试出来的，而是以 100% 减去水分、挥发分和焦炭的质量百分比计算得到的。

煤中的灰分和固定碳共同组成了焦炭。一般焦炭呈银灰色，具金属光泽，质硬而多孔。常应用于冶炼和化工领域，如炼钢、生产电石等。

2.2.2　元素分析成分及特性

元素分析是煤中碳（C）、氢（H）、氧（O）、氮（N）和硫（S）五个煤炭分析项目的总称。煤中除去水分和灰分，剩余的部分由这五种元素组成。通常用这五种元素的质量占煤样的总质量百分比来表示。元素分析的结果，是开展计算燃烧空气量、烟气量的基本参数，其计算结果也是进一步进行锅炉设计、运行控制的重要依据。

1. 碳

碳是煤中主要的可燃元素，除去水分后，碳的含量最高可占煤中的 90% 以上，也是煤的发热量主要来源。1kg 碳完全燃烧约释放 32 866kJ 的热量。煤中的碳一部分与氢、氧、硫、氮等结合成复杂的有机物，在受热时会从煤中析出，是挥发分的一部分；其余部分的碳则为固定碳。成煤时间越长，煤中碳结构聚合度越高，煤中碳的含量也越高，其他元素成分就会相应降低。由于碳的燃烧反应活化能较高，因此，碳含量越高的煤，越不容易着火，燃烧也越困难。

2. 氢

氢的发热量很高，1kg 氢完全燃烧生成 H_2O 可释放出约 120 370kJ 的热量（扣除水的汽化潜热后剩余的热量）。然而，煤中氢的含量较低，通常在 5% 以下，且多以与碳结合的化合态形式存在。H_2 和 C_nH_m 这些气体燃烧反应活化能非常低，极容易着火。因此，H 含量越高，煤就越容易着火和燃尽。

3. 氧

氧属于不可燃物质。在煤中的氧分为两种，一种是以羧基、羰基、醚基等与碳、氢结合在一起的有机物，另一种是与无机组分结合在一起的氧化物或各种盐类，如 Fe_2O_3、$CaSO_4$ 等，这些氧均以化合物的形式存在。氧的含量越高，则其他可燃元素的成分会相对降低，煤的发热量就会降低。煤中氧的含量变化也较大，少的只有 1%～2%，而多时可达到 40% 以上。

4. 氮

氮是煤中有害元素，通常以与 C 结合成有机物的形式存在，在高温下燃烧时，氮会与 O 结合生成污染物 NO_x。N 的含量一般较少，为 0.5%～2.5%。

5. 硫

煤中的硫含量一般低于 2%，但个别煤种高达 8%～10%。硫在煤中通常以三种形式存在，有机硫（与 C、H、O 等元素结合成复杂的化合物）、硫化物（如 FeS_2、CaS）和硫酸盐（如 $CaSO_4$、$MgSO_4$ 等）。前两种硫可以参加燃烧，变为 SO_2。在灰分测试时，按标准说明，将灰样灼烧至 815℃，在这个温度下硫酸盐不会分解，会计算在灰分中。但在实际情况下，硫酸盐在高温燃烧条件下会分解，如 $CaSO_4$ 分解成 CaO 和 SO_2。因此，一般在对硫进行分析时，需测出煤中的全硫含量。硫化物氧化和硫酸盐分解生成的 SO_2 在燃烧中后期，烟气温度降低后，可重新与 CaO、MgO 等氧化物结合生成硫酸盐。

在燃烧过程中，硫都会变成 SO_2，在还原性气氛下，SO_2 会生成 H_2S 或单质 S，造成锅炉水冷壁、过热器发生高温腐蚀；而在氧化性气氛下，SO_2 会进一步氧化为 SO_3。SO_3 与烟气中的水结合，可形成硫酸蒸汽。当硫酸蒸汽碰到低温受热面时，会凝结并对换热器造成强烈腐蚀。随着国家对污染物排放的控制指标越发严格，SO_2、SO_3 排放至大气中，会损害人体健康和其他动植物的生长，造成环境污染。近期研究表明，在脱除 NO_x 时采用的钒、钛基催化剂可同时将 SO_2 催化为 SO_3，同时喷入的 NH_3 还原剂将与 SO_3 结合，生成硫酸铵或硫酸氢铵（沸点 350℃），在换热器表面沉积并维持熔融形态，进而捕捉其他煤灰颗粒，造成低温换热器区域（尤其是空气预热器）发生堵塞，增加烟气阻力，提高引风机电耗；严重时，3～6 个月就需要停炉清洗空气预热器。

2.2.3 分析基准及其换算关系

1. 分析基准介绍

煤的各成分是以质量百分数来表达的，而水分和灰分常随外界条件而发生较大的变化，其他成分也会随之变化。因此，在对比或开展计算时，需标明各成分的基准。常用的分析基准包括收到基（as received basis）、空气干燥基（air dried basis）、干燥基（dried basis）、干燥无灰基（dried and ash free basis）四种，相应的表示方法是在各成分对应的符号右下角添加角标 ar、ad、d、daf，如干燥无灰基挥发分，表达为 V_{daf}。

（1）收到基。以收到状态的煤为基准计算煤中全部成分的组合称为收到基。收到基常用于对锅炉燃烧过程中所需的空气量、生产的烟气量进行计算，进而用计算结果指导锅炉的设计和运行。需要注意的是收到基包含煤中所有的水分。收到基的表达式：

$$C_{ar} + H_{ar} + O_{ar} + N_{ar} + S_{ar} + A_{ar} + M_{ar} = 100\% \tag{2-1}$$

$$FC_{ar} + V_{ar} + A_{ar} + M_{ar} = 100\% \tag{2-2}$$

（2）空气干燥基。当煤样在实验室的正常条件下放置，即室温 20℃，相对湿度 60% 条件下，煤样会失去一些水分，留下的稳定的水分被称之为实验室正常条件下的内在水分。自然干燥失去外在水分，剩余的成分组合便是空气干燥基。空气干燥基用于实验室的煤质分析。空气干燥基的表达式：

$$C_{ad} + H_{ad} + O_{ad} + N_{ad} + S_{ad} + A_{ad} + M_{ad} = 100\% \tag{2-3}$$

$$FC_{ad} + V_{ad} + A_{ad} + M_{ad} = 100\% \tag{2-4}$$

（3）干燥基。将煤中外在水分和内在水分全部干燥脱除，剩余的成分组合即是干燥基。由于干燥基中没有水分的影响，因此，灰分不受水分变动的影响。在开展实验室实验时，为了保证数据的准确性、排除水分含量的影响，常使用干燥基作为分析基准。干燥基的表达式：

$$C_d + H_d + O_d + N_d + S_d + A_d = 100\%　\qquad (2\text{-}5)$$
$$FC_d + V_d + A_d = 100\%　\qquad (2\text{-}6)$$

（4）干燥无灰基。以假想的无水、无灰的状态的煤为基准即为干燥无灰基。由于挥发分含量是煤种分类的重要指标之一，其数值受水分、灰分的影响较大，因此，为了能够对不同煤种进行对比，常采用干燥无灰基的挥发分含量来对不同煤种进行对比。

$$C_{daf} + H_{daf} + O_{daf} + N_{daf} + S_{daf} = 100\%　\qquad (2\text{-}7)$$
$$FC_{daf} + V_{daf} = 100\%　\qquad (2\text{-}8)$$

2. 分析基准的换算关系

通过分析收到基、空气干燥基、干燥基、干燥无灰基四种煤的分析基准之间的关系，可建立不同分析基准之间的关系图，如图 2-1 所示。

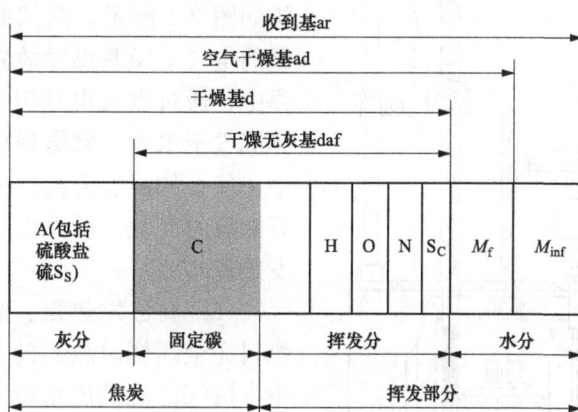

图 2-1　不同分析基准关系

不同的基准用于不同的场合，因此，表 2-2 列出了各基准之间的换算系数，用于各种煤不同分析基准之间除水分以外的各种成分和高位发热量的换算。换算公式为

$$X = X_0 \cdot K \qquad (2\text{-}9)$$

式中　X_0——按原基准计算的某一成分的质量百分数，%；

　　　X——按新基准计算的同一成分的质量百分数，%；

　　　K——换算系数。

表 2-2　　　　　　　　　　　　不同基准换算关系

基准	收到基	空气干燥基	干燥基	干燥无灰基
收到基	1	$\dfrac{100 - M_{ad}}{100 - M_{ar}}$	$\dfrac{100}{100 - M_{ar}}$	$\dfrac{100 - M_{ad}}{100 - M_{ar} - A_{ar}}$
空气干燥基	$\dfrac{100 - M_{ar}}{100 - M_{ad}}$	1	$\dfrac{100}{100 - M_{ad}}$	$\dfrac{100}{100 - M_{ad} - A_{ar}}$
干燥基	$\dfrac{100 - M_{ar}}{100}$	$\dfrac{100 - M_{ad}}{100}$	1	$\dfrac{100}{100 - A_d}$
干燥无灰基	$\dfrac{100 - M_{ar} - A_{ar}}{100}$	$\dfrac{100 - M_{ad} - A_{ar}}{100}$	$\dfrac{100 - A_d}{100}$	1

2.2.4 燃料的主要特性及测试方法

燃料利用过程中，燃料的特性对燃烧设备和辅助设备的设计、运行影响非常大。这些特性在实际生产过程中也经常用到，因此，非常有必要了解燃料的相关特性及其测试方法。

1. 发热量及测试方法

燃料的发热量（又称热值）是燃料分析的重要指标之一。由于燃料的燃烧过程主要以获取大量的热量为目的，因此燃料的热值越高，其经济价值也越大。此外，燃料的发热量是进行燃烧计算和燃烧设备设计必不可少的燃料特性参数。

发热量的单位为 kJ/kg，而工程应用时也会用到 kcal/kg。

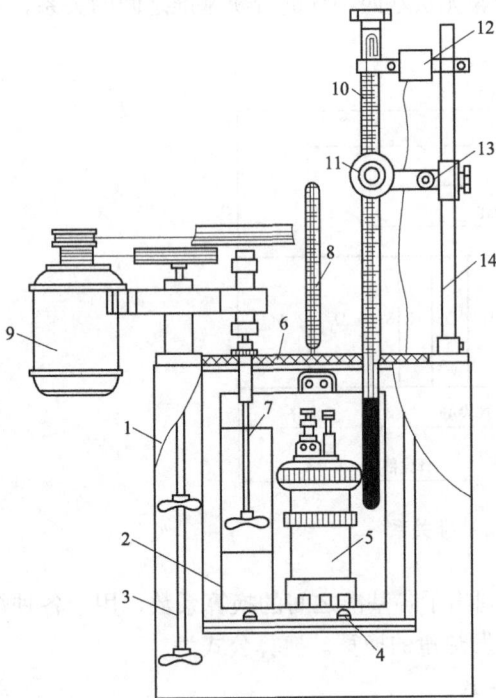

图 2-2 氧弹量热计结构

1—外筒；2—内筒；3—外筒搅拌器；4—绝缘支柱；
5—氧弹；6—盖子；7—内筒搅拌器；8—普通温度计；
9—电机；10—贝克曼温度计；11—放大镜；
12—电动振荡器；13—计时指示灯；14—导杆

（1）弹筒发热量。固体燃料的发热量一般采用氧弹量热计来测定。氧弹量热计的结构如图 2-2 所示。测试的基本原理：把一定量的空气干燥基煤样放置于充满压力氧的氧弹中，通过点火电丝引燃，使煤样燃烧；氧弹沉没于水中，燃烧释放的热量会传递至水中，使水的温度升高；依据水升高的温度计算能量的变化，计算出煤的空气干燥基弹筒发热量 $Q_{b,ad}$。

（2）高位发热量。高位发热量是指 1kg 燃料完全燃烧时放出的全部热量，包括烟气中水蒸气已凝结成水所放出的汽化潜热。在氧弹测试的条件下燃烧时，煤中原有的水和氢元素燃烧后生成的水冷凝在弹筒中。而氮在空气中燃烧时仍以游离态逸出，不产生热量，但在弹筒中燃烧时却成为二氧化氮或者五氧化二氮的高价氧化物，这些氮化物溶解于弹筒内的水后生成硝酸而产生热量。煤中的可燃硫化合物在空气中燃烧时只生成二氧化硫气体，但在弹筒中燃烧时却氧化成三氧化硫，它溶于弹筒内的水后成为硝酸而产生为硫酸。从二氧化硫氧化成三氧化硫，以及硫酸溶于水生成硫酸水化物等都是放热反应。这就清楚地表明，煤在弹筒中燃烧时产生的热量要比空气中燃烧时产生的热量多。因此，在实用上常常以弹筒发热量减去硝酸和硫酸的生成热后的热值，称为高位发热量。

（3）低位发热量。在锅炉燃烧时，由于燃烧产生的水蒸气仍以气态形式排放出锅炉，水的汽化潜热无法利用，因此，从燃料的高位发热量中扣除烟气中水蒸气的汽化潜热，称为燃料的低位发热量。计算方法如下：

$$Q_{net,ad} = Q_{b,ad} - 92.4S_{ad} - 0.0063Q_{b,ad} - 25.1(M_{ad} + H_{ad}) \tag{2-10}$$

（4）标准煤和折算成分。燃料的热值通常差别较大，企业和政府无法对不同能源的消耗进行对比，因此，统一规定"收到基低位发热量为 29 310kJ/kg（7000kcal/kg）的燃料称为标准煤"。其他燃料统一依据其热值折算至标准煤再进行对比。

另外，为了比较燃料中水分、灰分、硫分这些有害成分对燃烧设备的影响，更好地鉴别燃料的性质，也引入了折算成分的概念。规定把相对于每 4186kJ/kg（即 1000kcal/kg）收到基低位发热量的煤所含的收到基水分、灰分和硫分，分别称为折算水分、折算灰分和折算硫分，其计算公式：

折算水分

$$M_{ar,zs} = \frac{M_{ar}}{Q_{net,ar}} \times 4186\% \tag{2-11}$$

折算灰分

$$A_{ar,zs} = \frac{A_{ar}}{Q_{net,ar}} \times 4186\% \tag{2-12}$$

折算硫分

$$S_{ar,zs} = \frac{S_{ar}}{Q_{net,ar}} \times 4186\% \tag{2-13}$$

如果燃料中的折算水分大于 8%，称为高水分燃料；折算灰分高于 4%，称为高灰分燃料；折算硫分大于 0.2%，则称为高硫分燃料。

下面以灰分为例，同一锅炉燃烧不同煤种时，折算灰分的计算见表 2-3。从表中可见，褐煤灰分为 15%，收到基低位发热量为 16 420kJ/kg；而烟煤灰分虽然稍高，为 18%，但收到基低位发热量也高，达到 21 530kJ/kg；通过折算发现，烟煤灰分虽然较高，但燃煤量较少，带入锅炉的灰量和折算灰分也较少。因此说明，采用折算灰分，可准确对比不同燃料在燃烧过程中带入的有害成分含量。

表 2-3　　　　　　　　　　　　某锅炉燃用不同煤种的折算灰分

煤种	收到基灰分	收到基低位发热量	燃煤量	总计带入的灰量	折算灰分
	%	kJ/kg	kg/h	kg/h	%
褐煤	15	16 420	1000	150	3.82
烟煤	18	21 530	800	144	3.49

2. 灰熔融特性及测试方法

（1）灰熔融特性的重要性。煤在热转化过程中矿物质转变成灰分，而煤灰的熔融特性是一项重要指标。按排渣方式分类，煤的气化和燃烧工艺均可分为固态排渣和液态排渣两大类。固态排渣技术要求煤灰熔融温度比操作温度高，煤渣以固态形式排出。为防止结渣，需要煤有较高的灰熔融温度，以保证气化炉或锅炉始终在低于灰熔融特性软化温度的炉温下运行，若煤灰软化温度低，导致结渣会影响锅炉的安全性和经济性；另外，煤粒在燃烧过程中会被熔渣以液膜的形式包裹，致使内部的焦炭无法接触氧气而继续燃烧，导致碳损失率高。液态排渣技术要求操作温度高于煤灰流动温度。因此，煤灰熔融特性是预测锅炉结渣和选定排渣方式的重要指标。

（2）煤灰的熔融特性及测试方法。

定义：煤灰熔融特性用来描述煤灰受热时由固态逐渐转向液态的过程。由于煤灰是复杂混合物，因此不同煤种，其灰熔点变化也较大，通常采用变形温度（deformation temperature，DT）、软化温度（softening temperature，ST）、半球温度（hemispherical temperature，HT）和流动温度（flow temperature，FT）来描述其熔融过程的变化。

煤灰熔融性的测试方法如下：

1）灰锥的制作：取 1～2g 煤灰放在瓷板或玻璃板上，用数滴糊精溶液（糊精 10g 溶于蒸馏水中，配成 100g/L 溶液）润湿并调成可塑状。然后用小尖刀铲入灰锥模型中挤压成型。用小尖刀将内灰锥小心地推至瓷板或玻璃板上，于空气中风干或于 60℃下干燥备用。

2）测定步骤：用糊精溶液将少量氧化镁调成糊状，用它将灰锥固定在灰锥托板的三角坑内，并使灰锥垂直于底面的侧面与托板表面垂直。

将带灰锥的托板置于刚玉舟上。如用封碳法来产生弱还原性气氛，则预先在舟内放置足够量的碳物质，炉内封入的碳物质种类和量根据炉膛大小和密封性用试验的方法确定。

将刚玉舟推入炉内，至灰锥位于高温带并紧邻热电偶热端相距 2mm 左右。关上炉盖，开始加热并控制升温速度为 900℃以下，15～20℃/min；900℃以上，5±1℃/min。

如用通气法产生弱还原性气氛，则从 600℃开始通入氢气或一氧化碳和二氧化碳混合气体，通气速度以能避免空气渗入为准。流经灰锥的气体线速度不低于 400mm/min。

随时观察灰锥的形态变化（高温下观察时，需戴上墨镜），记录灰锥的四个熔融特征温度：变形温度、软化温度、半球温度和流动温度。

待全部灰锥都达到流动温度或炉温升至 1500℃时断电、结束实验。

观察灰锥确定熔融温度时可参考图 2-3。

变形温度：灰锥尖端或棱开始变圆或弯曲时的温度；

软化温度：灰锥弯曲至灰尖触及托板或灰锥变成球形时的温度；

半球温度：灰锥变形近似半球形，即高约等于底边长一半时的温度；

流动温度：灰锥融化展开高度在 1.5mm 以下的薄层时的温度。

工业应用中，通常将软化温度作为熔融性指标，称为灰熔点。

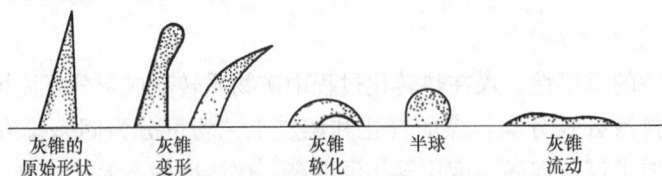

图 2-3　灰锥变化对应状态

3. 可磨性及测试方法

在煤的实际使用过程中，通常需要将原煤破碎或磨制成小块（3～8cm，用于层燃炉）、小粒（<8mm，用于流化床炉）或粉状（<0.2mm，用于室燃炉）。在磨制的过程中，不同煤由于硬度、脆性等机械性质不同，磨制的难易程度具有很大的差别，消耗的能量也不同，对磨制设备的磨损影响也不同。燃料磨制过程用可磨性指数 K_{km} 来表示。

我国目前可磨性指数测试的方法采用欧美各国通用的哈氏法（哈得罗夫法），是将规定粒度的 50g 煤样置于实验用中速磨煤机中，磨制 3min 后取出并筛分，然后按下式计算：

$$HGI = 13 + 6.93 D_{74} \tag{2-14}$$

式中　HGI——哈氏可磨性指数；

　　　D_{74}——50g 煤粉中通过 74μm 筛子的煤粉质量，g。

一般，HGI<64 的煤称为难磨煤，HGI>86 的煤称为易磨煤。煤的可磨性指数是选择磨煤机类型、计算磨煤机出力与电耗的重要依据之一。

2.2.5　煤的类型

煤是由植物残骸经过复杂的生物化学作用和物理化学作用转变而成的，这已为近代科学所证实。古代植物的残骸在地下长期堆积、埋藏，经过一系列复杂的生物化学和物理化学作用演变为煤，这个过程称为成煤过程。成煤时间越长，煤的挥发分含量越低，着火越困难。在燃烧领域，通常依据煤的挥发分含量将煤分为褐煤、烟煤、贫煤和无烟煤四类。

（1）褐煤。褐煤表面呈棕褐色，成煤年代较短，挥发分含量较高，V_{daf} 可达到 40% 以上，挥发分的析出温度也较低，着火和燃烧都非常容易，因此容易自燃。但由于水分含量也高（20%~40%），热值较低（11.5~20MJ/kg）。由于其易自燃和热值低的特性，不宜远途运输和长时间储存。

（2）烟煤。煤灰的 V_{daf} 一般在 20%~40%，水分也在 20% 以内，容易着火，燃烧速度快，由于煤中氢含量高，发热量也较高，一般低位发热量在 20~30MJ/kg。由于烟煤热值较高，着火温度低，燃烧速度快，因此，常用于大型锅炉的动力燃料。

（3）贫煤。贫煤是介于烟煤和无烟煤之间的一种煤，其 V_{daf} 含量较低，一般在 10%~20%，C 含量较高，在 50%~70%。由于较低的挥发分含量，因此贫煤着火较困难，若要稳定燃烧，需保持较高的燃烧温度。

（4）无烟煤。无烟煤的挥发分含量最少，一般 V_{daf} 在 5%~10%，虽然热值较高，达到 21MJ/kg 以上，但着火困难，燃烧时产生的未燃尽碳较高，因此，很少用于大型锅炉直接燃烧利用。

2.2.6　化工生产中用到的其他固体燃料

在化工生产过程中，会产生大量无法循环处理的中间产物或副产物，这些产物通常也被认定是固体废弃物。按现行环保要求，固体废弃物必须妥善处理。因此，很多化工生产企业也将这些难以处理的废弃物作为燃料或辅助燃料燃烧进行处理。现介绍几种作为燃料处理的废弃物，若有其他燃料也被以类似方法进行处理，也需以实际情况来分析。

1. 化工废料

几种典型的化工废渣工业分析、元素分析、发热量和氯含量等数据见表 2-4。从表中可见，不同的化工废料的成分差别很大。如黏合剂废渣基本上全都是挥发分，热值也达到 29.3MJ/kg，而精细化工污泥挥发分含量仅有 36.86%，灰分却达到 22.47%，低位发热量为 19.4MJ/kg，同时，精细化工污泥中含有 28 486mg/kg 的氯含量，远超过其他废料和煤中的成分，在燃烧过程中可能造成严重的腐蚀。相比来说，脲醛树脂废渣中含有 36% 以上的氮含量，那么燃烧时，可能产生大量的 NO_x。由于成分差别很大，因此，在燃烧处理或利用过程中需考虑各废料成分的特点，开展锅炉设计或运行调整。

表 2-4　　　　　几种典型的化工废渣工业分析、元素分析、发热量和氯含量

名称	工业分析（%）				$Q_{b,ad}$（MJ/kg）	元素分析（%）					Cl_{ad}（mg/kg）
	M_{ad}	A_{ad}	V_{ad}	FC_{ad}		C_{ad}	H_{ad}	N_{ad}	$S_{t,ad}$	O_{ad}	
黏合剂废渣	0.91		99.09		29.3	59.62	4.95		0.03	35.49	1556
氨纶废料	1.71	0.28	97.24	0.77	34.5	61.92	5.23	3.84	0.04	26.98	90
脲醛树脂废渣	2.35	0.42	96.11	1.12	16.5	31.74	4.12	36.1	0.1	25.17	14
精细化工污泥	4.7	22.47	36.86	35.97	19.4	35.1	4.22	0.56	0.11	32.84	28 468

2. 药渣

药渣，尤其是中药渣，是制药工程产生的重要废弃物之一。据统计，我国每年产生的中药废渣在 1300 万 t 以上。中药渣含水率极高，容易腐烂变质，并且伴有强烈刺激的难闻气味。以六味地黄丸、杞菊地黄丸、香砂养胃丸和逍遥丸提取有效成分后的废渣为例，获得空干基工业分析、低位发热量及软化温度等，见表 2-5。

表 2-5　　　　　药渣工业分析、发热量、不同制灰温度的灰软化温度

名称	V_{ad}(%)	A_{ad}(%)	FC_{ad}(%)	$Q_{net,ad}$(MJ/kg)	815℃灰 ST(℃)	600℃灰 ST(℃)
六味地黄丸药渣	78.32	3.65	18.03	18.13	1395	1194
杞菊地黄丸药渣	75.55	5.58	18.87	19.01	1205	1229
香砂养胃丸药渣	77.05	4.54	18.41	18.16	1206	1200
逍遥丸药渣	78.78	3.66	17.56	18.71	1287	1251

从表 2-5 可见，几种药渣空干基挥发分含量较高，均达到 75% 以上；灰分较低，都小于 6%；热值可达 18MJ/kg 以上。测试了不同的灰熔融特性，可见低温灰软化温度低于高温灰软化温度，但灰熔点均高于 1200℃。

3. 污泥

通常指污水处理过程中沉降下来的黏稠絮凝体。一般污泥中含有大量的有机质和可燃组分。我国出台了一系列相关政策，鼓励污泥的处理与处置遵循"减量化、稳定化、无害化、资源化"的原则。而采用燃烧的方法，可将污泥中的可燃组分全部利用，是化工企业常用的方法之一。一般污泥中水分含量超过 40%，且多包含低温挥发性物质，因此，对污泥的检测，通常在低温下脱除水分后，以空气干燥基的形式表达各部分的含量。部分污泥的样品数据分析见表 2-6。从表中可见，污泥的挥发分和灰分含量较高，热值偏低。由于污泥的产生过程，一般情况下污泥中含有较高含量的重金属，也是需要在燃烧过程中考虑的重要因素之一。

表 2-6　　　　　不同污泥的工业分析与元素分析

名称	M_{ad}(%)	V_{ad}(%)	A_{ad}(%)	FC_{ad}(%)	$Q_{net,ad}$(MJ/kg)	C_{ad}(%)	H_{ad}(%)	O_{ad}(%)	N_{ad}(%)	S_{ad}(%)
污泥 1	5.01	43.84	39.78	11.37	13.12	31.97	5.54	14.11	2.88	0.71
污泥 2	12.51	39.04	48.20	0.25	3.11	16.50	2.84	14.95	4.67	0.33

2.3　液　体　燃　料

2.3.1　液体燃料的特点

液体燃料可分为天然液体燃料和人工液体燃料两大类。石油是主要的天然液体燃料，它是蕴藏在很深的地层下的液体矿物油。由于锅炉燃烧对燃料的要求较低，因此，石油一般不直接用于工程燃烧，而工业燃烧设备的燃油主要是石油炼制加工所得到的其他领域难以使用或品质较低的产品，如重油、渣油和柴油。除了石油产品以外，其他煤焦油、甲醇、乙醇等也可作为燃料使用。

与煤相比，液体燃料具有以下特点。

1. 热值高

作为燃料，热值是最为重要的特性指标。几种主要燃料的热值见表 2-7。液体燃料由于其氢含量远高于煤，因此它的热值比固体燃料高。通常，石油的热值可达近 42MJ；煤的热值一般也仅有 20～29MJ。可见石油的热值远大于煤的热值，对于热值较低的煤来说，可达 2 倍以上。

表 2-7　　　　　　　　　　几种主要燃料的热值　　　　　　　　　　kJ/kg

燃料	烟煤	无烟煤	石油	汽油	天然气
热值	21 584	28 651	41 868	46 054	29 307～50 241

2. 灰分含量低，易燃烧

液体燃料的灰分含量极低，即便是灰分含量较高的重油也不大于 0.3%。此外，燃用固体燃料所必需的吹灰设备、除灰和灰渣排除装置以及除尘设备等在燃用液体燃料时根本不需要。

由于液体燃料一般分子较小，燃烧活化能较低，着火容易，燃烧猛烈，因此燃用液体燃料锅炉的热力指标远高于燃用其他燃料的锅炉。燃用液体燃料时，锅炉炉膛内容积热负荷较高，远高于燃煤锅炉。

3. 运输和储存容易

液体燃料流动性好，便于通过管道进行远距离输送或车辆运输和装卸，且储存场所不必靠近其用户，储存时所占空间较小，使用方便，易于实现管理过程的机械化和自动化。此外，只要储存条件合乎相关标准的规定，液体燃料的物理和化学性质可在较长的储存时间内保持不变。

4. 污染物排放低

液体燃料中灰分含量极低，在燃烧完时，燃用重油、柴油等的锅炉的烟尘排放量很低；但如果燃烧组织得不好，会产生大量黑烟，也就是碳烟（soot，是指燃烧不完全产生的以碳为主的细颗粒物）。另外，重油含有一定量的 S，有的可能超过 3%，燃烧后可能释放 SO_2 污染环境。

2.3.2　液体燃料的组成

液体燃料从成分种类上看与煤类似，除水分、部分燃料中含有少量灰分外，主要是由 C、H、O、N 和 S 组成的复杂有机物组成。对于重油来说，C 含量一般在 80% 以上；H 含量在 10%～15%；氧和氮的含量较低，一般低于 1%；硫的含量可能较高，最高达到 3%，灰分和其他杂质一般小于 3%；发热量较高，通常在 37～44MJ/kg。而对于其他精制燃料，如柴油、汽油等来说，水分、灰分和杂质含量都较低，C、H 的含量较高，热值也较高，但工业上使用较少，部分锅炉可能使用柴油作为启动点火燃料。

2.3.3　液体燃料主要特性及测试方法

液体燃料的主要特性指标包括黏度、闪点、燃点、凝固点、发热量等。

1. 黏度

黏度是表征液体流动性的指标，通常采用恩氏黏度计进行测量。黏度越小，流动性能越好。一般来说温度对油类物质的黏性影响较大，温度越高，黏性越低。而黏度较大时，液体在燃烧时的喷雾性能也会受到极大的影响。重油的恩氏黏度与温度的关系如图 2-4 所示。

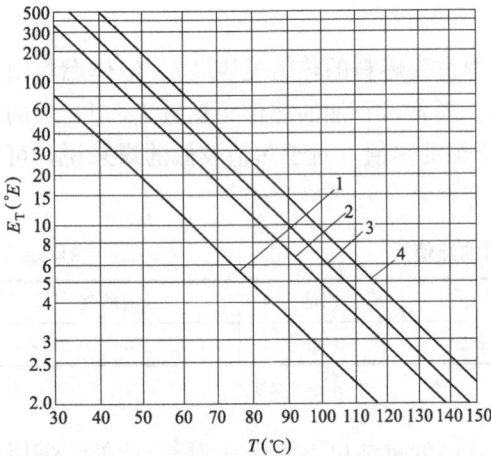

图 2-4　重油的恩氏黏度与温度的关系

1—20 号重油；2—60 号重油；
3—100 号重油；4—200 号重油

2. 闪点、燃点和着火点

油被加热时，在其表面上将出现油蒸气。油温越高，油蒸气越多，油表面附近空气中油蒸气的浓度因此也就越大。当空气中的油蒸气浓度增大至遇到火焰即可发生闪火现象时，此时的油温即称为油的闪点。

油的闪点与油的种类有关。油的密度越小，闪点就越低。液体燃料的闪点有"开口"闪点（油表面暴露在大气中）和"闭口"闪点（油表面封闭在容器内）之分。表 2-8 列出了几种主要石油产品的闪点。重油的开口闪点为 80～130℃。我国目前所用的减压渣油的闪点一般都在 250℃左右。

表 2-8		几种油品的闪点			℃
燃油类别	汽油（闭）	煤油（闭）	重柴油（闭）	重油（开）	石油（开）
闪点	−20	20～30	50～80	80～130	30～50

闪火只是瞬时的现象，燃油不会继续燃烧。如果油温超过闪点，使油的蒸发速度加快，以致闪火后能继续燃烧而不再熄灭，这时的油温称为油的燃点。燃料油的燃点和闪点相差不大。重油的燃点一般比闪点高 10℃左右。

如果继续提高温度，则油表面的蒸气会自己燃烧起来，这种现象称为自燃，这时的油温即称作油的着火点。重油的着火点为 500～600℃。

闪点、燃点和着火点对于燃油储存和运输的安全性以及燃油的燃烧性能具有重要的意义。为了安全起见，在开口容器中加热燃油时，加热温度至少应低于其闪点 10℃，以免发生火灾。燃烧室或炉膛中的温度不应低于燃油的着火点，否则重油不易着火，也不利于重油的完全燃烧。

3. 凝固点

凝固点是表征燃油丧失流动性，开始变为固体的温度。测试时，将样品放在 45°的试管中，1min 后油面保持不变的温度即为凝固点。燃油的凝固点与其中的石蜡含量有关，石蜡含量越高，凝固点越高。

4. 发热量

液体燃料的热值测试方法也可以采用氧弹的方法来测定。由于液体燃料的主要成分是碳氢化合物，水分和杂质的含量很少，所以热值一般较高。

2.3.4 液体燃料类型

锅炉燃烧一般采用重油作为燃料。表 2-9 列出了我国 4 种牌号商品重油（即 20、60、100 号和 200 号重油）的主要质量指标。

表 2-9   重油（燃料油）质量指标

项目		质量指标				试验方法
		20 号	60 号	100 号	200 号	
恩氏黏度（°）	80℃（不大于）	5.0	11.0	15.5	—	GB 266—1988《石油产品恩氏黏度测定法》
	100℃（不大于）	—	—	—	5.5～9.5	
开口闪点（℃）（不低于）		80	100	120	130	GB 267—1988《石油产品闪点与燃点测定法（开口杯法）》
凝点（℃）（不高于）		15	20	25	36	GB/T 510—2018《石油产品凝点测定法》
灰分（%）（不大于）		0.3	0.3	0.3	0.3	GB 508—1985《石油产品灰分测定法》
水分（%）（不大于）		1.0	1.5	2.0	2.0	GB/T 260—2016《石油产品水含量的测定 蒸馏法》
硫含量（%）（不大于）		1.0	1.5	2.0	3.0	GB/T 387—1990《深色石油产品硫含量测定法（管式炉法）》
机械杂质（%）（不大于）		1.5	2.0	2.5	2.5	GB/T 511—2010《石油和石油产品及添加剂机械杂质测定法》

注 1. 用于冶金炉和热处理炉的重油的硫含量不得大于 1.0%。
    2. 由含硫量 0.5% 以上石油制得的重油，基础含量允许不大于 3%。

符合表 2-9 中质量指标的 20、60、100 和 200 号 4 种牌号的重油分别用作供热锅炉、蒸汽锅炉或工业炉、船舶锅炉和热处理炉的燃料。

（1）20 号重油的组成和应用。20 号重油是由直馏重油或裂化重油掺入部分轻质油调和而成的商品重油，适用于远洋船舶锅炉或小喷嘴（30kg/h 以下）、无预热设备的工业炉和冶金炉，也可用作供热锅炉的燃料。经过比较严格的过滤，去除机械杂质后，20 号重油也可用于一些低速灌柴油机。

（2）60 号重油的组成和应用。60 号重油是由直馏重油或裂化重油制成的中等黏度燃料油，适用于中等喷嘴且配置预热设备的船用蒸汽锅炉或工业炉。

（3）100 号重油的组成和应用。100 号重油是由裂化重油制得的黏度较大的重油，适用于大型喷嘴的锅炉和配置预热设备的其他锅炉，100 号重油是海轮的主要锅炉燃料。

（4）200 号重油的组成和应用。200 号重油要求的预热条件更高，并适用于大型喷嘴的锅炉，例如石油炼制厂的自用燃料。

2.4　气　体　燃　料

2.4.1　气体燃料的成分

气体燃料是指主要由可燃气体组成的燃料。工程燃烧中采用的气体燃料一般均为多种气态化合物的混合物，其中主要成分为可燃气态化合物，例如甲烷、乙烷、丙烷、丁烷和乙烯、乙炔等轻质烃类化合物以及 H_2、CO_2、H_2S 等。气体燃料中往往还含有某些不可燃气体（例如 H_2O、N_2、CO_2、O_2 等）、少量有害气体（例如 SO_2、HCl、HCN、NH_3 等）以及少量的悬浮焦油和固体颗粒。

气体燃料是由多种可燃和不可燃的单一气体组成的混合物，其物理和化学性质以及燃烧特性与这些单一气体的性质密切相关。

1. 甲烷（CH_4）

甲烷为无色气体，微有葱臭味，难溶于水。分子量为 16.04，密度为 0.717kg/m³（0℃，101.325kPa，以下各物性参数同），动力黏度为 10.60×10⁻⁶Pa·s，比定压热容为 1.545kJ/(m²·K)，热导率为 0.030 24W/(m·K)，临界温度为 190.58K，临界压力为 4.544MPa，沸点为−161.49℃，绝热指数为 1.309，高位发热量约为 39.842MJ/m³，低位发热量为 35.906MJ/m³。甲烷的着火温度为 530~750℃，火焰呈微弱亮火。甲烷与空气混合后可引起强烈爆炸，爆炸浓度范围（爆炸极限）为 5.0%~15.0%（体积分数）。当空气中甲烷浓度高达 25%~30%时才具有毒性，对人体构成毒害。

2. 乙烷（C_2H_6）

乙烷为无色无味气体，难溶于水。分子量为 30.07，密度为 1.355kg/m³，动力黏度为 8.77×10⁻⁶Pa·s，定压比热容为 2.244kJ/(m³·K)，热导率为 0.018 61W/(m·K)，临界温度为 305.42K，临界压力为 4.816MPa，沸点为−88.60℃，绝热指数为 1.198，高位热值为 70.351MJ/m³，低位热值为 64.397MJ/m³。乙烷的着火温度为 510~630℃，火焰带有微光。在空气中的爆炸浓度范围（爆炸极限）为 2.9%~13.0%（体积分数）。

3. 丙烷（C_3H_8）

丙烷为无色无味气体，微溶于水。分子量为 44.097，密度为 2.010kg/m³，动力黏度为 7.65×10⁻⁶Pa·s，比定压热容为 2.960kJ/(m³·K)，热导率为 0.015 12W/(m·K)，临界温度为 369.82K，临界压力为 4.194MPa，沸点为−42.05℃，绝热指数为 1.161，高位热值为 101.266MJ/m³，低位热值为 93.240MJ/m³。丙烷的着火温度为 510℃，在空气中的爆炸浓度范围（爆炸极限）为 2.1%~9.5%（体积分数）。

4. 氢气（H_2）

氢气为无色无臭气体，难溶于水。分子量为 2.016，密度为 0.0898kg/m³，动力黏度为 8.52×10⁻⁶Pa·s，比定压热容为 1.298kJ/(m³·K)，热导率为 0.2163W/(m·K)，临界温度为 33.25K，临界压力为 1.280MPa，沸点为−252.75℃，绝热指数为 1.407，高位热值为 12.745MJ/m³，低位热值为 10.786MJ/m³。氢气的着火温度为 510~590℃，以空气助燃时火焰传播速度为 267cm/s，高于其他单一气体燃料。在空气中的爆炸浓度范围（爆炸极限）为 4.0%~75.9%（体积分数）。

5. 一氧化碳（CO）

一氧化碳为无色、无味、无臭、无刺激性的气体，难溶于水。分子量为 28.00，密度为

1.250kg/m³，动力黏度为 16.62×10⁻⁶Pa·s，比定压热容为 29.18J/(mol·K)，热导率为 0.023 15W/(m·K)，临界温度为 132.91K，临界压力为 3.4987MPa，沸点为−191.52℃，绝热指数为 1.403，低位热值为 12.644MJ/m³。一氧化碳的着火温度为 610～658℃，在气体混合物中含有少量的水蒸气即可降低其着火温度，火焰呈蓝色。在空气中的爆炸浓度范围（爆炸极限）为 12.5%～75.0%（体积分数）。一氧化碳毒性极大，空气中的体积含量达 0.06% 时即可对人体产生伤害，含量达 0.2% 时可使人失去知觉，含量达 0.4% 时可致人迅速死亡。空气中一氧化碳的允许浓度为 0.02g/m³。

6. 乙烯（C_2H_4）

乙烯是最简单的烯烃，在常温常压下为无色可燃性气体，略具烃类特有的臭味，难溶于水。分子量为 28.05，密度为 1.261kg/m³，动力黏度为 9.5×10⁻⁶Pa·s，比定压热容为 1.472J/(mol·K)，热导率为 0.0165W/(m·K)，临界温度为 282.344K，临界压力为 5.0408MPa，沸点为−103.71℃，高位热值为 64.016MJ/m³，低位热值为 59.955MJ/m³，乙烯的着火温度为 540～547℃，在空气中的爆炸浓度范围（爆炸极限）为 3.2%～34%（体积分数），属易爆气体。乙烯具有一定的毒性，空气中的体积含量达 0.1% 时对人体有害。

7. 硫化氢（H_2S）

硫化氢为具有恶臭气味（臭鸡蛋气味）的无色有毒气体，易溶于水。分子量为 34.08，密度为 1.539kg/m³，动力黏度为 11.90×10⁻⁶Pa·s，比定压热容为 1.557J/(mol·K)，热导率为 0.013 14W/(m·K)，临界温度为 373.55K，临界压力为 8.890MPa，沸点为−60.20℃，绝热指数为 1.320，高位热值为 25.364MJ/m³，低位热值为 23.383MJ/m³。硫化氢的着火温度为 290～487℃，火焰呈蓝色，在空气中的爆炸浓度范围（爆炸极限）为 4.3%～45.5%（体积分数），属易爆气体。硫化氢毒性大，空气中的允许浓度为 0.01g/m³，空气中的体积含量达 0.04% 时对人体有害，含量达 0.1% 时可致人死亡。

8. 二氧化碳（CO_2）

二氧化碳在常温常压下为无色无味气体，易溶于水。分子量为 44.01，密度为 1.977kg/m³，动力黏度为 14.30×10⁻⁶Pa·s，比定压热容为 1.620J/(mol·K)，热导率为 0.013 72W/(m·K)，临界温度为 304.25K，临界压力为 7.290MPa，沸点为−78.20℃，绝热指数为 1.304。空气中二氧化碳浓度达 25mg/L 时，对人体有危险；当浓度达 162mg/L 时，即可致人死亡。

气体燃料中往往还含有少量的 H_2O、N_2、O_2 等不可燃气体，少量的 SO_2、HCl、HCN、NH_3 等有害气体以及少量的悬浮焦油和固体颗粒。它们的性质在这里不再加以一一说明。但是，需要提及的是，煤气中所含 NH_3、H_2S、CO_2、HCN、O_2 等具有腐蚀性的成分，只有在有水存在时才具有腐蚀性。其中，NH_3 在水中呈碱性，H_2S、CO_2、HCN 在水中呈酸性，而 O_2 在水中则产生氧化性腐蚀作用。因此，为了降低煤气对管道的腐蚀性，应将煤气中所含水分除去。

2.4.2　气体燃料种类和性质

气体燃料一般分为天然气体燃料和人工气体燃料两大类。天然气体燃料是由油田或气田开采的气体燃料，是自然界的产物。人工气体燃料包括通过某些工艺过程对煤或燃油进行加工而制成的煤气，以及某些工艺过程的副产品，如液化石油气、焦炉煤气和高炉煤气等，从组成成分上区分，人工气体燃料包括以 CO、H_2、甲烷为主体的煤气，以及饱和烃

（C_nH_{2n+2}）和不饱和烃（C_nH_{2n}）为主体的石油气。

1. 天然气

天然气是储存于地层的可燃性气体，是自然界中作为气体燃料存在的唯一化石燃料。根据天然气的矿藏特点，天然气可分为伴生气与非伴生气，即油田伴生气和纯气田天然气、凝析气田天然气。此外，还有伴随煤矿开采而产生的矿井气，也称矿井瓦斯。

天然气的成分不是单一的，而是由多种可燃和不可燃的单一气体组成的混合物。地壳中天然气产出的形式是多种多样的，它们的化学组成和物理化学性质也存在着极大的差异。绝大多数天然气的主要成分为烃类气体，包括甲烷（CH_4）、乙烷（C_2H_4）、丙烷（C_3H_8）、丁烷（C_4H_{10}）、戊烷（C_5H_{12}）等低分子量烷烃及其异构体，其中甲烷的体积含量常达80%～90%或更高，其他烃类组分含量则大都随烷烃碳原子数的增加而依次递减。天然气中所含非烃类的气体常见的有硫化氢（H_2S）、二氧化碳（CO_2）、氮（N_2），不常见的非烃类气体有硫醇（RSH）、氧硫化碳（COS）、二硫化碳（CS_2）等有机硫化物和惰性气体氦（He）。此外，天然气中往往还含有空气、水蒸气和少量矿物杂质。在标准状态下，单位体积的天然气与同体积空气的质量之比平均为0.56～0.8，热值一般可达33 500～54 400kJ/m^3（标况下）。矿井气的热值较低，一般为20 000kJ/m^3（标况下）左右。

绝大多数纯气田天然气的主要成分是烃类气体，通常甲烷的含量最高，可达95%～99%甚至更高。除去甲烷之外，纯气田天然气中还含有数量不等（2%～3%）的分子量较大的烷烃，如乙烷、丙烷等。非烃类气体成分（如二氧化碳、氮和硫化氢等）的含量通常很小，仅为1%～2%以下。纯气田天然气密度为0.5～0.7kg/m^3（标况下）。

天然气作为一种优质燃料，广泛应用于热电联产和联合循环发电、冶金炉、工业炉、供暖等领域。使用天然气不用建设燃料储存装置，燃料使用管理简单，可节省占地、投资和操作费用。与煤、燃料油相比，天然气燃烧后产生的CO_2较少，极少产生SO_2和颗粒物，无灰渣，生成的NO_x也较少且较容易采取抑制其生成的措施。因此，燃用天然气造成的环境污染较小。

2. 高炉煤气

高炉煤气是高炉炼铁过程中排出的可燃气体，属人工气体燃料。作为钢铁企业炼铁过程中的副产品，高炉煤气的成分与所采用的燃料种类、产品品种和高炉冶炼工艺等因素有关。一般来讲，高炉煤气所含可燃成分主要是一氧化碳（25%～35%），另外还含有少量的氢（2%～3%）和甲烷（<1%）。不可燃气体成分所占份额很大，其中氮约占60%，二氧化碳占5%～10%。

3. 焦炉煤气

利用焦炉、直立炉、炭化炉和立箱炉，对煤进行干馏而获得的煤气称为干馏煤气。其中，焦炉煤气是炼焦生产过程的副产品，是煤在焦炉炭化室内进行高温干馏时产生的黄褐色可燃气体混合物。1t煤在炼焦过程中可获得730～780kg焦炭，同时产生300～350m^3焦炉煤气，以及25～45kg焦油。

由炼焦炉产生的粗煤气又称为荒煤气或出炉煤气，其成分很复杂，包括主体部分（甲烷、氢气、乙烷及同系物、一氧化碳、乙烯、丙烯、乙炔、苯及同系物、二氧化碳、氮等）、焦油雾、水汽和各种杂质（含氮化合物、含硫化合物、含氧化合物、含氯化合物等）。1立方米粗煤气中一般含有330～470g水汽和65～125g焦油雾。粗煤气经净化处理除去焦油雾、水分和各种杂质后成为净煤气，并由此将焦油和粗煤气中所含各种可作为化工原料的气态化合物加以回收利用。净煤气再经深度净化，可用作城市民用煤气。

焦炉煤的可燃成分主要是氢、甲烷和一氧化碳，三者含量共达 85%～98%。不可燃气体成分较低，氮和二氧化碳的含量共 8%～16%。因此，焦炉煤气的热值很高，低位热值达 13 200～20 900kJ/m³（标况下），是冶金行业重要的气体燃料来源。焦炉煤气多与高炉煤气或发生炉煤气配成热值为 8360kJ/m³（标况下）的混合煤气用于平炉和加热炉的燃料。

4. 气化炉煤气

气化炉煤气是指将固体燃料在气化炉中进行气化而得到的人工气体燃料，又称为固体燃料气化煤气。在气化过程中，固体燃料（煤、焦炭）与气化剂在高温条件下进行一系列复杂的物理化学反应，从而使其中的可燃成分转化为可燃气体。气化炉中的这些气化反应，主要是煤中的碳与气化剂中的氧、水蒸气、二氧化碳和氢的反应，也有碳与气化产物以及气化产物之间的反应。按照所采用气化剂的不同，气化炉煤气可分为空气发生炉煤气、水煤气和混合发生炉煤气。

以煤或焦炭作为气化原料，将空气作为气化剂通入气化炉中制取的煤气称为空气发生炉煤气。这种煤气的可燃成分主要为 CO 和 H_2，其中 CO 含量为 20%～30%，H_2 含量约 15%。由于采用空气作为气化剂，空气发生炉煤气中含有大量的 N_2，其含量可达 50%～60%，同时 CO_2 的含量也高达 5%～10%。因此，空气发生炉煤气的热值较低，低位热值为 4180～6280kJ/m³（标况下），无法达到工业和民用煤气的使用要求，故没有获得广泛应用。

水煤气是以煤或焦炭作为气化原料，将水蒸气作为气化剂通入气化炉中制取的煤气。在 930℃以上的高温下，水蒸气与煤或焦炭在水煤气炉中发生化学反应（主要是 C 与 H_2O、C 与 CO_2 以及 CO 与 H_2O 的反应），生成大量的可燃气体 CO 和 H_2。水煤气中 CO 含量为 40%～45%，H_2 含量为 45%～53%，此外还含有少量的 N_2 和 CO_2 等。因此，水煤气属高热值煤气，其低位热值可达 10 500kJ/m³（标况下），但由于其制取工艺和设备比较复杂，难以推广用作工业炉的燃料。由于水煤气 CO 含量高，不宜单独用作城市民用煤气的气源，可与干馏煤气等掺混，作为城市煤气的调度气源。

以空气和水蒸气的混合气体作为气化剂通入气化炉中，并与气化原料煤或焦炭发生反应而制得的煤气称为混合发生炉煤气。此时，气化炉中发生的化学反应包括 C 与 O_2、C 与 H_2O、C 与 CO_2 以及 CO 与 H_2O 的反应。煤气组成中，N_2 与 CO_2 等不可燃气体成分约占 60%，可燃气体 H_2 与 CO 等约占 40%，因此其低位热值一般仅为 5000～7000kJ/m³（标况下）。混合发生炉煤气不能单独用作城市煤气，但可广泛用作各类工业企业的燃料气，在城市煤气制气厂内用作煤干馏炉的加热燃气。

2.5　燃　烧　计　算

燃料的燃烧实质是燃料中可燃成分与氧化剂（氧气）发生的快速氧化反应并释放大量热量。燃料中可燃元素主要是 C、H、S，而其他成分，包括水分、灰分、O、N 等元素虽然未直接与氧化剂中的氧发生反应，但也全程参与燃烧过程，也会参与燃烧设备的吸热和放热。燃烧可分为完全燃烧和不完全燃烧，当燃料中的 C、H、S 全部转化为 CO_2、H_2O、SO_2，则称为完全燃烧，而不完全燃烧时，部分的 C 可能反应生成 CO，或直接以 C 的形式排放出燃烧设备，释放出的热量也小于完全燃烧，因此，不完全燃烧可能造成燃烧设备效率下降。

在燃烧设备和燃烧辅助设备设计阶段，就需要详细了解燃料燃烧时需要的氧化剂量，产生的烟气量，才能完成燃烧设备的整体结构、换热器结构与换热面积、燃烧器结构、风管和烟气管道等的设计，也才能完成燃烧辅助设备，包括磨煤机、风机等的选型。而在燃烧设备的运行阶段，可能燃料会发生变化，偏离设计煤种，为保证燃烧效率，还需依据变化后的燃料特性，计算燃烧所需氧化剂的量、产生的烟气量和烟气成分等来调整燃烧设备的相关运行参数。因此，了解燃料的燃烧计算，即燃料燃烧时所需氧化剂的数量及产生烟气的成分和数量，才能依据这些计算结果对燃烧设备进行优化调整。

在燃烧计算中，一般按单位数量的燃料来进行计算。计算气体燃料时，单位数量是指每千克或每标准立方米；计算固体和液体时，用每千克来进行计算。需要注意的是，由于燃料燃烧计算的结果主要用于燃烧设备的设计和运行调整，因此，开展燃料燃烧计算时，通常以燃料的收到基成分开展计算。

由于燃烧过程中涉及的反应非常复杂，存在许多中间过程，而有些反应物和生成物浓度都非常低，因此，在计算时只考虑燃烧的宏观结果，即消耗多少燃料，生成多少产物，释放多少热量，而对反应内部的中间过程和微量反应均不予考虑。在计算过程中，所有的气体均假设以标准状况下（0℃，101.3kPa）进行计算。

本书中仅以固体燃料计算为例，来说明燃烧计算的方法，对于液体燃料和气体燃料，可参考固体燃料的计算方法，但需考虑液体燃料和气体燃料的实际成分。

2.5.1　燃烧过程中的化学反应

固体燃料中的可燃成分C、H、S与氧的化学反应关系式及在相关反应中的质量平衡式，是进行工程燃烧计算的基础。

1. C 的燃烧反应

碳完全燃烧时，考虑燃料质量和气体体积后，碳和氧的化学反应式：

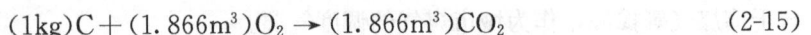

$$(1kg)C + (1.866m^3)O_2 \rightarrow (1.866m^3)CO_2 \tag{2-15}$$

可见，每千克碳完全燃烧需要 $1.866m^3$ 的 O_2，产生 $1.866m^3$ 的 CO_2。

碳不完全燃烧时，考虑燃料质量和气体体积后，碳和氧的化学反应式：

$$(1kg)C + (0.933m^3)O_2 \rightarrow (1.866m^3)CO \tag{2-16}$$

可见，每千克碳不完全燃烧，全部生成 CO 时，需要 $0.933m^3$ 的 O_2，产生 $1.866m^3$ 的 CO。

2. H 的燃烧反应

由于氢的燃烧反应活化能较低，因此燃料中氢会先反应，因此很少有燃烧不完全的情况存在。考虑燃料质量和气体体积后，氢在氧气中的完全燃烧反应计算式：

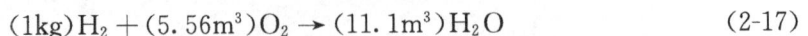

$$(1kg)H_2 + (5.56m^3)O_2 \rightarrow (11.1m^3)H_2O \tag{2-17}$$

可见，每千克氢完全燃烧需要 $5.56m^3$ 的 O_2，产生 $11.1m^3$ 的 H_2O。

3. S 的燃烧反应

考虑燃料质量和气体体积后，硫在氧气中的完全燃烧反应计算式：

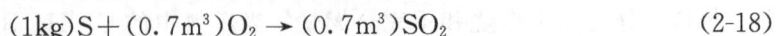

$$(1kg)S + (0.7m^3)O_2 \rightarrow (0.7m^3)SO_2 \tag{2-18}$$

可见，每千克硫完全燃烧需要 $0.7m^3$ 的 O_2，产生 $0.7m^3$ 的 SO_2。

4. C_nH_m 的燃烧反应

考虑燃料质量和气体体积后，在计算气体或液体燃料燃烧时，碳氢化合物 C_nH_m 在氧气中完全燃烧时的化学反应式：

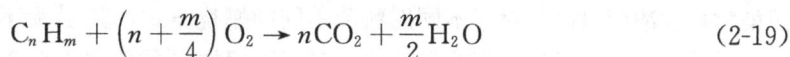

$$C_nH_m + \left(n + \frac{m}{4}\right)O_2 \rightarrow nCO_2 + \frac{m}{2}H_2O \tag{2-19}$$

涉及的需要 O_2 量和产生的烟气量也可通过类似的方法进行计算。

2.5.2　燃烧理论空气量计算

1kg（或 1m³）燃料完全燃烧时所需的最小空气量（燃烧产物烟气中氧气为零）称为理论空气需要量，简称理论空气量。理论空气量可以用体积表示，常用 V^0（标况下，m³ 空气/kg 燃料或 m³ 空气/m³ 燃料）表示；也可以用质量表示，常用 L^0（kg 空气/kg 燃料）表示。通常先求出 1kg 燃料完全燃烧所需的 O_2 量，然后再折算成空气量。

在进行燃烧计算时，假设燃料中的灰、水和 N 在燃烧时不参与反应，仅发生热量变化，其中水吸热转化为水蒸气；这时，参与反应的就只有 C、H、S 和 O。氧虽然不能够燃烧，但在燃料中，通常以化合态的形式与其他物质结合，因此，这些已经与氧结合的元素就不会在燃烧时继续与氧发生反应。

1kg 燃料中收到基含碳量为 $C_{ar}/100$kg，完全燃烧需氧量为 $1.866C_{ar}/100$m³；1kg 燃料中收到基含氢量为 $H_{ar}/100$kg，完全燃烧需氧量为 $5.56H_{ar}/100$m³；1kg 燃料中收到基含硫量为 $S_{ar}/100$kg，完全燃烧需氧量为 $0.7S_{ar}/100$m³；1kg 燃料中收到基含氧量为 $O_{ar}/100$（kg），完全燃烧可少供氧量为 $0.7O_{ar}/100$m³。因此，1kg 燃料完全燃烧所需氧气的体积量（m³）：

$$V_{O_2} = (1.866C_{ar} + 5.56H_{ar} + 0.7S_{ar} - 0.7O_{ar})/100 \tag{2-20}$$

假设空气中氧的体积分数为 21%，1kg 燃料燃烧所需的理论空气量体积数和质量数则可按下两式计算（干空气在标准状态下的密度为 1.239kg/m³）：

$$V^0 = \frac{V_{O_2}}{0.21} = 0.0889\,C_{ar} + 0.265\,H_{ar} + 0.0333\,S_{ar} - 0.0333\,O_{ar} \tag{2-21}$$

$$L^0 = 1.293V_{O_2} = 0.115\,C_{ar} + 0.343\,H_{ar} + 0.043\,S_{ar} - 0.043\,O_{ar} \tag{2-22}$$

对于气体燃料，也可按其气体组成用化学反应方程式求得理论空气量 V^0：

$$V^0 = 4.76\left[0.5H_2 + 0.5CO + 1.5H_2S + \sum\left(n + \frac{m}{4}\right)C_nH_m - O_2\right]/100 \tag{2-23}$$

应当指出，理论空气量仅取决于燃料成分，当燃料确定后其 V^0 为常数；V^0 是指不含水蒸气的干空气。

2.5.3　过量空气系数和实际空气量

1. 过量空气系数

在实际燃烧设备中，燃料与空气通常无法在有限空气中实现均匀混合。如果以理论空气量供应燃料进行燃烧，必然会有部分燃料因得不到足够的氧气而不能完全燃烧。为了使燃料尽可能地完全燃烧，实际供给的空气量必然要多于理论空气量，而超过理论空气量的那部分空气称为过量空气量。实际空气量 V_k 与理论空气量 V^0 之比称为过量空气系数，即

$$\alpha = \frac{V_k}{V^0} \tag{2-24}$$

在燃烧设备中，燃烧过程一般在炉膛出口处结束，因此对燃烧有重大影响的是炉膛出口处的过量空气系数 α_1''。α_1'' 的大小直接影响燃烧效率和热效率：其值过大将造成过大的排烟热损失并使炉温偏低，不利于燃烧；其值过小会造成固体及气体未完全燃烧热损失过大，且污染物排放浓度过高。对于不同燃料和不同的燃烧方式，其 α_1'' 大不相同，存在一个最佳值，应在设计和运行中尽量采用此最佳值。实际采用的 α_1'' 的值列于表 2-10 中。

表 2-10　　　　　　　　　　　　炉膛出口过量空气系数的推荐值

燃料及燃烧设备形式	固态排渣煤粉炉		链条炉	沸腾炉	燃油及燃气炉	
	$V_{daf}<20$	$20<V_{daf}<40$	—	—	平衡通风	微正压
α_1''	1.2~1.25	1.15~1.2	1.3~1.5	1.1~1.2	1.08~1.10	1.05~1.07

2. 漏风系数

为了防止燃烧设备中的燃料向外冒，通常将燃烧设备维持在微负压状态。由于炉墙和穿管处密封不严，会导致空气漏入，而使燃烧设备的过量空气系数不断增大。

相对于 1kg 燃料而言，漏入的空气量 ΔV 与理论空气量 V^0 之比称为漏风系数，用 $\Delta \alpha$ 表示，即

$$\Delta \alpha = \frac{\Delta V}{V^0} \tag{2-25}$$

漏风使烟道内的过量空气系数沿烟气流程逐渐增大。从炉膛出口开始，烟道内任意截面处的过量空气系数为

$$\alpha_i = \alpha_1'' + \sum_i \Delta \alpha_i \tag{2-26}$$

式中　α_i ——烟道内任意截面处的过量空气系数；

$\sum_i \Delta \alpha_i$ ——炉膛出口与计算截面间各段烟道漏风系数之和。

由于空气预热器在结构上的不严密性，而且其空气侧压力高于外界环境空气压力和烟气侧压力，所以该级的漏风系数 $\Delta \alpha_{ky}$ 要高些。在空气预热器中，其空气平衡式为

$$\beta_{ky}'' = \beta_{ky}' + \Delta \alpha_{ky} \tag{2-27}$$

式中　β_{ky}' ——空气预热器空气侧进口的过量空气系数；

β_{ky}'' ——空气预热器空气侧出口的过量空气系数；

$\Delta \alpha_{ky}$ ——空气预热器的漏风系数。

考虑到炉膛及制粉系统的负压漏风，则

$$\beta_{ky}'' = \alpha_1'' - \Delta \alpha_1 - \Delta \alpha_{zf} \tag{2-28}$$

式中　$\Delta \alpha_1$ ——炉膛漏风系数；

$\Delta \alpha_{zf}$ ——制粉系统漏风系数。

2.5.4　理论烟气量计算

燃料燃烧生成的燃烧产物是指烟气及其携带的灰粒和未燃尽的碳。由于烟气中的固体颗粒非常少，所占容积也很小，因此，在计算烟气量时，通常忽略烟气中的固体组分。1kg 固体或液体燃料在 $\alpha=1$ 的情况下完全燃烧，所生成的烟气量称为理论烟气量，用 V_y^0 表示，单位为 m^3/kg（气体燃料为 m^3/m^3）。除去固体组分外，烟气的成分由 CO_2、H_2O、SO_2、N_2 组成。下面将介绍各成分的计算方法。

1. 理论烟气中 CO_2 体积

依据燃烧反应方程式可知，1kg 燃料中碳完全燃烧，可生成 CO_2 的体积为

$$V_{CO_2} = 1.866C_{ar}/100 \tag{2-29}$$

2. 理论烟气中 SO_2 体积

依据燃烧反应方程式可知，1kg 燃料中硫完全燃烧，可生成 CO_2 的体积为

$$V_{SO_2} = 0.7S_{ar}/100 \tag{2-30}$$

通常用 V_{RO_2} 表示 CO_2 和 SO_2 的体积之和，即

$$V_{RO_2} = 1.866C_{ar}/100 + 0.7S_{ar}/100 = 1.866 \times \frac{C_{ar} + 0.375S_{ar}}{100} \tag{2-31}$$

3. 理论烟气中 N_2 体积

在燃烧过程中，有少量 N 会与 O 反应，生成 NO_x，但含量很小，通常低于 $500mg/m^3$，可忽略这部分反应。因此，在燃烧过程中理论烟气中的氮气有两个来源：一是理论空气中所含的 N_2；二是燃料本身含有的 N 燃烧后释放的 N_2。计算烟气中 N_2 的体积，如下：

$$V_{N_2}^0 = 0.79V^0 + \frac{22.4}{28} \times \frac{N_{ar}}{100} = 0.79V^0 + 0.8\frac{N_{ar}}{100} \tag{2-32}$$

4. 理论烟气中 H_2O 体积

燃烧产生的水蒸气一般有三个来源：

(1) 燃料中氢气燃烧生成的水蒸气，其体积为 $11.1 \times \frac{H_{ar}}{100}$。

(2) 燃料中水分蒸发形成的水蒸气，其体积为 $\frac{22.4}{18} \times \frac{M_{ar}}{100} = 0.0124M_{ar}$。

(3) 随同理论空气一同带入的水蒸气，其体积为 $\frac{22.4}{18} \times \frac{d}{1000} \times \rho_k V^0$；其中 d 为 1kg 干空气带入的水蒸气量，一般 $d = 10g/kg$ 干空气；ρ_k 为干空气密度，标准状况下数值为 $1.293kg/m^3$。将数值带入计算，该项为 $0.016V^0$。

因此，理论烟气中水蒸气量为

$$V_{H_2O}^0 = 0.111H_{ar} + 0.0124M_{ar} + 0.0161V^0 \tag{2-33}$$

把上述几个成分相加，即得到燃烧的理论烟气量：

$$V_y^0 = 1.866\left(\frac{C_{ar} + 0.375S_{ar}}{100}\right) + 0.79V^0 + 0.8\frac{N_{ar}}{100} + 0.111H_{ar} + 0.0124M_{ar} + 0.0161V^0$$

$$\tag{2-34}$$

含有水蒸气的烟气称为湿烟气；将烟气中水蒸气扣除，则称为干烟气，用 V_{gy}^0 表示。因此，理论烟气量也可以表示为

$$V_y^0 = V_{gy}^0 + V_{RO_2} \tag{2-35}$$

2.5.5　实际烟气量计算

实际燃烧过程中，过量空气系数通常 $\alpha > 1$。因此，在实际燃烧过程中的烟气，除了理论烟气 V_y^0 以外，还增加了过量空气 $(\alpha-1)V^0$，以及这部分空气带入的水蒸气。实际烟气体积 V_y 的计算如下：

$$V_y = V_y^0 + (\alpha-1)V^0 + 0.0161(\alpha-1)V^0 \tag{2-36}$$

实际烟气中扣除水蒸气体积，可得到实际干烟气体积：

$$V_{gy} = V_{RO_2} + V_{N_2} + V_{O_2} \tag{2-37}$$

$$V_{N_2} = V_{N_2}^0 + 0.79(\alpha - 1)V^0 \tag{2-38}$$

$$V_{O_2} = 0.21(\alpha - 1)V^0 \tag{2-39}$$

式中　V_{N_2}——烟气体积中含有的实际氮气体积；

　　　　V_{O_2}——烟气体积中含有的实际氧气体积。

因此，干烟气体积可写成：

$$V_{gy} = V_{gy}^0 + (\alpha - 1)V^0 \tag{2-40}$$

实际烟气体积可写成：

$$V_y = V_{gy} + V_{H_2O} \tag{2-41}$$

上述烟气体积的计算是以燃料完全燃烧为前提。在这种情况下，碳燃烧只生成 CO_2，硫燃烧生成 SO_2，氢燃烧生成 H_2O。而当燃烧不完全时，烟气中可能存在未燃烧的氢和碳氢化合物，而碳燃烧除生成 CO_2 以外，还会生成 CO。一般来说，燃煤锅炉烟气中氢和碳氢化合物含量极低，可忽略不计。因此，可认为烟气中的不完全燃烧产物只有 CO，这时烟气体积为

$$V_y = V_{CO_2} + V_{CO} + V_{SO_2} + V_{N_2} + V_{O_2} + V_{H_2O} \tag{2-42}$$

由于燃烧时，1molC 燃烧产生 CO_2 或 CO 都是 1mol，因此，烟气中由不完全燃烧产生的 CO 和 CO_2 与完全燃烧时产生的 CO_2 在摩尔量上应该保持一致，即在不考虑未完全燃烧的固体时，无论是否燃烧完全，烟气体积不变。

上述烟气的计算方法是针对固体和液体燃料的，对于气体燃料来说，其理论烟气量 V_y^0 和实际烟气量 V_y 也可参照上面的计算方法，但式中的 $V_{N_2}^0$ 和 V_{RO_2} 需按气体燃料的组成来进行计算，计算方法如下：

$$V_{N_2}^0 = 0.79V^0 + \frac{N_{ar}}{100} \tag{2-43}$$

$$V_{RO_2} = 0.01(CO + CO_2 + H_2S + \sum m C_m H_n) \tag{2-44}$$

$$V_{H_2O} = 0.01(H_2S + H_2 + \sum \frac{n}{2} C_m H_n + 0.124d) + 0.0161V^0 \tag{2-45}$$

式中　d——气体燃料中含有的水分。

在锅炉开展辐射换热计算时，由于烟气中的三原子气体（即 CO_2 和 SO_2）及水蒸气均参与辐射换热，因此需计算三原子气体和水蒸气的体积份额 r_{RO_2}，r_{H_2O} 和分压力 P_{RO_2}，P_{H_2O}：

$$r_{RO_2} = \frac{V_{RO_2}}{V}, P_{RO_2} = r_{RO_2} \times P \tag{2-46}$$

$$r_{H_2O} = \frac{V_{H_2O}}{V}, P_{H_2O} = r_{H_2O} \times P \tag{2-47}$$

式中　P——烟气的总压力，MPa。

烟气中所含的灰颗粒浓度对辐射换热也有影响，飞灰浓度是指每千克烟气中的飞灰质量，单位是（kg/kg），计算方法如下：

$$\mu = \frac{A_{ar} \alpha_{fh}}{100 \, m_y} \tag{2-48}$$

式中　μ——烟气中的飞灰浓度，kg/kg；

　　　m_y——1kg 燃料的烟气量，kg/kg；

　　　α_{fh}——烟气携带出炉膛的飞灰占总灰分的质量分数。

m_y 包括 1kg 燃料燃烧所需空气量及由空气所含水分转入烟气的质量，可按式（2-49）计算，即

$$m_y = 1 - A_{ar} + (1+d) \times 1.293\alpha V^0 \tag{2-49}$$

式中　d——干空气中的含湿量，取为 0.01kg/kg。

α_{fh} 的数值对不同形式的炉子是不相同的。例如对于固态排渣煤粉炉，$\alpha_{fh} = 0.95$；对于旋风炉，$\alpha_{fh} = 0.1 \sim 0.15$；对于链条炉，$\alpha_{fh} = 0.2$；对于抛煤机炉，$\alpha_{fh} = 0.25$。

2.5.6　空气和烟气焓的计算

在进行锅炉热力计算和热平衡计算时，都需要用到空气和烟气的焓。一般焓用 H 表示，单位为 kJ/kg。在开展热力计算时，无论是空气焓还是燃烧产物焓，其焓值都以 1kg 燃料为计算基础（气体以标准状况下 1m³ 为计算基础），同时规定 0℃时焓值等于 0。

1. 理论空气焓的计算

1kg 燃料燃烧所需理论空气量在定压下从 0℃加热到 t_k 时所需要的热量称为理论空气焓，用符号 h_k^0 表示。理论空气焓可用下式计算：

$$h_k^0 = V^0(c\vartheta)_k \tag{2-50}$$

式中　V^0——理论空气量，m³/kg；

　　　$c\vartheta$——1m³ 干空气连同其带入的水蒸气在温度为 ϑ 时的焓，其数值可查表 2-11 获得，kJ/m³。

表 2-11　1m³（标准状况下）空气、烟气和 1kg 灰的焓

ϑ (℃)	$(c\vartheta)_{CO_2}$	$(c\vartheta)_{N_2}$	$(c\vartheta)_{O_2}$	$(c\vartheta)_{H_2O}$	$(c\vartheta)_k$	$(c\vartheta)_h$
100	170	130	132	151	132	81
200	358	260	267	305	266	169
300	559	392	407	463	403	264
400	772	527	551	626	542	360
500	994	664	699	795	684	458
600	1225	804	850	969	830	561
700	1462	948	1004	1149	978	663
800	1705	1094	1160	1334	1129	768
900	1952	1242	1318	1526	1282	874
1000	2201	1392	1478	1723	1435	984
1100	2458	1544	1638	1925	1595	1096
1200	2717	1697	1801	2132	1753	1206
1300	2977	1853	1964	2344	1914	1360
1400	3239	2009	2182	2559	2076	1571
1500	3503	2166	2294	2779	2239	1758

2. 实际空气焓的计算

1kg 燃料燃烧所需实际空气量在定压下从 0℃ 加热到 t_k 时所需要的热量称为理论空气焓，用符号 h_k 表示。实际空气焓可用下式计算：

$$h_k = \alpha h_k^0 = \alpha V^0 c_k t_k \tag{2-51}$$

式中　α ——过量空气系数；

c_k ——1m³干空气（标准状况）连同其带入的水蒸气的平均定压比热容，其数值可查表 2-12 获得，kJ/m³。

3. 燃烧产物焓的计算

1kg 燃料燃烧生成的燃烧产物在定压下（常用大气压）从 0℃ 加热到 ϑ 时所需要的热量称为燃烧产物焓。燃烧产物焓包括烟气焓、飞灰焓两部分。燃烧产物焓可通过理论计算和依据烟气分析结果计算两种方法。

通过理论计算时，按完全燃烧化学反应进行计算，即燃烧产物焓为理论烟气焓、过量空气焓、飞灰焓三者之和。其计算式为

$$h_y = h_y^0 + (\alpha - 1) h_k^0 + h_{fh} \tag{2-52}$$

理论烟气焓 h_y^0 为各组分之焓之和，即

$$h_y^0 = (V_{RO_2} c_{RO_2} + V_{N_2}^0 c_{N_2} + V_{H_2O}^0 c_{H_2O}) \vartheta_y \tag{2-53}$$

飞灰焓 h_{fh} 为

$$h_{fh} = \frac{\alpha_{fh} A_{ar}}{100} c_h \vartheta_y \tag{2-54}$$

式中　V_{RO_2}、$V_{N_2}^0$、$V_{H_2O}^0$ ——烟气中三原子气体体积、理论氮气体积和理论水蒸气体积，m³/kg（标准状况下）；

c_{RO_2}、c_{N_2}、c_{H_2O} ——三原子气体、氮气和水蒸气的平均定压比热容，其值可由表 2-12 获得，kJ/(m³·K)；

c_h ——飞灰比热容，其值可由表 2-12 获得，kJ/(kg·K)；

α_{fh} ——飞灰份额，即飞灰中灰量占燃料总灰量的份额；

ϑ_y ——烟气温度，℃。

由于飞灰焓的数值较小，因此，只有当折算灰分大于 6 时，才考虑计算飞灰焓，否则忽略该项。

采用烟气分析结果计算烟气焓时，通常采用干烟气焓、水蒸气焓、飞灰焓三者求和来获得，即

$$h_y = h_{gy} + h_{H_2O} + h_{fh} = (V_{gy} c_{gy} + V_{H_2O} c_{H_2O}) \vartheta_y + h_{fh} \tag{2-55}$$

$$c_{gy} = \frac{RO_2 c_{RO_2} + N_2 c_{N_2} + O_2 c_{O_2} + CO c_{CO}}{100} \tag{2-56}$$

式中　V_{gy} ——干烟气体积，m³/kg（标准状况下）；

V_{H_2O} ——水蒸气体积，m³/kg（标准状况下）；

c_{gy} ——干烟气的平均定压比热容，其值可由表 2-12 获得，kJ/(m³·K)。

RO_2、N_2、O_2、CO 分别表示干烟气中三原子气体、氮气、氧气和一氧化碳的体积百分含量，可由烟气分析测出；c_{RO_2}、c_{N_2}、c_{O_2}、c_{CO} 分别表示干烟气中三原子气体、氮气、氧气和一氧化碳的均定压比热容，其值可由表 2-12 获得。

表 2-12　　　　　　空气、各烟气组分的平均比定压热容　　　　　kJ/(m³·K)

温度(℃)	空气	CO_2	H_2O	N_2	O_2	CO	烟气	C_h [kJ/(kg·K)]
0	1.297	1.600	1.494	1.299	1.306	1.299		0.796
100	1.300	1.700	1.505	1.300	1.308	1.302	1.380	0.837
200	1.307	1.787	1.522	1.304	1.335	1.307		0.867
300	1.317	1.863	1.542	1.311	1.356	1.317	1.424	0.892
400	1.329	1.930	1.565	1.321	1.377	1.329		0.921
500	1.343	1.989	1.590	1.332	1.393	1.343	1.457	0.924
600	1.357	2.041	1.615	1.345	1.417	1.357		0.950
700	1.371	2.088	1.641	1.359	1.434	1.372	1.491	0.963
800	1.384	2.131	1.668	1.372	1.451	1.386		0.980
900	1.398	2.169	1.696	1.385	1.468	1.400	1.520	1.005
1000	1.410	2.204	1.723	1.397	1.478	1.413		1.026
1100	1.421	2.235	1.750	1.407	1.489	1.425	1.545	1.051
1200	1.433	2.264	1.777	1.420	1.501	1.436		1.097
1300	1.443	2.394	1.803	1.431	1.511	1.447	1.566	1.130
1400	1.453	2.314	1.828	1.441	1.520	1.457		1.185
1500	1.462	2.333	1.853	1.450	1.529	1.466	1.590	1.223

第3章 锅炉机组热平衡及能效分析

【本章导读】

锅炉机组热平衡是基于能量平衡的原理来计算锅炉效率、分析影响锅炉效率的因素、提高锅炉效率途径的基础，也是开展锅炉能效试验的基础。本章将介绍锅炉热平衡的概念，论述采用正、反平衡法求锅炉效率的原理、计算方法和使用的场合；燃料消耗量的计算方法；通过锅炉热平衡开展能效分析，介绍常用的提效降耗措施。

3.1 锅炉热平衡概念及计算方法

从能量平衡的观点来看，在稳定工况下，输入锅炉的热量应与输出锅炉的热量相平衡，锅炉的这种热量收、支平衡关系，就称为锅炉热平衡。输入锅炉的热量是指伴随燃料送入锅炉的热量；锅炉输出的热量可以分为两部分，一部分为有效利用热量，另一部分为各项热损失。

锅炉热平衡是按 1kg 固体或液体燃料（对气体燃料则是标准状况下 $1m^3$）为基础进行计算的。在稳定工况下，锅炉热平衡方程式可写为

$$Q_r = Q_1 + Q_2 + Q_3 + Q_4 + Q_5 + Q_6 \tag{3-1}$$

式中　Q_r——1kg 燃料的锅炉输入热量，kJ/kg；

　　　Q_1——锅炉的有效利用热量，kJ/kg；

　　　Q_2——排烟热损失，kJ/kg；

　　　Q_3——气体未完全燃烧热损失的，kJ/kg；

　　　Q_4——固体未不完全燃烧热损失的，kJ/kg；

　　　Q_5——散热损失的热量，kJ/kg；

　　　Q_6——灰渣物理热损失，kJ/kg。

如果将式（3-1）的右面部分和左面部分都除以 Q_r，并表示成百分数，可建立以百分数表示的热平衡方程式，即

$$100\% = q_1 + q_2 + q_3 + q_4 + q_5 + q_6 \tag{3-2}$$

式中　q_1——锅炉有效利用热量占输入热量的百分数，$q_1 = Q_1 / Q_r \times 100\%$；

　　　q_2——排烟热损失占输入热量的百分数，$q_2 = Q_2 / Q_r \times 100\%$；

　　　q_3——气体未完全燃烧热损失占输入热量的百分数，$q_3 = Q_3 / Q_r \times 100\%$；

　　　q_4——固体未完全燃烧热损失占输入热量的百分数，$q_4 = Q_4 / Q_r \times 100\%$；

　　　q_5——散热损失占输入热量的百分数，$q_5 = Q_5 / Q_r \times 100\%$；

　　　q_6——灰渣物理热损失占输入热量的百分数，$q_6 = Q_6 / Q_r \times 100\%$。

1kg 燃料输入锅炉的热量、锅炉有效利用热量和各项损失热量之间的平衡关系也可用图 3-1 锅炉热平衡示意表示。需要注意的是，热空气带入炉内的热量来自锅炉空气预热器的吸

热，故在热平衡中不予考虑。

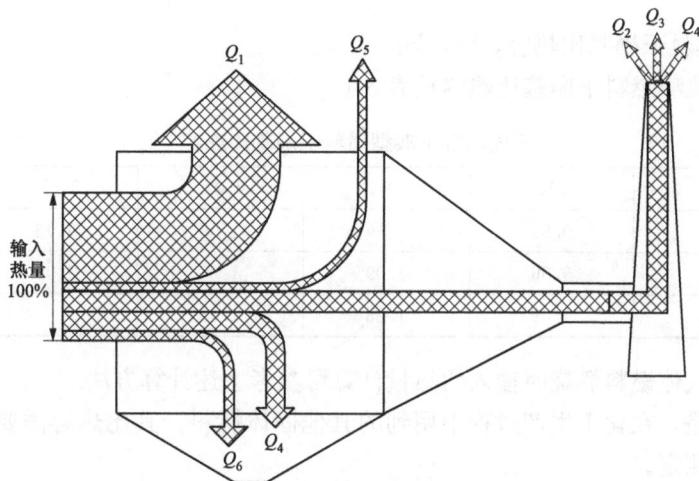

图 3-1　锅炉热平衡示意

　　研究锅炉热平衡的意义，就在于弄清燃料中的热量有多少被有效利用，有多少变成热损失，以及热损失分别表现在哪些方面和大小如何，以便判断锅炉设计和运行水平，进而寻求提高锅炉经济性的有效途径。锅炉设备在运行中应定期进行热平衡试验（通常称热效率试验），以查明影响锅炉效率的主要因素，作为改进锅炉的依据。

3.2　锅炉输入热量及各类型热量去向

3.2.1　锅炉输入热量 Q_r

　　对应于 1kg 固体或液体燃料输入锅炉的热量 Q_r 包括燃料收到基低位发热量、燃料的物理显热、外来热源加热空气时带入的热量和雾化燃油所用蒸汽带入热量，即

$$Q_r = Q_{net,ar,p} + i_r + Q_{wh} + Q_{wr} \tag{3-3}$$

式中　$Q_{net,ar,p}$——燃料收到基低位发热量，kJ/kg；

　　　　　i_r——燃料的物理显热，kJ/kg；

　　　　　Q_{wh}——雾化燃油所用蒸汽带入的热量，kJ/kg；

　　　　　Q_{wr}——外来热源加热空气时带入的热量，kJ/kg。

　　燃料的物理显热为

$$i_r = c_{p,ar} \cdot t_r \tag{3-4}$$

式中　$c_{p,ar}$——燃料收到基的比定压热容，kJ/(kg·℃)；

　　　　　t_r——燃料的温度，℃。

　　当用外来热源加热燃料时（用蒸汽加热重油或蒸汽干燥器等）及开式系统使燃料干燥时，应计算此项，并根据燃料的炉前状态取用 t_{fu} 和燃料水分。若未经预热，则只有当 $M_{ar} \geqslant \dfrac{Q_{net,ar}}{630}$ 时才须计算，此时可取 $t_r = 20℃$。

　　固体燃料比热容 $c_{ar,fu}$ 为

$$c_{\text{ar,fu}} = c_{\text{dr}} \frac{100 - M_{\text{ar}}}{100} + 4.187 \frac{M_{\text{ar}}}{100} \tag{3-5}$$

式中　　c_{dr}——燃料干燥基比热容，kJ/(kg·℃)。

不同温度下典型燃料干燥基比热容见表 3-1。

表 3-1　　　　　　　　**不同温度下典型燃料干燥基比热容**　　　　　kJ/(kg·℃)

燃料	0℃	100℃	200℃	300℃	400℃
无烟煤和贫煤	0.92	0.96	1.05	1.13	1.17
烟煤	0.96	1.09	1.26	1.42	
褐煤	1.09	1.26	1.46		

液体燃料和气体燃料燃烧时输入的热量计算可参考上述计算方法。

需要提出的是，在化工生产过程中用到的其他固体燃料，其比热容需要查阅相关数据，或通过实验进行测定。

3.2.2　锅炉有效利用热 q_1

不同锅炉结构不同，通常换热器的布置和形式存在很大差别。但总的来说，锅炉的有效利用热是指工质从锅炉中各环节吸收的热量。通常锅炉以水作为工质，在化工生产过程中，不同环节需要不同参数的工质产品，也可能在不同环节产生排污，因此，锅炉总的有效利用热 Q 为各出口工质（包括产品工质和排污）的热量减去工质进入锅炉携带的热量，计算方法如下：

$$Q = \sum D_{\text{cp}i} h_{\text{cp}i} - \sum D_{\text{cp}i} h_{\text{gs}} + \sum D_{\text{pw}j} h_{\text{pw}j} - \sum D_{\text{pw}j} h_{\text{gs}} \tag{3-6}$$

式中　　D_{cp}——加热后作为产品的工质流量，kg/s；

　　　　D_{pw}——生产过程中排污的工质流量，kg/s；

　　　　h_{cp}——加热后作为产品的工质的焓，kJ/kg；

　　　　h_{gs}——进入锅炉给水的焓，kJ/kg；

　　　　h_{pw}——生产过程中排污水的焓，kJ/kg；

　　　　i、j——产品工质的编号、排污处的编号，kJ/kg。

每千克燃料（对气体燃料为标准状况下每立方米）的有效利用热量 q_1 可用式（3-7）计算：

$$q_1 = \frac{Q}{B} = \frac{\sum D_{\text{cp}i} h_{\text{cp}i} - \sum D_{\text{cp}i} h_{\text{gs}} + \sum D_{\text{pw}j} h_{\text{pw}j} - \sum D_{\text{pw}j} h_{\text{gs}}}{B} \tag{3-7}$$

式中　　B——锅炉的燃料消耗量，kg/s。

3.2.3　排烟损失 q_2

在锅炉燃烧后，排出锅炉的烟气一定包含有一定的热量。而对于含 S 的燃烧来说，燃烧烟气中含有一定量的 SO_3，在低温下会与燃烧产生的水蒸气结合形成 H_2SO_4，造成锅炉低温换热器腐蚀。为了防止这些低温腐蚀，通常会控制排出锅炉的烟气温度高于 125℃。随烟气一起排出锅炉的能量即称为排烟热损失。对于室燃炉来说，排烟热损失 q_2 是各种损失中最大的一项，为 4%～8%。一般排烟温度提高 15～20℃，q_2 约增加 1%。

燃烧过程中，会有一部分燃料未完全燃烧，以未燃尽炭的形式排出锅炉，即为 q_4。这些未燃尽炭造成在锅炉中释放的热量降低，消耗的空气量和产生的烟气量也相应降低，因此，在计算排烟热损失时需给予考虑。排烟损失 q_2 等于排烟焓值与进入锅炉的冷空气焓值的差，其计算式如下：

$$q_2 = \frac{Q_2}{Q_r} \times 100 = \frac{h_{py} - \alpha_{py} h_{lk}^0}{Q_r} \times \frac{100 - q_4}{100} \times 100 = \frac{h_{py} - \alpha_{py} h_{lk}^0}{Q_r}(100 - q_4) \ \% \qquad (3\text{-}8)$$

式中　h_{py}——排烟的焓，kJ/kg；

　　　α_{py}——烟气侧空气预热器出口的过量空气系数；

　　　h_{lk}^0——理论冷空气的焓，kJ/kg；

　　　q_4——固体未完全燃烧热损失占输入热量的百分数；

影响排烟热损失 q_2 的主要因素是排烟焓的大小，而排烟焓又取决于排烟体积和排烟温度。排烟温度越高，排烟体积越大，则排烟热损失 q_2 也就越大。

3.2.4　气体未完全燃烧热损失 q_3

气体未完全燃烧热损失是由于烟气中含有可燃气体（主要是一氧化碳，另外还有微量的氢和甲烷等）造成的热损失。在标准状况下，一氧化碳、氢气、甲烷体积发热量分别为 12 640、10 800、35 820kJ/m³。

q_3 的计算式如下：

$$q_3 = \frac{Q_3}{Q_r} \times 100 = \frac{12\,640 V_{CO} + 10\,800 V_{H_2} + 35\,820 V_{CH_4}}{Q_r} \times \frac{100 - q_4}{100} \times 100 \qquad (3\text{-}9)$$

式中　V_{CO}——标准状况下 1kg 燃料燃烧生成烟气中的一氧化碳的分体积，m³/kg；

　　　V_{H_2}——标准状况下 1kg 燃料燃烧生成烟气中的氢气的分体积，m³/kg；

　　　V_{CH_4}——标准状况下 1kg 燃料燃烧生成烟气中的甲烷的分体积，m³/kg；

　　　$\dfrac{100 - q_4}{100}$——考虑到 q_4 的存在，1kg 燃料中有一部分燃料并没有参与燃烧及生成烟气，故应对烟气中一氧化碳的体积进行修正。

当燃用固体燃料时，考虑到烟气中 H_2、CH_4 等可燃气体的含量极微，为了简化计算，可认为烟气中的可燃气体只是 CO，则式（3-9）可写成

$$q_3 = \frac{V_{gy}}{Q_r}(126.4\,CO)(100 - q_4) \ \% \qquad (3\text{-}10)$$

式中　CO——烟气中一氧化碳体积占干烟气体积的百分数，%；

将式 $V_{gy} = 1.866 \dfrac{C_{ar} + 0.375 S_{ar}}{RO_2 + CO}$ 代入式（3-10）可得

$$q_3 = 126.4 \frac{CO}{Q_r}\left(1.866 \frac{C_{ar} + 0.375 S_{ar}}{RO_2 + CO}\right) \times (100 - q_4)$$

$$= 236 \frac{C_{ar} + 0.375 S_{ar}}{Q_r} \times \frac{CO}{RO_2 + CO} \times (100 - q_4) \ \% \qquad (3\text{-}11)$$

气体未完全燃烧热损失是由于烟气中存在可燃气体造成的。因此，烟气中可燃气体含量越多，q_3 越大。

3.2.5　固体未完全燃烧热损失 q_4

固体未完全燃烧热损失是锅炉排出的灰和渣中含有未燃尽的碳造成的热损失。在计算固体未完全燃烧热损失时，需考虑锅炉的飞灰量、灰渣量，飞灰和炉渣中各自的可燃物含量。

在已知每千克碳的发热量为 32 866kJ/kg 的情况下，固体未完全燃烧热损失 q_4 为

$$q_4=q_4^{\mathrm{fh}}+q_4^{\mathrm{lz}}=\frac{32\ 866\dfrac{G_{\mathrm{fh}}}{B}\times\dfrac{C_{\mathrm{fh}}}{100}}{Q_{\mathrm{r}}}\times100+\frac{32\ 866\dfrac{G_{\mathrm{lz}}}{B}\times\dfrac{C_{\mathrm{lz}}}{100}}{Q_{\mathrm{r}}}\times100=\frac{32\ 866}{BQ_{\mathrm{r}}}(G_{\mathrm{fh}}C_{\mathrm{fh}}+G_{\mathrm{lz}}C_{\mathrm{lz}})$$
(3-12)

式中　q_4^{fh}、q_4^{lz}——飞灰和炉渣引起固体未完全燃烧热损失占输入热量的百分数，%；

　　　G_{fh}、G_{lz}——锅炉单位时间飞灰和炉渣的质量（包括其中未燃尽的炭）kg/s；

　　　C_{fh}、C_{lz}——飞灰和炉渣中可燃物含量的百分数，%；

令 α_{fh} 和 α_{lz} 表示飞灰和炉渣中灰量占燃料总灰量的份额，分别称为飞灰份额和炉渣份额。则有

$$\alpha_{\mathrm{fh}}+\alpha_{\mathrm{lz}}=1$$
(3-13)

对于不同类型的锅炉，飞灰份额和炉渣份额已有比较丰富的统计数据可供参考。对于固态排渣煤粉炉，飞灰份额和炉渣份额的推荐值分别为 $\alpha_{\mathrm{fh}}=0.90\sim0.95$，$\alpha_{\mathrm{lz}}=0.05\sim0.10$。

在 α_{fh} 和 α_{lz} 已知的情况下，可由下式求得 G_{fh} 和 G_{lz}，即

$$G_{\mathrm{fh}}=\frac{\alpha_{\mathrm{fh}}BA_{\mathrm{ar}}}{100-C_{\mathrm{fh}}},\quad G_{\mathrm{lz}}=\frac{\alpha_{\mathrm{lz}}BA_{\mathrm{ar}}}{100-C_{\mathrm{lz}}}$$

将上面两式代入式（3-12）中，可得近似计算式如下：

$$q_4=\frac{32\ 866A_{\mathrm{ar}}}{Q_{\mathrm{r}}}\left(\frac{\alpha_{\mathrm{fh}}BA_{\mathrm{ar}}}{100-C_{\mathrm{fh}}}-\frac{\alpha_{\mathrm{lz}}BA_{\mathrm{ar}}}{100-C_{\mathrm{lz}}}\right)$$
(3-14)

对于流化床锅炉，固体未完全燃烧热损失的近似计算式为

$$q_4=\frac{32\ 866A_{\mathrm{ar}}}{Q_{\mathrm{r}}}\left(\alpha_{\mathrm{yl}}\frac{C_{\mathrm{yl}}}{100-C_{\mathrm{yl}}}+\alpha_{\mathrm{lh}}\frac{C_{\mathrm{lh}}}{100-C_{\mathrm{lh}}}+\alpha_{\mathrm{yh}}\frac{C_{\mathrm{yh}}}{100-C_{\mathrm{yh}}}+\alpha_{\mathrm{fh}}\frac{C_{\mathrm{fh}}}{100-C_{\mathrm{fh}}}\right)\ \%$$
(3-15)

$$\alpha_{\mathrm{yl}}+\alpha_{\mathrm{lh}}+\alpha_{\mathrm{yh}}+\alpha_{\mathrm{fh}}=1$$

上式中的 α_{yl}、α_{lh}、α_{yh}、α_{fh} 分别为溢流灰、冷灰或冷灰斗灰渣、烟道灰、飞灰中的灰量占入炉燃料总灰分的质量份额，C_{yl}、C_{lh}、C_{yh}、C_{fh} 分别为溢流灰、冷灰或冷灰斗灰渣、烟道灰、飞灰中可燃物含量的百分数。

3.2.6　散热损失 q_5

锅炉在运行时，汽包、联箱、汽水管道、炉墙、烟气管道等的外壁温度均高于环境空气的温度，这样就会通过自然对流和辐射向周围散热，形成锅炉的散热损失。

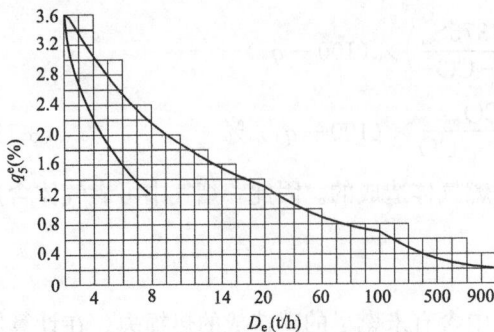

图 3-2　锅炉额定蒸发量 D_{e} 下的散热损失

由于锅炉的散热损失通过试验来测定是比较困难的，所以通常是根据大量的经验数据绘制出锅炉额定蒸发量 D_{e} 与散热损失 q_5^{e} 的关系曲线，如图 3-2 所示。已知锅炉额定蒸发量，即可查出该额定蒸发量下的散热损失 q_5^{e}。当锅炉额定蒸发量大于 900t/h，按 0.2% 计算。

当锅炉在非额定蒸发量下运行时，由于锅炉外表面的温度变化不大，锅炉总的散热量也就变化不大。但相对 1kg 燃料的散热量

Q_5 却有明显变化。可以近似地认为散热损失与锅炉运行负荷成反比变化，即锅炉在非额定蒸发量下的散热损失可按式（3-16）计算：

$$q_5 = q_5^e \frac{D_e}{D} \% \tag{3-16}$$

式中　　q_5^e——锅炉额定蒸发量下的散热损失，%；

$\quad\quad\quad q_5$——锅炉实际蒸发量下的散热损失，%；

$\quad\quad\quad D_e$——锅炉额定蒸发量，kg/s；

$\quad\quad\quad D$——锅炉实际蒸发量，kg/s。

3.2.7　灰渣物理热损失 q_6

锅炉炉渣排出炉外时带出的热量，形成炉渣物理热损失，其计算式如下：

$$q_6 = \frac{A_{lz}\alpha_{lz}c_{lz}\vartheta_{lz}}{Q_r} + \frac{A_{fh}\alpha_{fh}c_{fh}\vartheta_{fh}}{Q_r} \% \tag{3-17}$$

式中　　α_{lz}、α_{fh}——炉渣份额，%；

$\quad\quad\quad c_{lz}$、c_{fh}——炉渣比热容，kJ/(kg·℃)；

$\quad\quad\quad \vartheta_{lz}$、$\vartheta_{fh}$——排渣温度，℃。

3.3　锅炉效率及燃料消耗量计算

3.3.1　正平衡法和反平衡法计算锅炉效率

锅炉效率可以通过两种测验方法得出。测定输入热量 Q_r 和有效利用热量 Q_1 计算锅炉效率，称为正平衡求效率法或直接求效率法；通过测量输入热量 Q_r，并对锅炉进行实验测定各项热损失 q_2、q_3、q_4、q_5、q_6 后，通过总输入热量减去各项损失后得到的锅炉效率称为反平衡法，也称之为间接求效率法。

用正平衡法求锅炉效率就是求出锅炉有效利用热量占输入热量的百分数，即

$$\eta = q_1 = \frac{Q_1}{Q_r} \times 100\% \tag{3-18}$$

正平衡法求效率方法简单，可迅速地估算出锅炉的整体效率，判断锅炉是否存在能效较低的运行状态。但这种方法只能确定锅炉的总体效率，无法明确锅炉产生损失或损失较大的原因。

反平衡法可以根据式（3-19）求出锅炉的效率，即

$$\eta = q_1 = 100\% - (q_2 + q_3 + q_4 + q_5 + q_6) \tag{3-19}$$

目前电厂锅炉常用反平衡法求效率。一方面是因为大容量锅炉用正平衡求效率时，燃料消耗量的测量相当困难，以及在有效利用热量的测定上常会引入较大的误差，因此不如利用反平衡法求效率更为方便和准确；另一方面是通过各项热损失的测定和分析，可以找出提高锅炉效率的途径；此外，正平衡法要求比较长时间地保持锅炉稳定工况，这也是比较困难的。

3.3.2　锅炉燃料消耗量计算

1. 实际燃料消耗量

实际燃料消耗量是指单位时间内实际耗用的燃料量，用符号 B 表示，单位为 kg/s 或 t/

h。由于锅炉实际燃烧时，燃料消耗量难以测准，故通常是在计算锅炉输入热量 Q_r、锅炉的有效利用热量 Q 并按反平衡法求出锅炉效率 η 的基础上，根据式（3-7）和式（3-18）来计算燃料消耗量 B，即

$$B = \frac{Q}{Q_r \cdot \eta} \times 100 = \frac{100}{Q_r \cdot \eta} \left(\sum D_{cpi} h_{cpi} - \sum D_{cpi} h_{gs} + \sum D_{pwj} h_{pwj} - \sum D_{pwj} h_{gs} \right)$$

$$(3-20)$$

2. 计算燃料消耗量

计算燃料消耗量是指扣除了机械不完全燃烧失 q_4 后，在炉内实际参与燃烧反应的燃料消耗量，用符号 B_j 表示。由于 1kg 入炉燃料只有 $(1-q_4)$ 燃料参与燃烧反应，所以它与燃料消耗量 B 之间存在如下关系：

$$B_j = B(1-q_4) \tag{3-21}$$

两种燃料消耗量各有不同的用途。在进行燃料输送系统和制粉系统计算时要用到燃料消耗量 B；但在确定空气量及烟气体积等时则要按计算燃料消耗量 B_j 进行计算。

3.4 能效分析及提效措施

3.4.1 排烟热损失成因与提效措施

排烟热损失是指锅炉燃烧完后烟气排出锅炉时携带的能量造成的损失。通常影响排烟热损失的主要因素是排烟温度和排烟体积。

为了防止锅炉低温换热器发生低温腐蚀，通常把排烟温度设置为 125℃。然而，随着锅炉的运行时间增长，炉内换热器可能出现结渣和沾污等现象，造成炉内吸热量降低，进而造成排烟温度升高。在运行状态不好的情况下，有些锅炉的排烟温度通常超过 150℃，最高可达 200℃ 以上，造成大量能量浪费。

另外，排烟热损失还受排烟体积的影响。排烟体积越大，随排烟一起排出的热量也就越多。而排烟体积的大小取决于炉内过量空气系数和锅炉漏风量。过量空气系数越小，漏风量越小，则排烟体积越小。

通过上述分析可见，降低排烟热损失需从两方面进行，一是维持炉内较低的过量空气系数；二是降低排烟温度。在过量空气系数较低的时候，为了保证燃料完全燃烧，可能需改进燃烧器区域流动特性，保温特性等。而降低排烟温度则可通过提高燃烧器的燃烧速率，提高受热面的清洁度等。

3.4.2 未完全燃烧热损失成因与提效措施

未完全燃烧热损失主要包括气体未完全燃烧热损失和固体未完全燃烧热损失。影响烟气中可燃气体含量的主要因素：炉内过量空气系数、燃料挥发分含量、炉膛温度以及炉内空气动力工况等。一般来说，炉内过量空气系数过小，氧气供应不足，会造成 q_3 的增加，过量空气系数过大，又会导致炉温降低；燃料挥发分含量较高，其 q_3 相对较大；炉温过低时。燃料的燃烧速度很慢，此时烟气中的 CO 来不及燃烧就离开炉膛，会使 q_3 相应增加。此外，炉膛结构及燃烧器布置不合理，炉膛内有死角或燃料在炉内停留时间过短，都会导致 q_3 增大。

机械不完全燃烧热损失 q_4 是燃煤锅炉主要热损失之一，通常仅次于排烟热损失。影响

机械不完全燃烧热损失中的主要因素：燃烧方式、燃料性质、煤粉细度、过量空气系数、炉膛结构以及运行工况等。不同燃烧方式的 q_4 数值差别很大，层燃炉、沸腾炉这项损失较大，旋风炉较小，煤粉炉介于两者之间。煤中灰分和水分越多，挥发分含量越少，煤粉越粗，则 q_4 越大，在燃料性质相同的情况下，炉膛结构合理（有适当的高度和空间），燃烧器结构性能好、布置适当，配风合理，气粉有较好的混合条件和较长的炉内停留时间，则 q_4 较小；炉内过量空气系数要适当，运行中过量空气系数减小时，一般会导致 q_4 增大；炉膛温度较高时，q_4 较小；锅炉负荷过高将使煤粉来不及在炉内烧透，负荷过低，则炉温降低，都会导致 q_4 增大。

3.4.3　最佳过量空气系数

排烟热损失 q_2 会随着过量空气系数的提高而逐渐升高，而不完全燃烧热损失 q_3 和 q_4 则会随着过量空气系数的提高而降低，如图 3-3 所示。为了能使锅炉整体效率较高，可获得排烟损失、气体未完全燃烧热损失和固体未完全燃烧热损失与过量空气系数的关系，进而找到三者和的最低点，而这个点即称为最佳过量空气系数。在锅炉运行过程中，煤种变化、锅炉发生结渣与沾污、燃烧器组织的风和燃料混合等情况下，都需要调整过量空气系数，以使锅炉保持较高的运行效率。

3.4.4　降低散热与灰渣物理显热的损失方法

锅炉散热与锅炉各部分面积有关，但目前，锅炉基本上已做了较完善的保温，因此，在保温条件较好的情况下，散热损失已达到较低水平。锅炉蒸发量越大，单位质量的燃料中产生的散热损失比例越小。

灰渣物理显热是指锅炉燃烧完后排出的灰和渣的温度。由于灰是随烟气一起排出锅炉，因此，一般来说排出的灰的温度也与排烟温度相同，与环境温差较小，可进一步降低的潜力也相对较小。而排出的渣，尤其是流化床锅炉，在渣排出时通常具有较高的温度，因此，为了降低排渣的损失，可再增设换热器，将渣中的热量进一步吸收，以降低排渣损失。

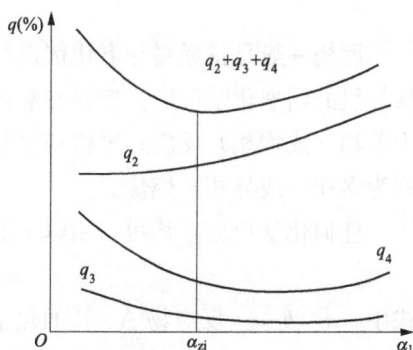

图 3-3　最佳过量空气系数的确定

第 4 章　燃烧理论基础

【本章导读】

理解燃烧的基本理论是设计燃烧设备，优化燃烧运行的基础。本章将详细介绍燃烧化学反应速度的描述方法，以及反应物浓度、反应温度、反应压力、催化剂及连锁反应对燃烧速度的影响，并进一步介绍固体燃料颗粒的燃烧过程，煤粉气流的着火与燃烬及其影响因素；详细介绍气体燃料燃烧的预混燃烧与扩散燃烧的方式、气体燃料的点火和火焰传播与扩散的相关理论；最后，介绍了油燃烧的过程与特点，及油燃烧过程中必须开展的雾化原理和影响因素。

4.1　燃烧的基本理论

燃烧一般是指燃料与氧化剂进行的发热与发光的高速化学反应。狭义地讲，燃烧是指燃料与氧的剧烈化学反应。燃料与氧化剂可以是同一形态的，如气体燃料在空气中的燃烧，称为单相（或均相）反应；燃料与氧化剂也可以是不同形态的，如固体燃料在空气中的燃烧，称为多相（或异相）燃烧。

任何化学反应，均可以用以下的化学计量方程式表示：

$$a\mathrm{A} + b\mathrm{B} \rightleftharpoons g\mathrm{G} + h\mathrm{H} \tag{4-1}$$

式中　a、b——反应物 A、B 的化学反应计量系数；

　　　g、h——生成物 G、H 的化学反应计量系数。

化学反应速度指在化学反应中，单位时间内反应物质（或燃烧产物）的浓度改变率，一般用符号 ω 来表示，其常用的单位是 $\mathrm{mol/(m^3 \cdot s)}$。化学反应速度既可用单位时间内反应物浓度的减少来表示，也可用单位时间内生成物（燃烧产物）浓度的增加来表示。按不同反应物或生成物计算在时间 t 的瞬时反应速度为

$$\left. \begin{aligned} \omega_{\mathrm{A}} &= -\frac{dC_{\mathrm{A}}}{dt} \\ \omega_{\mathrm{B}} &= -\frac{dC_{\mathrm{B}}}{dt} \\ \omega_{\mathrm{G}} &= \frac{dC_{\mathrm{G}}}{dt} \\ \omega_{\mathrm{H}} &= \frac{dC_{\mathrm{H}}}{dt} \end{aligned} \right\} \tag{4-2}$$

式中　C_{A}、C_{B}、C_{G}、C_{H}——反应物 A、B 和生成物 G、H 的浓度。

化学反应速度不仅取决于参加反应的原始反应物的性质，而且与反应系统的条件有关，

重要的条件：①反应物的浓度；②温度；③压力；④是否有催化反应或连锁反应。

1. 浓度对化学反应速度的影响

化学反应是在一定条件下，不同反应物分子彼此碰撞而产生的，单位时间内碰撞次数越多，则化学反应速度越快。分子碰撞次数取决于单位体积中反应物的分子数，即物质浓度。化学反应速度与浓度的关系可以用质量作用定律来说明。

根据质量作用定律，对于均相反应，在一定温度下化学反应速度与参加化学反应的各反应物的浓度成正比，而各反应物浓度项的方次等于化学反应式中相应的反应系数。对式（4-1）表示的化学反应，其反应速度可表示为

$$\left.\begin{array}{l} \omega_A = -\dfrac{dC_A}{dt} = k_A C_A^a C_B^b \\[2mm] \omega_B = -\dfrac{dC_B}{dt} = k_B C_A^a C_B^b \end{array}\right\} \tag{4-3}$$

式中　k_A、k_B——反应物 A、B 的化学反应速度常数；

　　　a、b——化学反应式中，反应物 A、B 的反应系数。

对于炭粒的多相燃烧来说，化学反应是在炭粒的表面进行的，可以认为炭粒的浓度 C_A 不变化。因此，化学反应速度是指单位时间内炭粒表面上氧浓度的变化，即炭粒表面上的耗氧速度 ω_B，其化学反应速度为

$$\omega_B = -\frac{dC_B}{dt} = kC_B^b \tag{4-4}$$

式中　k——炭粒燃烧的化学反应速度常数；

　　　C_B——炭粒表面处的氧浓度。

质量作用定律说明，在一定温度下当反应体积不变时，增加反应物的浓度即增大反应物的分子数，分子间碰撞的机会增多，所以反应速度加快。

2. 温度对化学反应速度的影响

试验表明，大多数的化学反应速度是随着温度升高而上升很快，范特霍夫由试验数据归纳了反应速度随温度升高而增加的近似规律，即对于一般反应来讲，当温度升高 10K，则化学反应速度在其他条件不变的情况下将增至 2～4 倍，即为范特霍夫反应速度和温度的近似关系。

如果化学反应在反应物浓度相等的条件下来比较其反应速度与温度的关系，可用反应速度常数 k 来表示。范特霍夫的数学表示式为

$$\eta_T = \frac{k_{T+10K}}{k_T} \tag{4-5}$$

式中　η_T——反应速度的温度因数；

k_T、k_{T+10K}——分别为温度 T 和 $T+10K$ 时的反应速度常数。

例如，当温度比原有温度增加 100K 时，则反应速度将随之增加 2^{10}～4^{10} 倍，即平均要增加 $3^{10}=59\,049$ 倍，可见温度对反应速度的影响是巨大的。

但应该指出，并非所有的化学反应都遵循此规律，有些化学反应的反应速度却是随温度的升高而降低的。如图 4-1 所示，其中仅有图 4-1（a）符合范特霍夫规律，而图 4-1（b）、图 4-1（c）、图 4-1（d）则不然。但大多数化学反应都能近似地符合范特霍夫规律，以下的

讨论只限于该类反应。

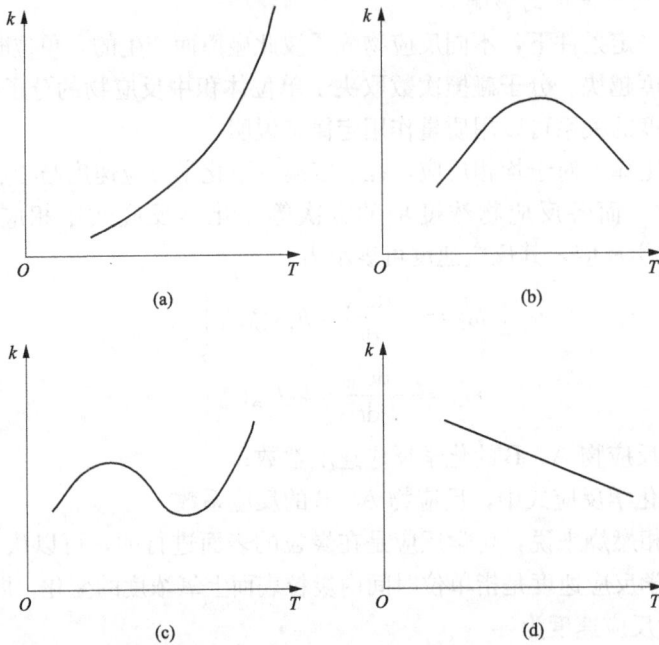

图 4-1 反应速度常数与热力学温度之间的关系

阿累尼乌斯（arrhenius）在一系列定温条件下，用实验方法测定反应物浓度随时间的变化关系，发现速度常数与温度有关，进而建立了著名的阿累尼乌斯定理。此定理通常可用下列形式表示为阿累尼乌斯定律的指数式：

$$k = k_0 e^{-E_a/RT} \tag{4-6}$$

式中　k——反应温度 T（单位为 K）时的反应速度常数。

k_0、E_a——频率因子和活化能，均是由反应特性决定的常数，它们与反应温度及浓度无关。

将式（4-6）代入式（4-5），则有

$$\eta_T = \frac{k_{T+10K}}{k_T} \approx e^{10E_a/[RT(T+10)]} \tag{4-7}$$

式（4-7）可近似表示为

$$\eta_T \approx e^{10E_a/RT^2} \tag{4-8}$$

式（4-8）表明，如果该反应的反应速度常数与温度符合阿累尼乌斯定理所表达的变化规律，则温度 T 增加时，其温度因数将减少，但是随着温度的增加，温度因数 η_T 的减少程度则逐渐减慢。当 $T \to \infty$ 时，则温度因数 $\eta_T = 1$。例如，对反应 $H_2 + Cl_2 \to 2HCl$ 来讲，则在 600、650K 和 700K 时，其温度系数 η_T 分别为 1.78、1.65 和 1.51。

实际的炉内燃烧过程，反应物的浓度、炉膛压力可认为基本不变，因此化学反应速度主要与温度有关。温度升高时，活化分子数目急剧增多，反应速度也随之加快。而且活化能数值越大，温度对反应速度的影响就越显著。实际运行中，提高炉膛温度是加速燃烧反应、缩短燃烧时间的重要方法。

3. 压力对化学反应速度的影响

在反应体积不变的情况下，反应系统压力的增高，就意味着反应物浓度增加了，从而使反应速度加快。

化学反应速度与反应系统压力 p 的 n 次方成正比，即

$$\omega = k_n x_A^n \left(\frac{p}{RT}\right)^n \tag{4-9}$$

式中　k_n——速度反应常数；

　　　x_A——反应物质 A 的浓度比；

　　　n——反应级数。

4. 催化反应

催化剂是一种能够极大地改变化学反应速度，但本身在反应前后质量和化学组成均不改变的物质，这种作用被称为催化作用。

凡能加快反应速度的催化剂称正催化剂；反之，用于减慢反应速度的催化剂称负催化剂。在工程实际应用中，负催化剂又有特定的名称：如减慢金属腐蚀速度的称缓蚀剂；防止高分子老化的称抗老剂；阻缓燃烧过程的称阻燃剂。所以，通常所说的催化剂均指正催化剂。

催化剂可影响化学反应速度，但化学反应却不能影响催化剂本身。催化剂虽然也可以参加化学反应，但在另一个反应中又被还原，到反应终了时它本身的化学性质并未发生变化，催化作用都有一个共同的特点，即催化剂在一定条件下，仅能改变化学反应的速度，而不能改变反应在该条件下可能进行的限度，即不能改变平衡状态，只能改变达到平衡的时间。从活化能的观点看，催化剂能加快化学反应速度的实质是催化剂有效地降低了反应活化能 E。

例如：SO_2 的氧化反应 $2SO_2 + O_2 \longrightarrow 2SO_3$ 是很慢的，如加入催化剂 NO，就会使反应速度大大增加，其反应式为：

$$O_2 + 2NO \longrightarrow 2NO_2$$
$$2NO_2 + 2SO_2 \longrightarrow 2SO_3 + 2NO$$

加入催化剂后，如图 4-2 所示，并不改变反应物和生成物的相对能量，除活化能降低外，不改变反应物和生成物的初始态和终态。但是，催化剂只能加快热力学上认为可能进行的反应，即 Gibbs 自由能变 $\Delta G < 0$。在热力学上计算不能进行的反应，即 Gibbs 自由能变 $\Delta G > 0$，任何催化剂都是没用的。

5. 连锁反应

连锁反应可以使化学反应自动连续加速进行。

连锁反应的机理：在化学反应中，由于某种作用（热力活化、光子作用或者某种激发作用），使反应物形成了初始的活化分子，在某些有利的情况下，活化分子能够使化学反应过程开始出现一系列的中间反应，这些中间反应大都是一些极简单的化学反应。在中间反应过程中，同时会产生一些新的活化分子，形成链，这些活化分子需

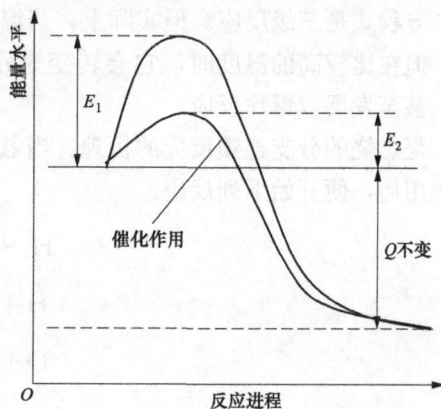

图 4-2　催化剂对化学反应能量的影响

要的活化能又较少，所以一旦形成了活化链，反应就可以自动连续加速进行，直到反应耗尽或连锁中断为止。

从连锁反应的机理可知，其反应过程可分为三个阶段：

（1）链的激发形成过程。反应物的分子由于热力活化作用、光子作用或者其他激发作用，开始形成活化分子。

（2）链的传递过程。在活化分子与反应物相互化合产生反应产物的同时，又再生新的活化分子，而产生新的活化分子所需的活化能又很小，致使反应加速。

（3）链的断裂过程。活化分子与器壁或惰性分子相碰后失去能量，从而使活化分子消失。活化分子消失了，连锁反应就会中断。连锁反应按再生的活化分子数目等于或大于消耗的活化分子数目，可分为不分支连锁反应和分支连锁反应两种。

不分支连锁反应典型的例子：氢和氯光化合反应，成为氯化氢，其化学反应计量方程式为

$$Cl_2 + H_2 \longrightarrow 2HCl$$

但它的实际反应：有一系列的中间反应，当一个氯分子吸收一个光量子（光子）$h\nu$，就开始下列的中间反应：

$$Cl_2 + h\nu \longrightarrow 2\dot{Cl} + h\nu \qquad\qquad (a)$$

$$\dot{Cl} + H_2 \longrightarrow HCl + \dot{H} \qquad\qquad (b)$$

$$\dot{H} + Cl_2 \longrightarrow HCl + \dot{Cl} \qquad\qquad (c)$$

$$\dot{Cl} + H_2 \longrightarrow HCl + \dot{H} \qquad\qquad (d)$$

这样，只要中间反应（a）式开始了，即产生了一个活化分子——氯原子（$\dot{Cl}$），以后便沿着（b）、（c）、（d）的反应循环下去，一直到 Cl_2 和 H_2 完全消耗掉或活化中心消失为止。每个循环始终保持有一个氯原子（$\dot{Cl}$），因此是不分支的连锁反应。许多研究表明，生成 HCl 的不分支连锁反应的速度，比用化学反应计量方程式计算的二级反应速度快近 10 万倍。

分支连锁反应最典型的例子是氢的燃烧反应，其化学反应计量方程式为

$$2H_2 + O_2 \longrightarrow 2H_2O$$

这个方程式是三级反应。但实际上，当温度在 500℃ 以下时，氢的燃烧反应是一般的化学反应。但在比较高的温度时，它会转变为分支连锁反应，而且分支速度很快，反应会自动加速，甚至发展成爆炸反应。

氢燃烧的分支连锁反应的机理：当氢分子吸收了使氢活化所需的任何一种质点 M 的激发作用后，便开始下列反应：

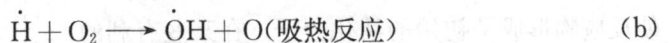

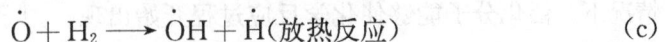

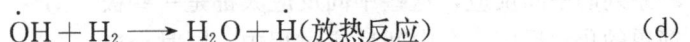

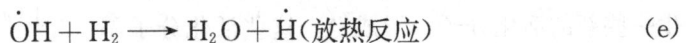

$$H_2 + M \longrightarrow 2\dot{H} + M \qquad\qquad (a)$$

$$\dot{H} + O_2 \longrightarrow \dot{O}H + O（吸热反应） \qquad\qquad (b)$$

$$\dot{O} + H_2 \longrightarrow \dot{O}H + \dot{H}（放热反应） \qquad\qquad (c)$$

$$\dot{O}H + H_2 \longrightarrow H_2O + \dot{H}（放热反应） \qquad\qquad (d)$$

$$\dot{O}H + H_2 \longrightarrow H_2O + \dot{H}（放热反应） \qquad\qquad (e)$$

在氢的连锁反应的传递过程中，活化中心氢原子（$\dot{\text{H}}$）是连锁的主要部分，而且 $\dot{\text{O}}\text{H}$ 游离基也起了相当大的作用。（a）式开始了，即产生了活化中心（$\dot{\text{H}}$），便按（b）、（c）、（d）、（e）式进行。然后再按同样的反应顺序不断循环下去，使整个连锁一直传递下去。而单个连锁循环的结果，可以用总的平衡式表示，即把式（b）、（c）、（d）、（e）相加，得（f）：

$$\dot{\text{H}} + 3\text{H}_2 + \text{O}_2 \longrightarrow 3\dot{\text{H}} + 2\text{H}_2\text{O} \tag{f}$$

可以看出，每一个循环的结果使一个活化氢原子（$\dot{\text{H}}$）转变为三个。活化分子的产生速度大于消耗速度，因而是分支连锁反应，反应速度极快。

6. 氧气扩散速度

在燃烧过程中，需要有持续氧气的参与。由于燃烧的化学反应消耗氧气，因此，燃烧的火焰面或固体焦炭表面氧的浓度低于周围环境中氧的浓度，进而产生浓度梯度。氧扩散过程的快慢用氧的扩散速度来反映，扩散速度可由下式来确定：

$$\omega_{ks} = \alpha_{ks}(C_0 - C_B) \tag{4-10}$$

式中　ω_{ks}——氧气扩散速度；

　　　α_{ks}——扩散速度系数；

　　　C_0——周围环境氧浓度；

　　　C_B——燃烧反应面的氧浓度。

4.2　燃料的着火、稳定燃烧和熄火

当各种燃料在自然条件下（温度很低时），尽管和氧接触，也只能缓慢氧化而不能着火燃烧。但是将温度提高到一定值后，燃料和氧的反应就会自动加速到相当大的程度，而产生着火和燃烧。由缓慢氧化状态转变到高速燃烧状态的瞬间过程称为着火，转变的瞬间温度称为着火温度。

煤粉与空气组成的可燃混合物的着火、熄火以及燃烧过程是否稳定地进行，都与燃烧过程的热力条件有关。因为在燃烧过程中，必然同时存在放热和吸热两个过程，这两个互相矛盾过程的发展，对燃烧过程可能是有利的，也可能是不利的，因为它会使燃烧过程发生（着火）或者停止（熄火）。

下面以煤粉空气混合物在燃烧室内的燃烧情况来说明这个问题。

燃烧室内煤粉空气混合物燃烧时的放热量 Q_1 为

$$Q_1 = k_0 \text{e}^{\frac{E}{RT}} C_{\text{O}_2}^n V Q_r \tag{4-11}$$

在燃烧过程中向周围介质的散热量为

$$Q_2 = \alpha S(T - T_b) \tag{4-12}$$

式中　C_{O_2}——煤粉空气混合物中煤粉反应表面的氧浓度；

　　　n——燃烧反应式中氧的反应方次（反应系数）；

　　　V——煤粉空气混合物体积；

　　　Q_r——燃烧反应热；

　　　　T——反应系统温度；

　　　　α——混合物向燃烧室壁面的综合表面传热系数，它等于对流表面传热系数和辐射表面传热系数之和；

　　　　S——燃烧室壁面面积；

　　　　T_b——燃烧室壁面温度。

　　根据式（4-11）、式（4-12）可画出放热量 Q_1 和散热量 Q_2 随温度的变化曲线，如图 4-3 所示，放热曲线是一条指数曲线，散热曲线则接近于直线。

　　当燃烧室壁面温度 T_{b1}（即煤粉气流的初始温度）很低时，此时散热曲线为 Q_{2a}，它与放热曲线 Q_1 相交于点 1。由图 4-3 可知，在点 1 以前的反应初始阶段，由于放热大于散热，反应系统开始升温，到达点 1 达到放热、散热的平衡。而点 1 是一个稳定的平衡点，也即反应系统的温度稍微变化（升高或降低），它始终会恢复到点 1 稳定下来。但点 1 处的温度很低，煤粉处于缓慢氧化状态，这时煤粉只会缓慢氧化而不会着火。

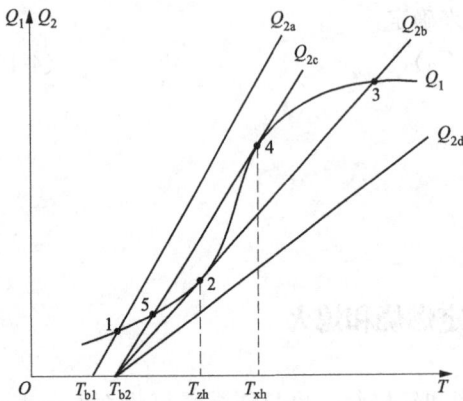

图 4-3　放热和散热曲线

　　如果将煤粉气流的初始温度（即燃烧室壁面温度）提高到 T_{b2}，此时相应的散热曲线为 Q_{2b}。由图 4-3 可知，在反应初期，由于放热大于散热，反应系统温度逐渐增加，至点 2 达到平衡。但点 2 是一个不稳定的平衡点，因为只要稍稍地增加系统的温度，放热量 Q_1 就大于散热量 Q_2，即反应温度不断升高，一直到点 3 才会稳定下来。点 3 是一个高温的稳定平衡点，因此只要保证煤粉和空气的不断供应，反应将自动加速而转变为高速燃烧状态，点 2 对应的温度即为着火温度 T_{zh}。

　　对于处在高温燃烧状态下的反应系统，如果散热加大了，反映系统的温度便随之下降，散热曲线变为 Q_{2c}，它与放热曲线 Q_1 相交于点 4。由于点 4 前后都是散热大于放热，所以反应系统状态很快便从点 3 变为点 4，点 4 是一个不稳定的平衡点。只要反应系统温度稍微降低，便会由于散热大于放热，而使反应系统温度自动急剧下降，一直到到点 5 的地方才稳定下来。但点 5 处的温度已很低，此处煤粉只能产生缓慢的氧化，而不能着火和燃烧，从而使燃烧过程中止（熄火）。因此，只要到达了点 4 状态，燃烧过程即会自动中断，点 4 状态对应的温度即为熄火温度 T_{xh}。由图 4-3 可知，熄火温度 T_{xh} 是大于着火温度的。

　　由上述分析可知：散热曲线和放热曲线的切点 2 和 4，分别对应于反应系统的着火温度和熄火温度。然而点 2 和点 4 的位置是随着反应系统的热力条件——散热和放热的变化而变化的。因此，着火温度和熄火温度也是随着热力条件的变化而变化的，并不是一个物理常数。只是一定条件下得出的相对特征值。

　　在相同的测试条件下，不同燃料的着火、熄火温度不同；而对同一种燃料而言，不同的测试条件也会得出不同的着火温度。对煤而言，反应能力越强（V_{daf} 越高，焦炭活化能越小）的煤，其着火温度越低，越容易着火，也越容易燃尽；反之，反应能力越低的煤，例如无烟煤，其着火温度越高，越难于着火和燃尽。

从上面的分析可知，要加快着火、可以从减少散热和加强放热两方面着手。在散热条件不变的情况下，可增加可燃混合物的浓度和压力，增加可燃混合物的初温，使放热加强；在放热条件不变时，则可采用增加可燃混合物初温、减少气流速度和燃烧室保温等措施来实现。

4.3 固体燃料的燃烧

4.3.1 固体燃料的燃烧过程

固体燃料主要由水分、挥发分、固定碳和灰分组成，不同的燃料各组分差别较大。在化工生产过程中，煤是最重要的燃料之一。因此，本节将以煤为例，讨论其燃烧过程。

煤的燃烧实际上是煤中的碳、氢等可燃元素组成与氧（空气）结合，同时发光、发热的剧烈氧化反应过程。燃烧过程进行得是否完善，取决于燃料特性、燃烧方式、炉膛（或燃烧室）结构及受热面布置，以及为燃烧而提供的一系列化学、物理条件等多种因素。

1. 燃烧方式

按照燃烧方式的不同，煤分别以块状、粒状或粉状进入炉膛，进行相应的层状（火床）燃烧、沸腾（流化床）燃烧和悬浮（火室）燃烧。将三种典型的固体燃料燃烧方式进行对比，见表 4-1。

表 4-1　　　　　　　　　　　　三种典型固体燃烧方式对比

项目	单位	层状燃烧	流化态燃烧	悬浮态燃烧
入炉煤粒径	mm	30～80	＜8	＜0.15
单颗粒燃烧时间	s	＞600	100～150	＜3
燃烧区温度	℃	＞1200	850～950	1300～1700
与空气接触	—	困难	好	好
煤种适应性	—	好	好	一般
着火稳定性	—	好	一般	一般
额定蒸发量	t/h	＜75	50～2000	400～3000
设计效率	%	约85	92	92

层状燃烧是将燃料堆放在炉排上，燃烧时，燃料由上至下完成水分蒸发、挥发分析出并着火、焦炭燃烧，最终形成灰渣；而燃烧的空气则由下至上分别通过灰渣与焦炭在高温下反应，生成的高温烟气促进挥发分的析出和水分的蒸发。层状燃烧采用的燃料通常在 30～80mm，若粒径太小，则容易漏煤；粒径太大，则燃烧不完全。煤块的燃烧时间在 600s 以上。炉排上温度可达到 1200℃以上。由于燃料堆积紧密，因此，与空气接触较为困难。层燃炉对煤种适应性好，着火稳定性好，一般来说蒸发量在 75t/h 以下；设计效率相对较低，仅为 85%。

流化态燃烧是采用氧化剂（空气）将煤粒吹至流化态，同时完成燃烧。颗粒随气流一起流动，大颗粒被旋风分离器分离返回炉膛，小颗粒被认为已燃烧完全，从旋风分离器排出。流化态燃烧的燃料粒径小于 8mm，燃烧温度控制在 850～950℃，燃烧温度较低，因此，NO_x 生成量较低。燃料由氧化剂吹起，因此接触良好。由于燃烧时间相对较长，因此，燃料适应性较好，但燃烧温度相对较低，燃料着火相对较难。流化床锅炉的蒸发量最大可达2000t/h以上，设计效率较高，可达92%以上。

悬浮态燃烧是采用氧化剂（空气）携带煤粉送至炉内，通过合理的组织气流完成燃烧。这种方式的燃料粒径小于0.15mm，由于粒径较小，燃烧速度快，单颗粒仅需要3s以内即完成燃烧，且温度较高，可达1300～1700℃，但由于温度高，空气中的N_2可被氧化生成大量NO_x。悬浮态燃烧时燃料与空气混合较好，但煤种适应性一般，着火稳定性也一般，最低负荷一般不低于额定负荷的30%。采用这种燃烧方式的锅炉，蒸发量一般在400t/h以上，最大可达3000t/h，设计效率一般高于92%。

2. 煤粒的燃烧过程

无论以何种方式燃烧，煤粒（煤块或煤粉）的燃烧都要经历如下主要阶段：

(1) 煤的加热和干燥。

(2) 析出挥发分和形成焦炭。

(3) 挥发分和焦炭的着火燃烧。

(4) 灰渣的生成。

煤粒燃烧过程的上述各主要阶段在实际燃烧过程中相互交叉进行，或者某些阶段是同步进行的。各阶段历时的长短和相互交叉发生的情况，取决于煤的特性、燃烧方式和工况。例如，挥发分的析出过程可能在干燥过程尚未完全结束就已开始；焦炭也有可能在挥发分没有完全析出之前就开始着火燃烧；焦炭的燃烧伴随着灰渣的形成等。

煤粒的燃烧过程如图4-4所示。煤粒进入炉膛后，首先被高温烟气加热，此时黏附在煤粒表面和缝隙中的水分被逐渐蒸发，煤粒得到干燥（见图4-4中过程"1"）。

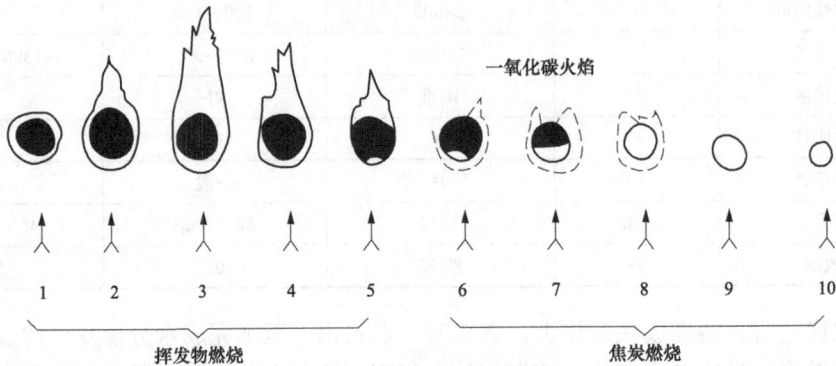

图4-4　煤粒的燃烧过程

接着煤粒在高温烟气加热下，其中的部分有机物和矿物质受热分解而析出挥发分。如果此时炉膛温度足够高，而且有氧气存在，则挥发分着火燃烧，形成明亮的火焰（见图4-4中过程"2-3"）。煤的碳化程度越浅，挥发分开始析出的温度则越低，越容易着火。而挥发分低的煤（如无烟煤）则比较难着火，其着火温度较高。

挥发分主要由煤的矿物结晶水、挥发性成分和热分解产物等组成，其中的主要可燃物质是碳氢化合物。当挥发分燃烧时，周围的氧气在火焰表面即被完全消耗，不能扩散进入火焰内部。火焰内部的碳氢化合物因此将在高温下发生热分解，产生炭黑。炭黑在高温下发光，形成明亮的火焰。如果燃烧组织得不好，炭黑没有烧尽而穿出火焰，则将形成黑烟。挥发越高的煤，燃烧时火苗越长，如果燃烧组织得不好，冒黑烟的现象也越严重。

煤粒析出挥发分后的剩余部分称为焦炭，其主要成分为固定碳和矿物杂质（即灰分）。挥发分着火燃烧时，氧气消耗于挥发分燃烧而不能到达焦炭的表面，此时焦炭未着火燃烧，其温度也不是很高。然而，随着挥发分的逐渐燃尽，火焰逐渐缩短，焦炭的温度也逐渐升高（见图 4-4 中过程"3-5"）。当挥发分基本上燃尽后，焦炭开始燃烧。煤粒从开始加热干燥到挥发分基本上燃尽所需要的时间很短，只占总的燃烧时间的 10% 左右，而焦炭的燃烧时间则约占 90%，因此焦炭燃烧是煤粒燃烧的主要阶段。

焦炭燃烧一般先从其表面的某一局部位置开始，然后逐渐扩展至整个表面（见图 4-4 中过程"6-8"）。焦炭燃烧时，碳粒周围只有极短的蓝色火焰，它主要是由 CO 燃烧所形成的。在焦炭燃烧过程中，仍有部分挥发分继续析出，但对燃烧过程起主要作用的是碳。

随着焦炭的燃烧，煤粒中的不可燃矿物质逐渐形成灰渣。实际上在焦炭燃烧的一开始，即伴随着灰渣的形成。因为焦炭的燃烧是由其外表面逐渐向其中心发展的，碳燃烧后遗留下来的灰分便形成覆盖于碳粒外表面的灰衣。这层灰衣随着焦炭的燃烧而逐渐增厚，并将碳粒紧裹，使之不能与空气很好地接触，从而影响焦炭的燃尽。

4.3.2　焦炭的燃烧过程

1. 焦炭的燃烧

煤粉燃烧的关键是其中炭粒的燃烧。这是因为：

（1）焦炭中的碳是大多数固体燃料可燃质的主要成分。

（2）焦炭的燃烧过程是整个燃烧过程中最长的阶段，在很大程度上它能决定整个粒子的燃烧时间。

（3）焦炭中碳燃烧的放热量占煤发热量的 40%（泥煤）～95%（无烟煤）。它的发展对其他阶段的进行有着决定性的影响。因此，煤粉的整个燃烧过程中，关键在于组织好焦炭中碳的燃烧。

炭粒的燃烧机理是比较复杂的，炭粒与氧之间的燃烧属于多相燃烧，其反应是在炭粒表面进行的。周围环境中的氧不断向炽热炭粒表面扩散，在其表面进行燃烧，其反应式为

$$C + O_2 \longrightarrow CO_2 \tag{4-13}$$

$$2C + O_2 \longrightarrow 2CO \tag{4-14}$$

反应式（4-13）和式（4-14）称为一次反应。其反应生成的二氧化碳和一氧化碳即可通过炭粒周围的气体介质向外扩散出去，又可向炭粒表面扩散。CO 向外扩散时遇氧燃烧生成 CO_2；CO_2 向炭粒扩散时，在高温下与碳进行气化反应生成 CO，即

$$C + CO_2 \longrightarrow 2CO \tag{4-15}$$

$$2CO + O_2 \longrightarrow 2CO_2 \tag{4-16}$$

反应式（4-15）和式（4-16）称为二次反应。

锅炉燃烧设备中，煤粉炉内的煤粉处于悬浮状态，空气流与煤粉粒子间的相对速度很小，可认为焦炭粒子是处在静止气流中进行燃烧的。而在旋风炉和流化床锅炉中，煤粉燃烧过程中还受到气流的强烈冲刷。当炭粒在静止的空气中燃烧时，在不同的温度下，上述这些反应以不同的方式组合成炭粒的燃烧过程。

当温度低于 1200℃时，按下列反应式进行燃烧反应：

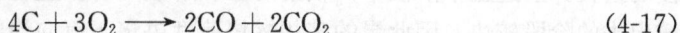

$$4C + 3O_2 \longrightarrow 2CO + 2CO_2 \tag{4-17}$$

此时，由于温度较低，在炭粒表面生成的二氧化碳不能与炭粒进行式（4-17）所示的气化反应。而一氧化碳从炭粒表面向外扩散途中与氧相遇而产生燃烧。只有与一氧化碳燃烧后剩余的氧才能扩散到炭粒表面。炭粒表面生成的二氧化碳和一氧化碳燃烧后生成的二氧化碳一起向周围环境扩散。炭粒表面周围氧浓度和燃烧产物浓度变化如图 4-5（a）所示。

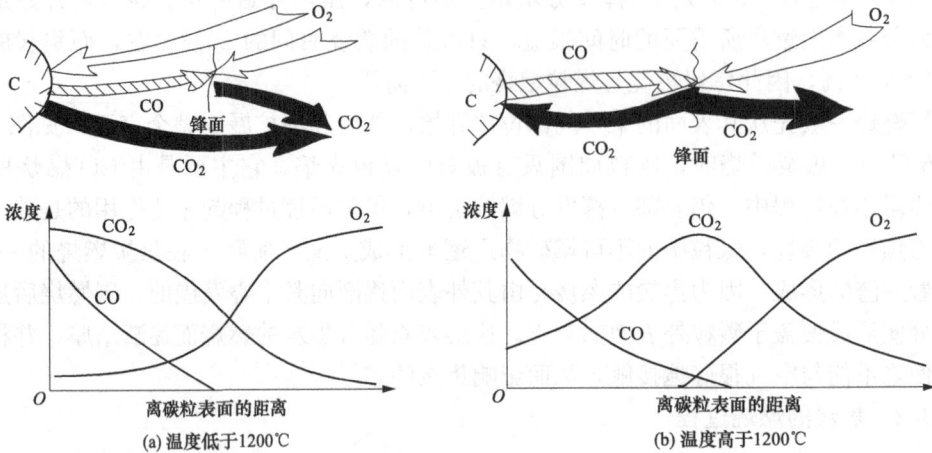

图 4-5   炭粒表面燃烧过程

当温度高于 1200 ℃时，炭粒的燃烧开始转向如下反应：

$$3C + 2O_2 \longrightarrow 2CO + CO_2 \tag{4-18}$$

此时，由于温度升高加速了炭粒表面的反应，生成更多的一氧化碳。同时，气化反应也因温度升高使反应速度显著提高。一氧化碳在向外扩散途中遇到远处扩散来的氧而燃烧，并将氧全部耗尽。反应生成的二氧化碳同时向炭粒表面和周围环境两个方向扩散。炭粒表面周围氧浓度和燃烧产物浓度的变化如图 4-5（b）所示。

应该指出，炭粒的实际燃烧过程是在更为复杂的情况下进行的。除上述温度会影响反应进程外，其他因素，如整个过程是否等温、炭粒的几何形状和结构以及炭粒周围气流性质等，也会对反应进程有一定影响。因此对强化燃烧过程，必须根据如前所述的三个燃烧阶段的特点和要求，采取不同的方式和措施。

2. 碳粒燃烧速度的主要控制因素

与燃烧化学反应进行的同时还伴随着某些物理过程，如传质和传热、动量和能量的交换等。

炭粒的多相燃烧反应由下列几个连续的阶段组成：

（1）参加燃烧的氧气从周围环境扩散到炭粒的反应表面。

（2）氧气被炭粒表面吸附。

（3）在炭粒表面进行燃烧化学反应。

（4）燃烧产物由炭粒解吸附。

（5）燃烧产物离开炭粒表面，扩散到周围环境中。

炭粒燃烧速度 ω_r 是指炭粒单位表面上的实际反应速度。它取决于上述阶段中进行得最慢的过程。上述五个阶段中，吸附阶段和解吸附阶段进行得最快，燃烧产物离开炭表面、扩散出去的阶段较快。因此炭的多相燃烧速度决定于氧向炭粒表面的扩散速度和在反应表面上进行的燃烧化学反应，最终取决于其中速度最慢的一个：炭粒表面按完全燃烧反应的化学反应速度 $\omega_B = k C_B^b = k C_B$，氧向炭粒表面的扩散速度 $\omega_{ks} = \alpha_{ks}(C_0 - C_B)$。当燃烧过程稳定时，氧的扩散速度与化学反应速度应该相等，并都等于燃烧速度，即

$$\omega_B = \omega_{ks} = \omega_r \tag{4-19}$$

此时炭粒表面上氧的供应和消耗达到了平衡，炭粒表面的氧浓度 C_B 固定不变。用 ω_r 取代 ω_B 和 ω_{ks}，并消去该两式中的 C_B，炭粒表面燃烧速度 ω_r 的表达式如下：

$$\omega_r = \frac{1}{\dfrac{1}{k} + \dfrac{1}{\alpha_{ks}}} C_0 = k_z C_0 \tag{4-20}$$

$$k_z = \frac{1}{\dfrac{1}{k} + \dfrac{1}{\alpha_{ks}}} \tag{4-21}$$

式中　k_z——折算速度系数。

在不同温度下，由于化学反应条件与气体扩散条件的影响不同，燃烧过程可能处于以下三种不同区域（见图 4-6）。

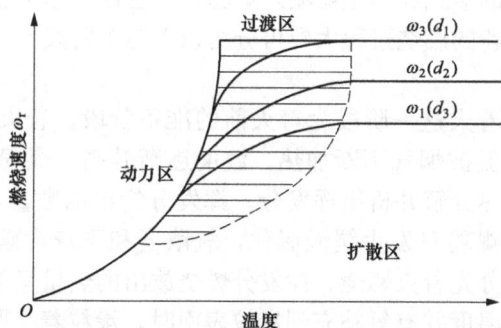

图 4-6　多相燃烧速度 ω_r 的变化 $\omega_1 < \omega_2 < \omega_3$；$d_1 < d_2 < d_3$

动力燃烧区：

当温度较低时（<1000℃），炭粒表面化学反应速度较慢，供应炭粒表面的氧量远大于化学反应所需的耗氧量，即 $\alpha_{ks} \gg k$。由式（4-21）可知，此时 $k_z \approx k$，燃烧速度 $\omega_r = k C_0$。这意味着燃烧速度主要决定于化学反应动力因素（温度和燃料的反应特性），而与氧的扩散速度关系不大，这种燃烧反应温度区称为动力燃烧区。在该燃烧区内，温度对燃烧速度起着决定性的作用。因此，提高温度是强化动力燃烧工况的有效措施。

扩散燃烧区：

当温度很高时（>1400℃），化学反应速度常数 k 随温度的升高而急剧增大，炭粒表面的化学反应速度很快，以致耗氧速度远远超过氧的供应速度，炭粒表面的氧浓度实际为零。这时 $k \gg \alpha_{ks}$，则 $k_z \approx \alpha_{ks}$，$\omega_r \approx \alpha_{ks} C_0$。由于扩散到炭粒表面的氧远不能满足化学反应的需要，氧的扩散速度已成为制约燃烧速度的主要因素，而与温度关系不大，这种燃烧反应温度区称扩散燃烧区。在扩散燃烧区内，改善扩散混合条件，加大气流与炭粒的相对速度，或减小炭粒直径都可提高燃烧速度。

过渡燃烧区：

介于上述两种燃烧区的中间温度区，化学反应速度常数 k 与氧的扩散速度系数 α_{ks} 处于同一数量级，因而氧的扩散速度与炭粒表面的化学反应速度相差不多，这时化学反应速度和氧的扩散速度都对燃烧速度有影响。这个燃烧反应温度区称为过渡燃烧区。在过渡燃烧区内，提高反应系统温度，改善氧的扩散混合条件，强化扩散，才能使燃烧速度加快。

随着燃烧炭粒直径减小，或气流与粒子的相对速度增大，氧向炭粒表面的扩散过程加强，燃烧过程的动力燃烧区可以扩散到更高的温度范围，也就是说从动力燃烧区过渡到扩散燃烧区的温度将相应提高，如图 4-6 所示。在扩散混合条件不变的情况下，降低反应温度，可以将燃烧过程由扩散燃烧区移向过渡燃烧区甚至动力燃烧区。在煤粉锅炉中，只有那些粗煤粉在炉膛的高温区才有可能接近扩散燃烧。在炉膛燃烧中心以外，大部分煤粉是处于过渡区甚至动力区的。因此提高炉膛温度和氧的扩散速度都可以强化煤粉的燃烧过程。

对层燃炉来说，燃烧块煤时，一般燃烧是在扩散区进行的。因此只要能保证及时着火即可，而过分提高燃烧区的温度对强化燃烧的作用不大，应主要提高气流速度以强化扩散。因此，对于层燃炉，采用强制通风是强化燃烧的主要措施。

4.3.3 煤粉气流的燃烧过程

煤粉随同空气以射流的形式经喷燃器喷入炉膛，在悬浮状态下燃烧形成煤粉火炬，从燃烧器出口至炉膛出口，煤粉的燃烧过程大致可分为以下三个阶段：

1. 着火前的准备阶段

煤粉气流喷入炉内至着火这一阶段为着火前的准备阶段。着火前的准备阶段是吸热阶段。在此阶段内，煤粉气流被烟气不断加热，温度逐渐升高。煤粉受热后，首先是水分蒸发，接着干燥的煤粉进行热分解并析出挥发分。挥发分析出的数量和成分取决于煤的特性、加热温度和速度。着火前煤粉只发生缓慢氧化，氧浓度和飞灰含碳量的变化不大。一般认为，从煤粉中析出的挥发分先着火燃烧。挥发分燃烧放出的热量又加热炭粒，炭粒温度迅速升高，当炭粒加热至一定温度并有氧补充到炭粒表面时，炭粒着火燃烧。

2. 燃烧阶段

煤粉着火以后进入燃烧阶段。燃烧阶段是一个强烈的放热阶段。煤粉颗粒的着火燃烧，首先从局部开始，然后迅速扩展到整个表面。煤粉气流一旦着火燃烧，可燃质与氧发生高速的燃烧化学反应并放出大量的热量，放热量大于周围水冷壁的吸热量，烟气温度迅速升高达到最大值，氧浓度及飞灰含碳量则急剧下降。

3. 燃尽阶段

燃尽阶段是燃烧过程的继续。煤粉经过燃烧后，炭粒变小，表面形成灰壳，大部分可燃物已经燃尽，只剩少量未燃尽炭继续燃烧。在燃尽阶段中，氧浓度相应减少，气流的扰动减弱，燃烧速度明显下降，燃烧放热量小于水冷壁吸热量，烟温逐渐降低，因此燃尽阶段占整个燃烧阶段的时间最长。

对应于煤粉燃烧的三个阶段，煤粉气流喷入炉膛后，从燃烧器出口至炉膛出口，沿火炬行程可分为三个区域，即着火区、燃烧区与燃尽区。其中着火区很短，燃烧区也不长，而燃尽区却比较长。如图 4-7 所示为煤粉火炬的工况曲线，图中曲线表明，随着煤粉燃烧过程的进行，沿着煤粉火炬行程，烟气中飞灰含碳量 C_{fh} 逐渐减少，氧浓度逐渐下降，而燃烧产物 RO_2 气体的浓度却逐渐上升。这些参数在燃烧最剧烈的燃烧区变化最快，在着火区和燃尽区变化较慢。烟气温度变化是在着火区和燃烧区上升，在燃尽区中烟气温度下降。

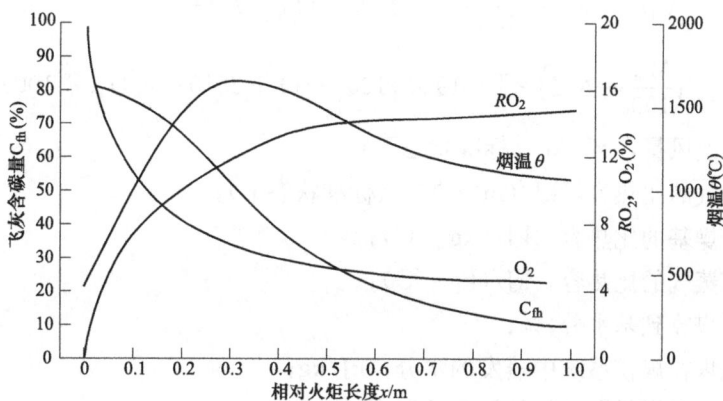

图 4-7　煤粉火炬的工况曲线

θ—烟气温度；C_{fh}—飞灰含碳量；RO_2—烟气中 RO_2 气体浓度；O_2—烟气中氧浓度

4.3.4　煤粉气流的着火

煤粉空气混合物经燃烧器以射流方式被喷入炉膛后，经过湍流扩散和回流，卷吸周围的高温烟气，同时又受到炉膛四周高温火焰的辐射，被迅速加热，热量到达一定温度后就开始着火。试验发现，煤粉气流的着火温度要比煤的着火温度高一些。表 4-2 和表 4-3 是在一定测试条件下分别得出的煤的着火温度和在煤粉气流中煤粉颗粒的着火温度。因此，煤粉空气混合物较难着火，这是煤粉燃烧的特点之一。

在锅炉燃烧中，通常希望煤粉气流离开燃烧器喷口不远处就能稳定地着火，如果着火过早，可能使燃烧器喷口因过热被烧坏，也易使喷口附近结渣；如果着火太迟，就会推迟整个燃烧过程，使煤粉来不及烧完就离开炉膛，增大固体未完全燃烧热损失。另外着火推迟还会使火焰中心上移，造成炉膛出口处的受热面结渣。

表 4-2　　　　　　　　　　　　　　　煤的着火温度

煤种	无烟煤	烟煤	褐煤
着火温度（℃）	700～800	400～500	250～450

表 4-3　　　　　　　　　　　煤粉气流中煤粉颗粒的着火温度

煤种	无烟煤	贫煤	烟煤	褐煤
着火温度（℃）	1000	900	650～840	550

煤粉气流着火后开始燃烧，形成火炬，着火以前是吸热阶段，需要从周围介质中吸收一定的热量来提高煤粉气流的温度，着火以后才是放热过程。将煤粉气流加热到着火温度所需的热量称为着火热。它包括加热煤粉及空气（一次风），并使煤粉中水分加热、蒸发、过热所需热量。

着火热 Q_{zh} 近似按式（4-22）计算：

$$Q_{zh} = \left(V_1 c_k + c_r^g \frac{100 - M_{ar}}{100} + \Delta M c_q\right)(t_{zh} - t_1) +$$

$$\left(\frac{M_{ar}}{100} - \Delta M\right) \times \left[4.19 \times (100 - t_1) + 2510 + c_q(t_{zh} - 100)\right] \quad (4\text{-}22)$$

式中　V_1——一次风量，m^3/kg（标准状态下）；

　　　c_k——空气的比热容，$kJ/(m^3 \cdot ℃)$（标准状态下）；

　　　c_r^g——干燥基的比热容，$kJ/(kg \cdot ℃)$；

　　　c_q——水蒸气的比热容，$kJ/(kg \cdot ℃)$；

　　　M_{ar}——原煤收到基水分，%；

　　　ΔM——原煤在煤粉系统中蒸发的水分，kJ/kg；

　　　t_1——一次风煤粉混合物的初温，℃；

　　　t_{zh}——着火温度，℃。

由式（4-22）可见，着火热随燃料性质（着火温度、燃料水分、灰分、煤粉细度）和运行工况（煤粉气流的初温、一次风率和风速）的变化而变化。此外，也与燃烧器结构特性及锅炉负荷等有关。以下分析影响煤粉气流着火的主要因素。

1. 燃料性质

燃料性质中对着火过程影响最大的是挥发分含量，煤粉的着火温度随 V_{daf} 的变化规律如图 4-8 所示。

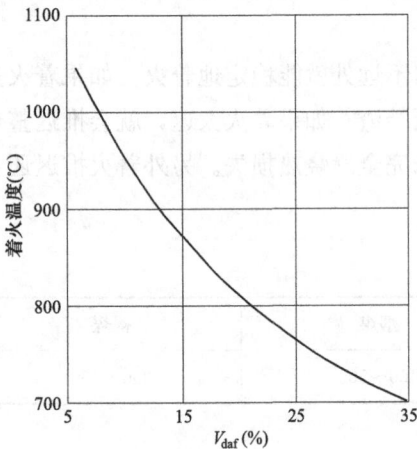

图 4-8　煤粒着火温度与 V_{daf} 的关系

挥发分 V_{daf} 降低时，煤粉气流的着火温度显著提高，着火热也随之增大，就是说，必须将煤粉气流加热到更高的温度才能着火。因此，低挥发分的煤着火更困难些，着火时间更长，而着火点离开燃烧器喷口的距离自然也大了。

原煤水分增大时，着火热也随之增大，同时水分的加热、蒸发、过热都要吸收炉内的热量，致使炉内温度水平降低，从而使煤粉气流卷吸的烟气温度以及火焰对煤粉气流的辐射热也相应降低。这对着火显然是不利的。

原煤灰分在燃烧过程中不但不能放热，而且还要吸热。特别是当燃用高灰分的劣质煤时，由于燃料本身发热量低，燃料的消耗量增大，大量灰分在着火和燃烧过程中要吸收更多热量，因而使得炉内烟气温度降低，同样使煤粉气流的着火推迟，而且也影响了着火的稳定性。

煤粉气流的着火温度也随煤粉的细度而变化，煤粉越细，着火越容易。这是因为同样的煤粉浓度下，煤粉越细，进行燃烧反应的表面积就会越大，而煤粉本身的热阻却减小，因而在加热时，细煤粉的温升速度要比粗煤粉快。这样就可以加快化学反应速度，更快地达到着火，所以在燃烧时总是细煤粉首先着火燃烧。由此可见，对于难着火的低挥发分煤，将煤粉磨得更细一些，无疑会加快它的着火过程。

2. 一次风温

提高一次风温可减少着火热，从而加快着火。因此，在实践中燃用低挥发分煤时，常采用高温的预热空气作为一次风来输送煤粉，即采用热风送粉系统。

3. 一次风量

一次风量越大，着火热增加得越多，将使着火推迟；但一次风量太小，着火阶段部分挥发分和细粉燃烧得不到足够的氧，将限制燃烧过程的发展。另外，一次风量还必须满足输粉的要求，否则会造成煤粉堵塞。一次风量常用一次风率 r_1 来表示，它是指一次风量占入炉总风量的质量百分比。

4. 一次风速

一次风速对着火过程也有一定的影响。若一次风速过高，则通过单位截面积的流量增大，势必降低煤粉气流的加热速度，使着火距离加长。但一次风速过低时，会引起燃烧器喷口被烧坏，以及煤粉管道堵塞等故障，故有一个最适宜的一次风速，它与煤种及燃烧器形式有关。

5. 炉内散热条件

从煤粉气流着火的热力条件可知，如果放热曲线不变，减少炉内散热，图 4-3 中的散热曲线将向右移，有利于着火。因此，在实践中为了加快和稳定低挥发分煤的着火，常在燃烧器区域用铬矿砂等耐火材料将部分水冷壁遮盖起来，构成所谓燃烧带，也称卫燃带。其目的是减少水冷壁吸热量，也就是减少燃烧过程的散热量，以提高燃烧器区域的温度水平，从而改善煤粉气流的着火条件。实践表明敷设燃烧带是稳定低挥发分煤着火的有效措施。但燃烧带区域往往又是结渣的发源地，必须加以注意。

6. 燃烧器结构特性

影响着火快慢的燃烧器结构特性，主要是指一、二次风混合的情况。如果一、二次风混合过早，在煤粉气流着火前就混合的话，等于增大了一次风量，相应使着火热增大，推迟着火过程。因此，燃用低挥发分煤种时，应使一、二次风的混合点适当地推迟。

燃烧器的尺寸也影响着火的稳定性。燃烧器出口截面积越大，煤粉气流着火时离开喷口距离就越远，着火拉长了。从这一点来看，采用尺寸较小的小功率燃烧器代替大功率燃烧器是合理的。这是因为小尺寸燃烧器既增加了煤粉气流着火的表面积，同时也缩短了着火扩展到整个气流截面所需要的时间。

7. 锅炉负荷

锅炉负荷降低时，送进炉内的燃料消耗量相应减少，而水冷壁总的吸热量也减少，但减少的幅度较小，相对于每千克燃料量来说，水冷壁的吸热量反而增加了。致使炉腔平均烟温下降，燃烧器区域的烟温也降低，因而对煤粉气流的着火是不利的。当锅炉负荷降到一定程度时，就会危及着火的稳定性，甚至可能熄火。因此，着火稳定性条件常常限制了煤粉锅炉负荷的调节范围，一般在没有其他措施的条件下，固态排渣煤粉炉只能在高于 70% 额定负荷下运行。

由以上分析可知，组织强烈的煤粉气流与高温烟气的混合，以保证供给足够的着火热，这是稳定着火过程的首要条件；提高一次风温、采用合适的一次风量和风速是减小着火热的有效措施；采用较细较均匀的煤粉和敷设卫燃带是难燃煤稳定着火的常用方法。

4.4　气体燃料的燃烧

4.4.1　预混燃烧与扩散燃烧

气体燃料（简称燃气）和氧化剂（空气或氧气）同为气相，因而气体燃料的燃烧称为均相燃烧。气体燃料的燃烧过程可分为三个阶段：

（1）燃气与空气的混合阶段。

（2）混合后可燃气体混合物的加热与着火阶段。

（3）完成燃烧化学反应阶段。

燃气与空气的混合需要消耗能量，并经过一定时间才能完成。混合后的可燃气体混合物，只有加热到其着火温度时才能进行燃烧反应。在工程燃烧条件下，可燃气体混合物在点火后的加热是靠其本身燃烧产生的热量实现的。

一般来说，燃气燃烧化学反应是一种激烈的氧化反应，反应速度非常快，因此在工程燃烧中，影响燃气燃烧的主要因素是燃气与空气的混合速度。所以在工程燃烧时，燃气与空气的物理混合过程对燃气的燃烧起着更为重要的作用。

根据燃气与空气在燃烧前的混合情况，燃气的燃烧可分为预混燃烧和扩散燃烧两种类型。

如果燃气与空气预先混合后，再送入燃烧室燃烧，这种燃烧称为预混可燃气的燃烧。此时在燃烧前已与燃气混合的空气量与该燃气燃烧的理论空气量之比，称为过量空气系数，常用 α_1 表示，其数值的大小反映了预混气体的混合状况。

依据一次空气系数 α_1 的大小，预混气体燃烧又有两种情形：

$0 < \alpha_1 < 1$，即预混气体中氧化剂的数量小于燃气燃烧所需的全部氧化剂数量时，称为半预混燃烧；

$\alpha_1 \geq 1$，即预混气体中氧化剂的数量大于或等于燃气燃烧所需的全部氧化剂数量时，称为全预混燃烧。

一次空气系数 α_1 不同，燃烧的火焰形态存在较大差异，如图 4-9 所示。α_1 大于 1 时，火焰呈淡蓝色，且随着 α_1 增大，颜色越浅，但火焰的面积会增加。α_1 不能太大，否则火焰会被吹熄。α_1 小于 1 时，半预混燃烧火焰通常包括内焰和外焰两部分。内焰为预混火焰，外焰为扩散火焰。当 α_1 较小时，内焰的下部呈深蓝色，其顶部为黄色，而外焰则为暗红色。随着 α_1 的增大，内焰的黄焰尖逐渐消失，其颜色逐渐变淡，高度缩短，外焰越来越不清晰。当外焰完全消失，内焰高度有所增加。

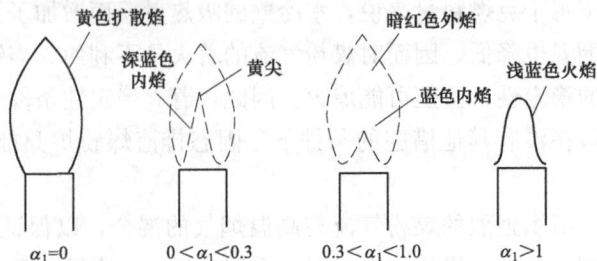

图 4-9　火焰形状随 α_1 的变化情况

　　如果燃气与空气预先混合均匀，则预混气体的燃烧速度主要取决于着火和燃烧反应速度，此时的火焰没有明显的轮廓，也称无焰燃烧。

　　如果燃气和氧化剂预先不做混合，而通过独立的管道分别进入燃烧室，则此时燃气内部无一次空气，即 $\alpha_1 = 0$。燃气与空气将在燃烧室内边混合边燃烧，其燃烧速度受气体扩散混合速度的限制，故称为扩散燃烧。由于扩散燃烧需考虑扩散的影响，因此，在扩散燃烧过程中，燃烧器的设计就显得尤为重要。

4.4.2　预混可燃气体的着火

　　预混可燃气体的着火方法有自燃和点燃两种，前者为自发的，后者为强制的。预混可燃气体由于自身温度的升高而导致化学反应速度自行加速所引起的着火称为自燃。反之，由于外界能量的加入，如采用电火花等，而使预混可燃气体的化学反应速度急剧加快所引起的着火称为点燃。自燃和点燃统称为着火。

　　当与氧化剂充分混合的可燃气体，通过自身缓慢氧化积累热量或外界提供热量，达到一定温度时即会使燃料着火。着火温度不是可燃物质的物理化学常数，但人们仍然在常用实验条件下对各种物质的着火温度进行测定，并把测得的着火温度值作为可燃物质着火、燃烧和爆炸性能的参考指标。表 4-4 列出了各种可燃物质着火温度的一般数值。由于实验条件的不同，各种文献中数值有很大差别，该表中为平均值或大致范围。

表 4-4　　　　　　　各种可燃物质的着火温度（常压下在空气中燃烧）

可燃物	氢气	一氧化碳	甲烷	乙烷	乙烯	乙炔	丙烷
着火温度（℃）	510~590	610~658	537~750	510~630	540~547	335~480	466

可燃物	丁烷	丙烯	苯	高炉煤气	发生炉煤气	天然气	焦炉煤气
着火温度（℃）	430	455	570~740	530	530	530	500

　　一般在化工生产过程使用到以可燃气体作为燃料的燃烧设备，在启动阶段均采用点燃的方式使燃料着火。因此，将重点介绍点燃的着火方法。

1. 气体点燃的概念

　　工程上使用最广的方法是通过点燃的方法使预混可燃气体着火燃烧，即强制点火。用来点火的热源可以是炽热的高温物体、高温气体、小火焰或电火花等。点火和自燃着火本质上都一样，都是化学反应自动加速的结果，但也存在如下的差别。

　　（1）点燃促使化学反应加速在混合气的局部（火源附近）进行，而自燃则在整个预混可燃气体内进行。

　　（2）点燃温度一般高于自燃温度。

　　（3）预混可燃气体能否点燃不仅取决于炽热气体附面层内局部预混气体能否着火，而且取决于火焰能否在混合气中传播。

2. 气体点燃的方法

　　（1）炽热物体点燃。用热辐射等方法使耐火砖或陶瓷棒等加热成为炽热物体，用作点火的热源。当这些炽热物体与静止的或以一定流速流过的预混可燃气体直接接触时，即可加热预混可燃气体，使气体局部区域温度升高而着火。

　　（2）电火花或电弧点燃。利用两只电极的空隙间高电压放电产生的电火花作为点火热源，使部分可燃气着火。这种方式大多用来点燃低速易燃的可燃混合气。但由于能量较小，其使用范围受到一定的限制。对于温度低、流速大的可燃混合气，直接用电火花点燃不可靠。

（3）小火焰点燃。将易燃物或易燃的可燃气点燃，形成一股稳定的小火焰，并以此作为点火源去点燃难着火的混合气流。这种方法是各种工程燃烧设备中常用的点火方式之一。

（4）高温气体点燃。利用高温已燃烧的烟气回流，在回流区内加热喷入炉内的可燃气体，使其达到着火温度而燃烧。为了使已燃烧的高温烟气回流，需合理地设计燃烧器及运行时燃气的流速，以使回流的烟气带回足够多的热量。

3. 气体点燃的理论

点燃过程可用图 4-10 说明。设有一个炽热的点火源，其表面温度为 T_1，位于大空间燃烧室内，燃烧室内介质温度为 T_0，且 $T_0 < T_1$。如果燃烧室内点火源周围介质为不可燃的惰性气体，则点火源的热量会传至边界层内，在点火源的附面层内温度分布见图 4-10 中 $T_1 A_1$ 所示；如果燃烧室内点火源周围介质为可燃气体，除传热外，由于燃烧反应会放出热量，则在点火源的边界层内温度分布如图中虚线 $T_1 A_1'$ 所示。

现在将炽热点火源的温度上升到 T_2，则对不可燃气体来说，由于温度升高，传热量也会增加，边界层内的温度将出现图 4-10 中 $T_2 A_2$ 的分布情况，由于温差加大，曲线会显得更加陡峭。但对于可燃气体来说，则相反，由于温度升高，反应速度加快，也增大了反应释放热量，温度变化的下降趋势反而平缓，因此我们总能达到这样一个点火源的表面温度 T_2，在该点火源温度下，边界层内燃烧产生的热量使边界层内温度保持不变，温度分布见图 4-10 中 $T_2 A_2'$ 所示，此时由于没有温差，因此不会发生传热，即

$$\left(\frac{\mathrm{d}T}{\mathrm{d}n}\right)_{\mathrm{w}} = 0 \tag{4-23}$$

此时反应物放出的热量等于向外界散失的热量。式中，n 为垂直于点火源壁面的法向距离，脚标 W 表示点火源的表面。

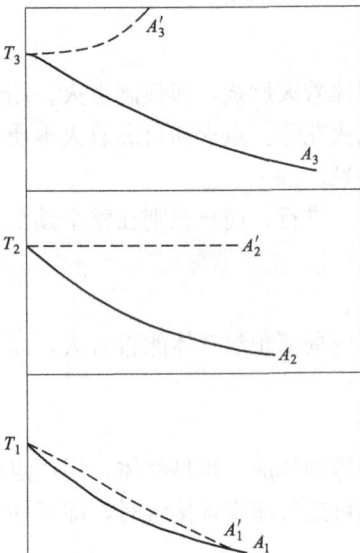

图 4-10　点火过程示意

如果将点火源的表面温度从 T_2 再稍增加到 T_3，则点火源周围的可燃气将发生激烈的化学反应而着火燃烧，使温度迅速上升，见图 4-10 中 $T_3 A_3'$ 所示。

由此可见，T_2 为点火源表面温度的临界状态，称为点火温度或着火温度。此时，无论在静止的或低速可燃混合气流中，着火只限于邻近点火源表面的一可燃气体薄层中；而远离点火源的可燃气开始时几乎无变化。因此其浓度变化：在靠近点火源物体的地方，反应物的浓度最低，生成物的浓度最高；远离点火源的地方，生成物浓度为零，反应物浓度等于初始值。由于存在浓度差，使生成物离开点火源表面向外扩散，而反应物则向炽热表面方向扩散，以新鲜的反应物来补充消耗掉的反应物。

如前所述，炽热物体（点火源）表面温度处于临界状态时，边界层内由于各点温度梯度而产生的传热量等于反应的放热量，炽热物体不再向紧邻气体传热，紧邻

气体层内反应放热量完全补偿了向周围的散热。如果炽热物体表面温度稍高于临界温度，则反应放热使得边界层内混合气升温：

$$\left(\frac{\mathrm{d}T}{\mathrm{d}n}\right)_{\mathrm{w}} > 0 \tag{4-24}$$

这样就使得边界层内混合气着火，可燃混合气就不再处于稳定状态，而是发生急剧升温，产生火焰并向离炽热物体较远的未燃混合气传播过去，形成着火燃烧。因此，点燃的极限状况是边界层内炽热物体表面温度达到点火温度临界值。

研究表明，点火温度不仅与可燃混合物的性质（热值、热导率、活化能、化学反应常数、浓度、流速和温度等）有关，而且与点火热源的性质（形状大小与催化性质等）有关。用固体表面点火时，比表面积越小，点火温度越高。用电火花点火时，存在最小电火花能量，若低于该能量，则不能实现点火。最小电火花能量的大小，与可燃气体混合物的成分、压力、温度、流速等有关。用小火焰点火时，通常将小火焰与可燃气体混合物直接接触，能否点火，取决于混合物的成分、小火焰与混合物接触时间、小火焰的尺寸和温度以及混合气流动的状态等。

4.4.3　着火浓度界限

燃气的浓度是影响着火条件的重要因素，浓度又决定于体系的压力及可燃物的成分。因此除了温度条件外，着火只能在一定的压力与成分下才能实现。若燃料浓度太高，则无法在燃烧过程中提供足够的氧化剂；而燃料浓度太低，则燃烧释放的热量太少，无法维持稳定燃烧所需的温度。

1. 着火与压力及浓度间关系

着火温度与压力和成分间关系如图 4-11 和图 4-12 所示。从图中可以看出，在一定的压力和温度下，并非所有浓度的可燃气体混合物均能着火，而是存在一定的着火浓度范围，超出这一范围，混合气便不能着火。这个浓度范围称为着火浓度界限。从图中可见，只有在 x_1 和 x_2 之间的浓度范围可以着火，其中 x_2 为能实现着火的浓度上限；x_1 为能实现着火的浓度下限。当压力和温度下降时，着火浓度范围缩小；当压力或温度低于某一数值时，任何浓度的混合气均不能着火。

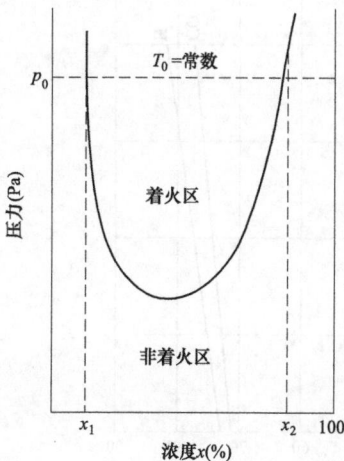

图 4-11　一定温度下着火浓度区　　　图 4-12　一定压力下着火浓度区

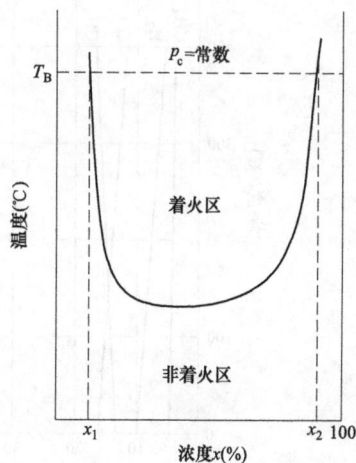

表 4-5 列出了一些可燃气体混合物的点火浓度（燃气体积百分数）界限。由于实验条件不同，各文献所列数值有差别，表中数据进行了综合，其下限为文献中最小值，上限取最大值，即表中给出的数据为最大可能的浓度界限。

表 4-5　　　　　　点火浓度界限（在空气中燃烧，初始温度为常温）

燃气	体积百分数（%）		相当于空气消耗系数	
	下限	上限	下限	上限
氢	4.0	80.0	10.0	0.11
一氧化碳	12.5	80.0	2.95	0.11
甲烷	2.5	15.4	4.1	0.58
乙烷	2.5	14.95	2.34	0.34
丙烷	2.0	9.5	2.06	0.40
丁烷	1.55	8.5	2.05	0.35
乙烯	2.75	35.0	2.48	0.13
丙烯	2.0	11.1	2.28	0.37
乙炔	1.53	82.0	5.4	0.18
苯	1.3	9.5	2.13	0.27
天然气	3.0	14.8	1.9	0.63
焦炉煤气	5.6	30.4	4.15	0.57
发生炉煤气	20.7	74.0	3.0	0.29
高炉煤气	35.0	74.0	—	—

2. 温度的影响

提高可燃混合气的初始温度，对大多数预混可燃气体而言，可使着火浓度界限变宽，如图 4-13 所示。由燃料稳定着火的原理可知，初始温度的升高提高了放热率，而对散热影响

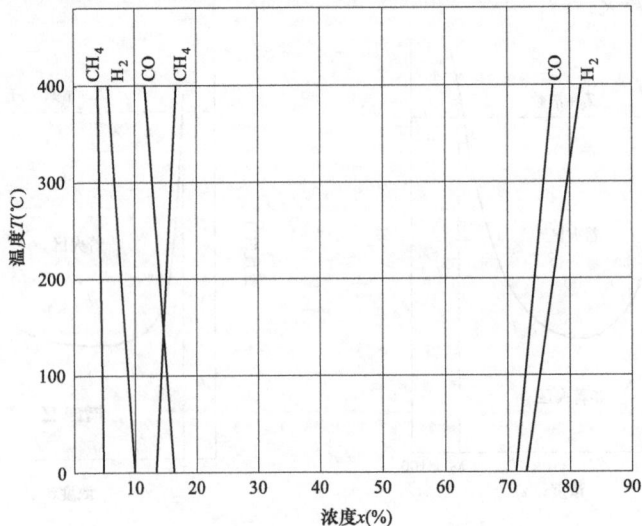

图 4-13　初始温度对着火浓度界限的影响

较小。实验表明，将预混气体预热，其初始温度的提高使着火浓度的上限提高，而对下限影响不大。因此，预热至高温的可燃气体混合物更易于着火，点火也更容易。

3. 流速的影响

流速对着火界限的影响主要表现在与放热系数 α 有关的 Nu 数变化上。如用炽热圆球点火时，有

$$Nu = 2 + 0.6Re^{0.5}Pr^{0.33} \tag{4-25}$$

在其他条件相同时，流速越大，着火范围越小，也越不容易被点燃。图 4-14 给出了戊烷的点火界限实验结果。实验表明，当可燃混合气组成接近化学当量比时，可以被点燃的速度最大。从图中还可以看出，点燃界限还与炽热物的大小有关，如炽热物尺寸（圆球直径 d）越小，点火界限越小。

4. 掺杂物的影响

实验和理论计算均表明，当可燃混合气中掺入不可燃气体（如 N_2、CO_2 等）后，着火范围将变窄。如果掺入量过多，甚至会使可燃混合气无法点燃。这是由于不可燃气体的掺入将影响到放热速度和火焰传播速度。不同不可燃气体掺入比例相同时，对点燃浓度界限的影响也不一样。这是由于所组成的可燃混合气的 λ/c_p 值不同所致，即导热性能好的气体能促使火焰传播；而比热容大的气体则抑制火焰传播。

5. 多组分可燃混合物的点火浓度界限

如果可燃混合气中掺入的是多种不同的可燃气体，则形成多组分的可燃气体混合物。这种复杂的多组分可燃气体混合物在工程上经常遇到，如天然气和人工煤气等。它们的着火浓度界限除了可通过实验测定外，还可用下式近似计算：

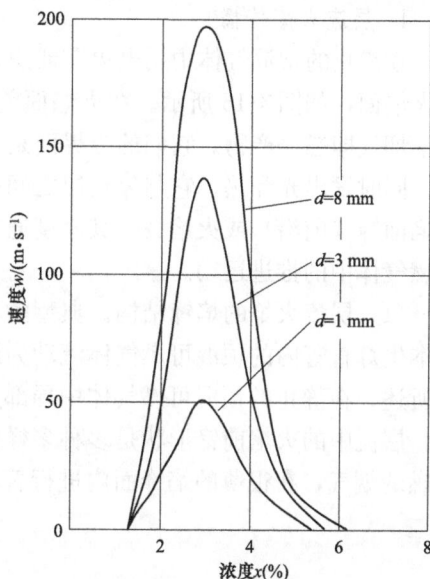

图 4-14　流速对戊烷点燃界限的影响

$$x = \frac{100}{\sum_i \dfrac{V_i}{x_i}} \tag{4-26}$$

式中　V_i——各单一可燃气体占混合气体的体积百分数（$i = 1, 2, 3, \cdots$），%；

x_i——各单一可燃气体的浓度界限（上限或下限，$i = 1, 2, 3, \cdots$），%。

单一气体的浓度界限可通过查表或实验测定。

4.4.4　预混可燃气体的燃烧

预混气体，即着火前将燃气与气态氧化剂以一定的比例预先混合好的可燃混合气体，其燃烧过程实质上是着火后的火焰在其中的传播过程。一切可燃气体混合物的正常燃烧都是由着火和燃烧两个阶段组成的。

当一个炽热物体或电火花将可燃混合气的某一局部点燃着火时，将形成一个薄层火焰面，火焰面产生的热量将加热邻近层的混合气，使其温度升高至着火燃烧。这样一层一层地着火燃烧，把燃烧逐渐扩展到整个混合气，这种现象称为火焰传播。

实验证实，燃烧化学反应只在这薄薄的一层火焰面内进行，火焰将已燃气体与未燃气体分隔开来。因此火焰传播的特征：燃烧化学反应不是在整个混合气内同时进行，而是集中在火焰面内逐层进行。

预混可燃气体的燃烧过程就是火焰的传播过程。火焰在气流中以一定的速度向前传播，传播速度的大小取决于预混气体的物理化学性质与气体的流动状况。

根据其流动状况，预混可燃气体中的火焰传播可分为层流火焰传播（层流燃烧）和湍流火焰传播（湍流燃烧）。虽然在实际燃烧装置中，火焰大多是在湍流气流中传播的，但由于层流气流中火焰传播速度是预混可燃气体的物性参数，且又与湍流中火焰传播速度密切相关，它是了解湍流火焰传播的基础，也是探讨燃烧过程的基础，因此有必要先讨论层流火焰传播。

1. 层流火焰传播

在静止的预混气体中用电火花或炽热物体点燃后，火焰会向四周传播开来，形成一个球形火焰面，如图 4-15 所示。在火焰面前面是未燃的预混可燃物，在其后面则是温度很高的已燃烟气即燃烧产物。它们的分界面是一层薄薄的火焰面，在其中进行着强烈的燃烧化学反应，同时发出光和热。它与邻近层之间存在着很大的温度梯度和浓度梯度。这层火焰面称为火焰前锋（前沿）或火焰波，其厚度通常在 1mm 以下。火焰的传播就是火焰前锋面在预混可燃气体中的推进运动。

（1）层流火焰的焰锋结构。典型的稳定层流火焰前锋可在本生灯的火焰中观察到。如果在本生灯直管内的预混可燃气体流动为层流，则在管口处可得到稳定的正锥形火焰前锋。如上所述，在静止的预混可燃气体中局部点火形成球面火焰前锋，焰锋结构如图 4-16 所示。

层流中的火焰前锋形状是多种多样的。但在焰锋面的两侧必然是未燃的预混可燃气体和已燃的烟气，在很薄的焰锋面内进行着剧烈的燃烧化学反应和强烈的两类气体混合。

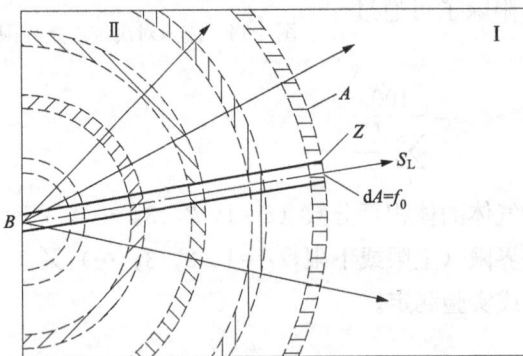

图 4-15　静止可燃混合气体中层流火焰的传播

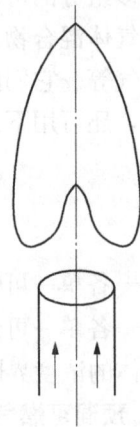

图 4-16　正锥形火焰锋结构

（2）层流火焰的火焰传播速度。预混可燃气体的层流火焰传播速度一般由实验测定，常用方法是本生灯法。实验表明，当预混可燃气体的性质、组成以及温度和压力一定时，层流火焰传播速度为定值，与气体流动参数无关。表 4-6 列出了某些预混可燃气体的层流火焰传播速度。

表 4-6　　　　　　　　　一些燃气-空气预混可燃气体的层流火焰传播速度

燃料	理论空气量 L_0(kg/kg)	燃料体积浓度（%）			着火限时过量空气系数		火焰传播速度 S_{Lmax}(cm/s)	对应于 S_{Lmax} 体积浓度（%）
		化学当量	着火下限	着火上限	下限	上限		
氢	34.5	29.5	4.0	75	10.1	0.14	315	42.2
乙炔	13.25	7.75	2.5	81	3.57	0.18	170	8.9
乙烯	14.8	6.56	2.7	34	2.51	1.35	68.3	7.4
甲烷	17.23	9.5	5	15	1.98	0.39	33.8	9.96
苯	13.3	2.73	1.4	7.1	1.96	0.36	40.7	3.34
丙烯	14.8	4.47	2.0	11	2.28	0.37	43.8	5.04

2. 湍流预混火焰传播

火焰在均匀湍流中传播的基本原理与在层流中相同，都是依靠已燃气体与未燃气体之间热量和质量交换所形成的化学反应区在空间的移动，但是气流的湍流特性对预混可燃气体火焰的传播有重大影响。在湍流中，预混可燃气体的火焰传播速度比层流时大许多倍。例如在汽油机的燃烧室中，火焰传播速度为 20~70m/s；而汽油和空气预混气流的层流火焰传播速度只有 40~50cm/s，两者相差 40~125 倍。

湍流火焰结构与层流火焰有很大差别，湍流火焰发光区较厚，火焰轮廓较模糊，火焰面有抖动。在湍流火焰中，由于脉动的影响，火焰面结构不像层流火焰那样光滑整齐，而是弯曲皱褶，同时在燃烧过程中伴有噪声。

在湍流中，火焰传播速度 S_L 不仅取决于可燃混合气的性质和组成，而且在很大程度上受到强烈的气流湍动的影响。当湍流度加大或脉动速度加大，即雷诺数增大时，湍流火焰传播速度显著增大；当燃烧器管径加大时，湍流度增大，湍流火焰速度也增大。

3. 均相预混气体火焰的稳定

火焰稳定的基本条件：假定新鲜可燃混合气以等速 ω 在管道内向前流动，如图 4-17 所示。如果火焰传播速度 S_L 与气流速度 ω 相等，所形成的火焰前沿则会稳定在管道内某一位置上；如果 S_L 大于 ω，火焰前沿位置则会向新鲜可燃物的上游方向移动，这种情况称为回火；如果 S_L 小于 ω，火焰前沿则会向燃烧产物的下游方向移动，产生吹熄或脱火。由此可见，火焰稳定的条件是火焰传播速度与新鲜可燃混合气的流动速度两者大小相等、方向相反，即

$$\omega = -S_L \tag{4-27}$$

在上述分析中，如果管道内新鲜可燃混合气的流速是均匀的，则火焰前沿为一平面，但实际上管道内流速并不均匀，而是呈抛物面分布，因而其火焰面为圆锥形曲线焰锋面，如图 4-18 所示。在这种情况下，新鲜混合气以与焰锋表面法线方向成 φ 角平行地流向焰锋，此流速 ω 可分解为平行于焰锋表面的切向分速 ω_t 和垂直于焰锋表面的法向分速 ω_n，使火焰稳定的第一个基本条件为

$$|S_L| = |\omega\cos\varphi| \tag{4-28}$$

由式（4-28）可以看出，为了维持火焰的稳定，焰锋表面必须与气流流向倾斜一个角度 φ，且此角为小于 90° 的锐角，这样，当气流速度增大时（$\omega > S_L$），焰锋平面平行于气流方

向移动，而在法线方向则基本稳定不动，这一规律称为余弦定律。为了维持火焰的稳定，必须满足余弦定律。在 S_L 变化不大时，随着气流速度增大，火焰的焰锋变得越来越细长；反之如果流速减小，则火焰变得短而宽。因此，在设计此类燃烧装置时，应考虑合理的火焰长度。

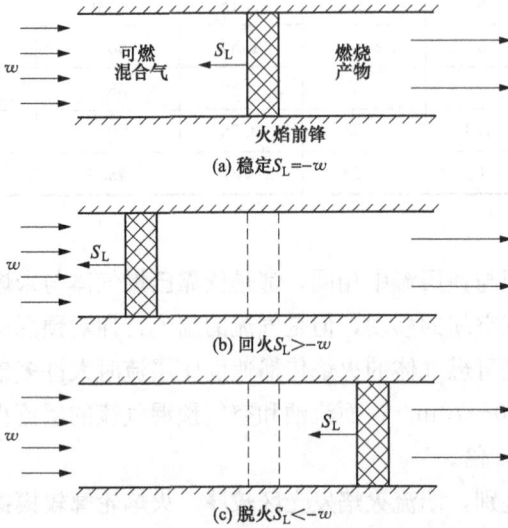

图 4-17　等速流动的火焰传播

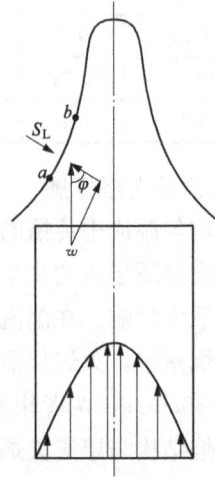

图 4-18　圆锥形火焰焰锋

此外，气流切向分速度的影响很大。当气流速度增大时，切向速度增大，使焰锋表面上的点向前移动。为了保证火焰的稳定，必须有另一质点补充到被移动点的位置，这对于远离火焰根部表面的质点是不成问题的，但火焰焰锋根部的质点则将被新鲜气流带走，从而使火焰被吹走，如图 4-19 所示。

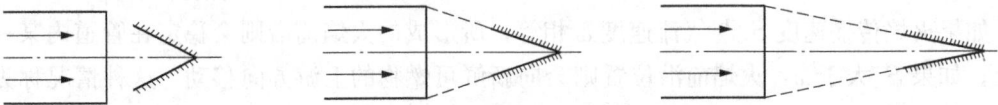

图 4-19　火焰的吹熄

因此，为了避免焰锋被吹走，确保火焰稳定，在火焰的根部必须具有一个固定的点火源，这个点火源应具有足够的能量，不断地点燃火焰根部附近新鲜可燃混合气，以补充在根部被气流带走的质点。由此可见，确保火焰稳定的第二个条件：在火焰的根部必须有一个固定的点火源，且该点火源应具有足够的能量。

4.4.5　气体燃料扩散燃烧

一般来说，气体燃料燃烧所需的全部时间由两部分组成，即气体燃料与空气混合所需的时间 τ_{mix} 和燃料氧化的化学反应时间 τ_{ch}。如果不考虑这两种过程在时间上的重叠，整个燃烧过程所需时间即为两者之和：

$$\tau = \tau_{mix} + \tau_{ch} \tag{4-29}$$

燃料与空气的混合有分子扩散及湍流扩散两种方式，因此燃料与空气混合的时间可写成：

$$\tau_{\text{mix}} = \frac{1}{\dfrac{1}{\tau_M} + \dfrac{1}{\tau_T}}$$

(4-30)

式中　τ_M、τ_T——分子扩散、湍流扩散时间。

若混合扩散的时间与氧化反应时间相比非常小而可以忽略，即当 $\tau_{\text{mix}} \ll \tau_{\text{ch}}$ 时，则整个燃烧时间即可近似地等于氧化反应时间，即 $\tau \approx \tau_{\text{ch}}$。也就是说，燃烧过程将强烈地受到化学反应动力学因素的控制，例如可燃混合气的性质、温度、燃烧空间的压力和反应物浓度等；而一些扩散方面的因素，如气流速度、气流流过的物体形状与尺寸等对燃烧速度的影响很小，这种燃烧称为化学动力燃烧或动力燃烧。预混可燃气体的燃烧属于动力燃烧。

反之，如果燃烧过程的扩散混合时间大大超过化学反应所需时间，即当 $\tau_{\text{mix}} \gg \tau_{\text{ch}}$ 时，则整个燃烧时间近似等于扩散混合时间，即 $\tau \approx \tau_{\text{mix}}$。这种情况可称为扩散燃烧或燃烧在扩散区进行，此时燃烧过程的进展与化学动力因素关系不大，而主要取决于流体动力学的扩散混合因素。例如在大多数工业燃烧设备中，燃料和空气分别供入燃烧室，边混合扩散边燃烧。此时炉内温度很高，燃烧化学反应可在瞬间完成，而扩散混合则几乎占了整个燃烧过程。在扩散燃烧中，燃料所需的氧化剂是依靠空气的扩散获得的，因而扩散火焰显然产生于燃料与氧化剂的交界面上。燃料和空气分别从火焰的两侧扩散到交界面，而燃烧所产生的燃烧产物则向火焰两侧扩散开去。所以对于扩散火焰来说，不存在火焰的传播。

1. 扩散燃烧的分类

（1）按照燃料和空气供入燃烧室的不同方式，扩散燃烧可以有以下几种情况：

1）自由射流扩散燃烧。气体燃料以射流形式由燃烧器喷入大空间的空气中，形成自由射流火焰，如图 4-20（a）所示。

2）同轴射流扩散燃烧。气体燃料和空气分别由环形喷管的内管与外环管喷入燃烧室，形成同轴扩散射流，如图 4-20（b）所示。由于射流受到燃烧室容器壁面的限制和周围空气流速的影响，因此为受限射流扩散火焰。

3）逆向射流扩散燃烧。气体燃料和空气喷出的射流方向正好相反，形成逆向射流扩散火焰，如图 4-20（c）所示。

（2）按照射流的流动状况可分为层流扩散燃烧和湍流扩散燃烧。

1）层流扩散燃烧。在燃烧过程中，如果燃气和氧化剂的流动处于层流状态，燃气和氧化剂的混合则依靠分子的扩散作用进行，层流扩散燃烧的速度取决于气体的扩散速度。例如，日常生活中的蜡烛火焰为层流扩散火焰；通过关闭本生灯底部一次风获得的非预混本生灯火焰也是扩散火焰。层流扩散燃烧速度较慢、功率较小，在工程中的应用不如湍流扩散燃烧广泛。但层流扩散火焰是扩散燃烧的基本形式，也是认识湍流扩散燃烧的基础。图 4-21 所示为层流扩散火焰的结构。

这种层流扩散火焰可分为四个区域，即中心的纯燃料区、外围的纯空气区、火焰面外侧的燃烧产物和空气的混合区，以及火焰面内侧的燃烧产物和燃料的混合区。在 $a=1$ 处为火焰面，在火焰面上燃料和空气完全反应，两者浓度皆为零（$C_g = 0$，$C_{O_2} = 0$），而燃烧产物的浓度 C_{cp} 达到最大，并向两侧扩散（如图 4-21 所示）。层流火焰面的外形大体上呈圆锥形，这是由于射流的外层燃料较易与氧气混合和反应，而位于轴线附近的燃料则要穿过较厚的混合物区才能与氧气混合反应。在这段时间内，燃料气体将向前移动一段距离，从而使火焰拉长。随着燃烧向前边移动边进行，纯燃气量越来越小，最后在射流的中心线某处完全燃尽，形成火焰锥尖。从喷口到锥尖的距离称为火焰长度。

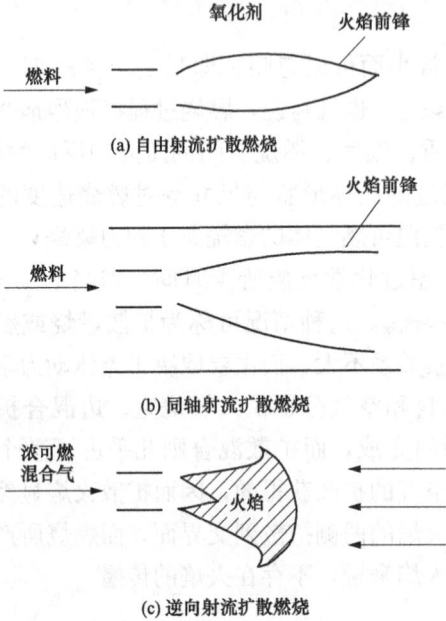

图 4-20　扩散火焰的形式

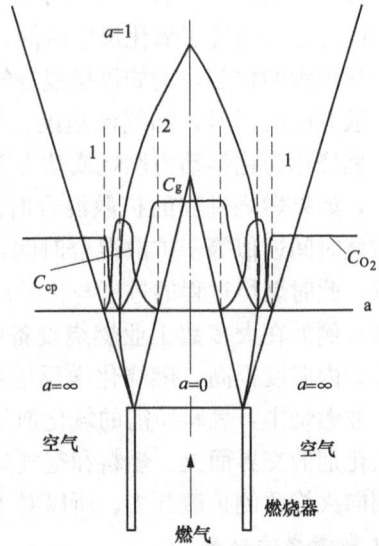

图 4-21　层流扩散火焰的结构

在燃烧区的可燃气体与氧气所形成的可燃混合气因火焰锋面传递热量而着火燃烧，所生成的燃烧产物向两侧扩散，稀释并加热可燃气体与空气。因此，在火焰的外侧只有氧气和燃烧产物而没有可燃气，为氧化区；而火焰的内侧只有可燃气和燃烧产物而没有氧气，为还原区。

由于燃烧区内化学反应速度非常大，因而到达燃烧区的可燃混合气实际上在瞬间即燃尽，因此在燃烧区内其浓度为零，其厚度（即焰锋宽度）将变得很薄。理想的层流扩散火焰表面可看作厚度为零的表面，在该表面上可燃气体向外的扩散速度与氧气向内的扩散速度之比等于完全燃烧时的化学当量比。

实际上扩散火焰的焰锋面有一定的厚度。实验表明，在主反应区，燃烧温度达到最大值，各种气体处于热力平衡状态。在主反应区的两侧为预热区，其特征是具有较陡的温度梯度。燃料和氧化剂在预热区有化学变化，因为几乎很少有氧气能通过主反应区进入燃料射流中，所以燃料在预热区中受到热传导和高温燃烧产物的扩散作用而被加热，会发生热解而析出炭黑粒子。温度越高，热解越剧烈。与此同时，还可能会增加碳氢化合物的含量，从而增加未完全燃烧热损失。因此，扩散燃烧的显著特点是会产生未完全燃烧热损失。

层流扩散火焰的长度与燃料流量成正比，与扩散系数成反比，即

$$L_c = \frac{\omega d^2}{4D} \tag{4-31}$$

式中　L_c——层流扩散火焰的长度，m；

ω——燃料的流速，m/s；

d——燃烧器管径，m；

D——燃料扩散系数，m^2/s。

由此可见，扩散火焰的长度与燃烧器管径的平方和燃料流速成正比，而与燃料的扩散系数成反比。当流量不变时，火焰长度与流速无关，即要增大 ω，则要减小管径 d；对于给定的气体，扩散系数为定值，则火焰长度仅正比于燃料流量。

2) 湍流扩散燃烧。对于某种确定的燃料，当使用确定的燃烧器时，气流速度加大，火焰则增长；扩散系数越大，火焰则越短。不过随着燃料喷出速度的增加，流动逐渐从层流过渡到湍流，火焰顶部开始发生抖动，并逐渐向根部扩展，且发出噪声。于是喷口上部的火焰将变短，火焰总长度也开始变短，当降到某个确定高度后便基本维持不变，此时湍流火焰的抖动更加剧烈，其噪声也继续增大，如图 4-22 所示。

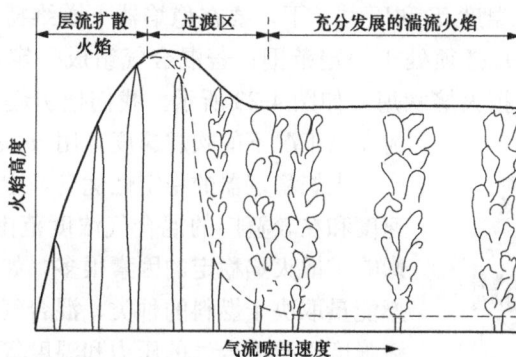

图 4-22　气相射流扩散火焰高度随流速的变化

从层流扩散火焰向湍流扩散火焰过渡的临界雷诺数 Re_c 为 2000～10 000。Re_c 范围如此宽，其原因与气体的黏度和温度有很大关系。绝热温度相对较高的火焰转变为湍流的 Re_c 也较高。一些气体在空气中的湍流火焰临界雷诺数值见表 4-7。

表 4-7　　　　　　　　　　　空气中各种火焰的临界雷诺数 Re_c

燃料	Re_c	燃料	Re_c
氢气	2000	乙炔	8800～11 000
城市煤气	3300～3800	混入一次风的氢气混合物	5500～8500
一氧化碳	4800～5000	混入一次风的城市煤气混合物	6400～9200
丙烷	8800～11 000		

在工程计算中，湍流火焰的长度通常可按式 (4-32) 估算：

$$L_t = \frac{r}{a}[0.7(n+1) - 0.29] \tag{4-32}$$

式中　L_t——湍流扩散火焰的长度，m；

r——喷口半径，m；

a——湍流结构系数；

n——发生化学当量比燃烧时的燃料/空气比。

实验表明，空气和燃气通过平行管分别送入炉内时，混合最差，火焰最长；当用同心套管送入炉内时，混合条件较前者有改善，火焰有所缩短；在空气通道内加入旋流器时，混合条件可得到较大改善，火焰则更短些；缩小喷口截面积，加大气流速度，使气流以湍流进入炉内，其火焰将进一步缩短；如在燃气中预混少量的一次风，然后再扩散混入二次风，所得混合将更好，火焰也更短。总之，混合条件越好，火焰越短，燃烧效率越高。

2. 扩散燃烧火焰的稳定

工业用射流扩散火焰的流速一般较高，通常采用钝体或旋流式稳焰器等在喷口附近建立高温烟气环流区或回流区实施火焰的稳定。

为了在采用钝体稳焰器后维持火焰稳定，除了要在其后形成一个固定点火源外，还要求它具有足够的能量，否则无法点燃新鲜的来流可燃气。然而，若流过钝体稳焰器的新鲜混合可燃气的组成超过着火极限，那么即使具有强大能量的固定点火源也无济于事。实验表明，在给定的混合气流速 w、温度 T 和压力 p 下，要在稳焰器下游维持一稳定火焰，则混合气组成（如过量空气系数 α）必须处于一定范围；若混合气组成一定，在给定的温度和压力下，增大气流速度同样会把火焰吹熄，如图 4-23 所示。我们把引起火焰熄灭的气流速度称为在该工况下的吹熄速度，用 w_B 表示。

火焰稳定器的稳定性优良，主要是指具有较高的吹熄速度和在较宽广的混合气浓度范围内可实现稳定的燃烧。影响扩散火焰稳定的因素很多，如混合气的着火极限与点燃能量取决于燃料的种类、混合气的组成、气流速度、湍流强度以及混合气的压力和温度等；而回流区所具有的能量则又取决于稳定器的结构形状和尺寸大小、气流速度及旋转与否，以及燃烧室尺寸等。因此，扩散气流的火焰稳定性是一个复杂的问题，上述各因素中只要有一个发生变化，特别是稳焰器尺寸及形状的变化，就可能引起火焰的脱离或熄灭。

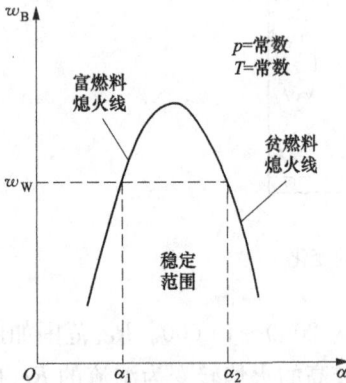

图 4-23 火焰稳定特性曲线

4.5 液体燃料的燃烧

4.5.1 油的燃烧过程及特点

油燃烧是一个复杂的物理化学过程，由于油的沸点低于自身燃点，因此油粒燃烧时总是先蒸发成气体，并以气态的方式进行燃烧。

油的燃烧方式可以分为两类：一类为预蒸发型；一类为喷雾型。

预蒸发型的燃烧方式是使燃料在进入燃烧室之前先蒸发为油蒸汽，然后以不同比例与空气均匀混合后送入燃烧室中燃烧。

喷雾型燃烧方式是将液体燃料通过喷雾器雾化成一股由微小油滴（$50\sim200\,\mu m$）组成的雾化锥气流。由于雾化的油滴周围存在空气，当雾化锥气流在燃烧室内被高温烟气加热，油滴边蒸发、边混合、边燃烧。但是，由于油的沸点比着火点温度低，故不会直接在液滴表面形成燃烧的火焰，而是蒸发产生的油蒸汽从油滴表面扩散并与空气中的氧气混合燃烧。因此，火焰面距油滴表面有一定的距离。

　　燃油锅炉中的燃烧一般都采用喷雾型燃烧，喷雾型燃烧主要有 4 种物理模型：预蒸发型气体燃烧（气相燃烧）、液滴群扩散燃烧、复合燃烧和部分预蒸发型气体燃烧加液滴蒸发。

　　油的燃烧过程可大致归纳为：雾化、蒸发、扩散、混合和着火燃烧共 5 个阶段。

　　由于油的燃烧特点是油先蒸发成油蒸汽，油蒸汽与空气混合后才能燃烧。因此，应加速油的蒸发过程（提高温度），在一定的加热温度下尽量增大油滴的表面积。雾化后的油粒喷入炉膛后，在炉膛内被锅炉内的高温烟气加热，汽化后的油气扩散，并和周围空气中的氧气相遇，形成火焰。燃烧产生的热量中一部分会传给油滴，使油滴不断进行加热汽化等过程，直到燃尽。

　　由此可以认为油滴的燃烧过程存在着两个互相依存的过程：一方面燃烧反应需要由油的汽化、扩散提供反应物质，另一方面油的汽化和扩散又需要燃烧反应持续提供热量。在稳态过程中，汽化速率和燃烧速率是相等的。若油蒸汽与氧的混合燃烧过程有条件强烈地进行，只要有油蒸汽存在便能立即烧掉，那么整个燃烧过程的快慢就取决于油的汽化速率；若相对来说蒸发很快而油气的燃烧很缓慢，则整个燃烧过程就取决于油蒸汽的均匀相的燃烧速率。因此，油的燃烧不仅包括均相燃烧过程还包括对油粒表面的传热和传质过程。

4.5.2　油的雾化

1. 雾化原理

　　雾化过程是由于液体受到的外力（气动力、惯性力等）和自身内力（黏性力、表面张力等）相互作用的结果。当外力大于油的内力（表面张力和黏性力矢量和）时，油流便会破碎成大量分散的油滴。只要外力还大于油的内力，油的雾化过程就会继续下去，直到在油的表面上的内力与外力达到平衡，油滴便不再继续破碎，雾化过程将结束。

　　根据雾化理论的研究，雾化过程大致是按以下几个阶段进行的：

　　（1）液体由喷嘴流出时形成薄幕或股流。

　　（2）由于流体的初始紊流状态和空气对液体薄膜的作用，液体表面发生弯曲波动。

　　（3）在空气压力的作用下，产生液体薄膜（下游越薄）。

　　（4）靠表面张力的作用，薄膜分裂成小液滴。

　　（5）颗粒的继续碎裂。

　　（6）颗粒互相碰撞时也会发生聚合。

雾化过程如图 4-24 所示。

2. 雾化方法

　　雾化过程是一个复杂的物理变化过程。在整个过程中，无论是液体的喷出和薄膜的形成，还是克服表面张力而形成小颗粒，都是要消耗能量的。因此，只有对体系做功，才能使油雾化。根据雾化过程所消耗的能量来源，可以把雾化方法分为以下两大类：

　　（1）气体介质雾化。主要靠附加介质的能量提供外力。这种附加介质称为"雾化剂"。实际中

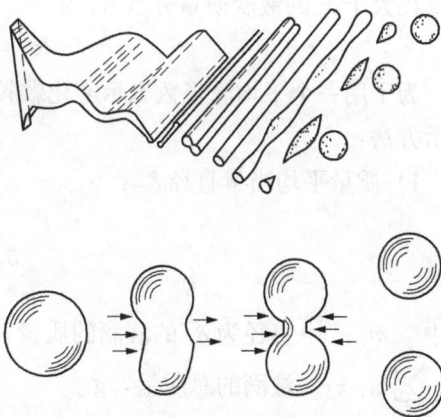

图 4-24　雾化过程

常用的雾化剂有压缩空气和蒸汽，也有用煤气或燃烧产物的。气体介质雾化过程中，使用高速气流来雾化相对低速的液体燃料，当形成的液膜越薄，雾化效果越好。根据气体雾化剂压

力的不同，这类方法还可分为：

高压雾化：雾化剂压力在 100kPa 以上；

中压雾化：雾化剂压力在 10～100kPa；

低压雾化：雾化剂压力在 3～10kPa。

（2）压力式（机械式）雾化。主要依靠液体本身的压力能把液体以高速喷入相对静止的空气中或以旋转方式使流动加强搅动，使液体雾化。

不同的方法中，雾化过程都会包括上述 6 个阶段中的全部或一部分过程，但各个阶段所占的比例在不同情况下是不同的。在用气体介质作雾化剂的过程中，雾化剂以较大的速度和质量喷出，当和油流股相遇时，气体便对油表面产生冲击和摩擦，使油表面受到外力的作用。只要外力大于油的内力，油的雾化过程就会继续下去，直到在油的表面上的内力与外力达到平衡，油滴将不再破碎，雾化过程便到此结束。

在压力式雾化条件下，油从高压小孔喷出，这时油流股本身将产生强烈的脉动。与此同时，在与周围介质相对运动中，也受到周围气体的摩擦作用。油流股的强烈脉动能使它产生很大的径向分力和波浪式运动，加上周围介质对它附加的外力，从而使油流股的连续性遭到破坏，分散成细颗粒。

由此可知，液体雾化时，当外力大于内力时，油流即破碎成小颗粒。由于沿流股轴线上雾化剂和油流的速度都是逐渐减小的，即外力越来越小。而当油粒变小时，表面能是逐渐增加的，所以外力与内力将会达到平衡，雾化过程将不再进行。

（3）雾化质量。化工过程通常用雾化过程的特征参数表征喷嘴的雾化质量。

（4）雾化细度。雾化锥中油粒直径的大小不均，一般来讲，油粒直径越小其表面积越大，蒸发、混合和燃烧过程越快，雾化质量越好。雾化的滴径不仅要求平均滴径小，也要求滴径尽量均匀，因此要研究雾化锥中液滴大小的分布状态。液滴分布常用质量百分数表示，设总质量为 g（单位为 g）的液滴群中直径大于 x（单位为 μm）的液滴质量为 g_x（单位为 g），则直径大于 x 的液滴质量分数 R_x 为

$$R_x = g(x)/g_x(x) \tag{4-33}$$

为了用一个平均滴径数表示雾化颗粒的分布情况，常用平均当量滴径表示，一般有两种表示方法：

1）质量平均当量直径 δ_m：

$$\delta_m = \frac{\sum m_i \delta_i}{\sum m_i} \tag{4-34}$$

式中　　m_i——直径为 δ_i 的液滴的质量，g；

$\sum m_i$——液滴的总质量，g。

2）索太尔平均当量滴径 δ_{smd}

$$\delta_{smd} = \frac{\sum n_i \delta_i^3}{\sum n_i \delta_i^2} \tag{4-35}$$

式中　　n_i——直径为 δ_i 的液滴数；

$\sum n_i$ ——液滴总数。

索太尔平均当量滴径 δ_{smd} 即相当于一个实际雾化锥与一个假想雾化锥的雾化液体质量、液滴总表面积都相同，而假想雾化锥是由等直径的液滴组成，故假想雾化锥与实际雾化锥有相等的索太尔平均当量直径 δ_{smd}，且假想雾化锥中液滴的直径即为 δ_{smd}。

（5）雾化角。依据不同的表示方法，雾化角可分为出口雾化角和条件雾化角。

出口雾化角：在喷嘴出口处，做雾化锥边界切线，夹角为出口雾化角。

条件雾化角：离开喷嘴中心一定距离 x（一般为 200mm）处，做垂直于油雾化锥中心线的垂线，与雾化锥边界相交于两点，两点与喷嘴中心线相连，得到的两条线的夹角即为条件雾化角，如图 4-25 所示。

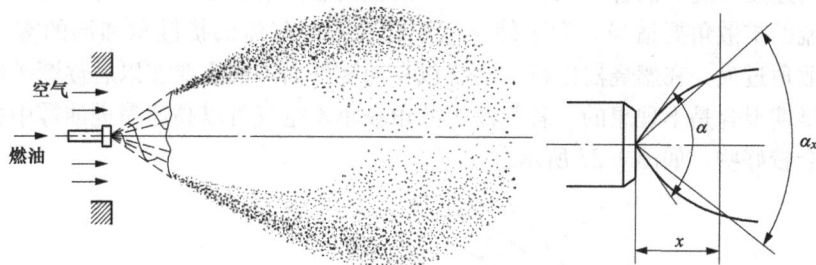

图 4-25　雾化角

根据流体力学原理，雾化角的大小取决于流股断面上质点的切向分速与轴向分速之比。凡是有助于提高切向分速度的因素，都会使雾化角增加；凡是有助于提高轴向分速度的因素都会使雾化角减小。

（6）流量密度。指单位时间内，流过垂直于油雾方向的单位面积上的燃油体积，可用 q_r 表示。流量密度受喷嘴结构和工况的影响差异较大。

不同形式喷嘴的雾化颗粒流量密度分布如图 4-26 所示。

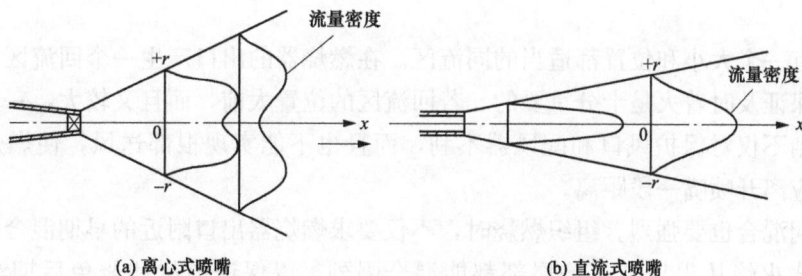

（a）离心式喷嘴　　　　　　　　　　（b）直流式喷嘴

图 4-26　燃料雾化颗粒流量密度分布曲线

4.5.3　油的配风

为了保证燃油锅炉能够良好地燃烧，除了要有良好的雾化质量外，还必须进行合理的配风，以使燃料油与空气强烈混合，及时充分地供应燃烧所需要的氧气。油配风的原则包括以下五条：

（1）必须有根部风。燃烧油燃料时，固态物的产生来自两个方面：一是油粒燃烧后的剩余物；二是油气热分解后产生的炭黑粒子。虽然炭黑粒子的质量很小，但是数量却可能很多。如果使氧气和油气预先混合，即使氧气不能满足完全燃烧的需要，油气也可以被氧化而不会热分解，从而避免产生炭黑。在实际生产中，为了减少炭黑的产生，通常布置一次风，也就是将一部分空气在油还没有着火之前就混入油雾中，通常把这部分空气称为根部风。通过创造根部风使油雾喷在空气流中，但应当注意，根部风的风量不能太大，应极力避免将油雾喷在离油烟气的回流区中，否则会影响回流区尺寸及着火条件。一般情况下根部风量占总风量的15％左右。

（2）油雾、空气早期混合要强烈。除根部风应在着火前就和油雾混合外，其余部分空气也应在燃烧器的出口就尽可能均匀地与油雾相混合。因为在燃烧出口附近风速较高，扰动比较强烈，脉动速度较高，混合可以较为强烈。而在离燃烧器较远处，混合强度将大为减弱。

（3）气流的扩散角要适当。为了使早期混合良好，气流的扩散角和油的雾化角应相适应。气流扩散角过大，在燃烧器出口，空气包在油雾外面，油雾要在以后逐渐扩散到空气中去，此时的早期混合是不理想的。若气流扩散角较小，空气可以高速喷进油雾中去，此时的早期混合就会较好些，如图4-27所示。

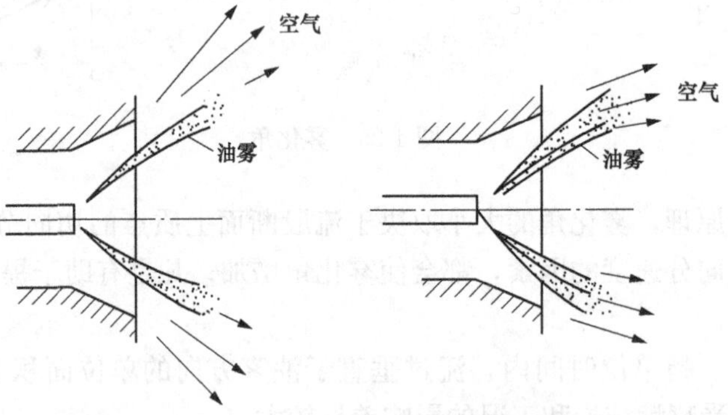

(a) 气流扩展角太大   (b) 气流扩展角合适

图 4-27   空气和油雾的配合情况

（4）应有一个大小和位置都适当的回流区。在燃烧器的出口产生一个回流区，对保持火焰的稳定、保证及时着火是十分重要的。若回流区的位置太前，而且又较大，一直伸展到喷嘴的头部，则不仅对保护风口和配风器不利，而且也不能实现根部送风，使燃烧恶化。因此，回流区应离开喷嘴一段距离。

（5）后期混合也要强烈。组织燃烧时，不仅要求燃烧器出口附近的早期混合强烈，而且要求整个燃烧火焰从出口到火焰尾部都能混合强烈，以保证燃尽和避免后期油雾的裂解析碳。

采取如下方法组织燃烧以实现上述目的：

1）采用配风器，将空气分为一次风和二次风，一次风起根部风的作用，它在着火前就和油雾均匀地混合。

2）一次风应是旋转射流，以产生一个适当的回流区同时保持火焰的稳定。

3）二次风可以是直流的，或者为了控制火焰的形状，可有一个不大的旋流强度，这样既有利于早期混合，又由于直流气流的衰减比较慢，有利于后期混合。

4.5.4　油的乳化燃烧

燃油掺水是一个既古老又新兴的课题，早在一百多年前就有人使用掺水燃油，乳化油技术始于 1913 年，剑桥大学的 Hopkinson 教授当时为了冷却内燃机内部介质并消除汽油机爆燃现象，首先尝试在内燃机燃油中掺入了水进行实验。所谓乳化燃烧是指将一部分水加入油中，或者是油中本来就含有较多的水分，经过强烈搅拌使之成为油水乳状液，然后经油烧嘴燃烧。实践证明，这种燃烧方法可以强化油的燃烧过程、节省燃料。

一般说来为了使油掺水后能具有良好的燃烧性能，必须使水在油中分散成细小的粒子，呈乳化状并且呈油包水型（W/O 型），即水为分散相，油为连续相。

目前制造乳化油的方法主要有三类。

1. 机械搅拌法

该方法通过在一定温度下将油水搅拌而使其混合均匀，达到乳化的效果。为了保证乳化质量，可采用专门的搅拌机，搅拌机中的搅拌器有两叶片式、三叶片式或涡轮式；也可用碾压原理的"均质器"；还可采用使油水混合物通过细孔曲折流路的乳化管等。

2. 气动法

此种方法是将高压空气或蒸汽通过油水混合物进行搅拌从而获得乳化油。但采用此种方法产生的水的粒度较大，且不够均匀，气体由流体中排出时可能会携带一些轻质的碳氢化合物，并且此种方法的能量消耗要比机械法要大。

3. 超声波乳化法

随着超声波的广泛采用，超声波乳化燃烧也越来越得到重视。该法具有较好的稳定性，且在高频（2000Hz 左右）振荡下可产生强制压缩，乳化颗粒细小均匀，不易分层。目前已有多种类型的超声波乳化燃烧装置。

乳化燃料油与通常的乳化液一样，也分为油包水型（W/O）和水包油型（O/W），在油包水型乳化燃料油中，水是以分散相均匀地悬浮在油中，被称为分散相或内相；而燃料油包在水珠的外层，称为连续相或外相。我们目前所见的大多数乳化燃料油都为油包水型乳化燃料。乳化燃料除分散相（水）应尽可能均匀且细小外，还应具有一定的稳定性。通常 WO型乳化液的稳定性用油水不分层、变形和破乳的搁置时间的长短来表征。为了提高乳化油的稳定性，广泛采用加入表面活性剂（也称乳化剂）的办法。乳化剂主要有下列 4 种：

（1）阴离子型。如羧酸盐类、硫酸盐类、磺酸盐类、磷酸盐类等。

（2）阳离子型。如简单胺盐、季铵盐类等。

（3）非离子型。包括脂类，如脂肪酸聚氧乙烯酯、脂肪酸山梨醇酶；醚类，如脂肪醇聚氧乙烯醚，脂肪醇山梨醇酯聚氧乙烯醚；酰胺类，如烷基醇酰胺等。

（4）两性离子型。如羧酸类、硫酸类、磷酸类等。

乳化剂在分子结构上存在亲油和亲水两种基团，利用两种基团保持平衡的性质以达到稳定乳化液的目的。上述各类乳化剂的亲油、亲水性能的强弱是不同的。乳化剂的研究重点是关于汽油、煤油、柴油的乳化，因为这些燃料的乳化若不加入乳化剂其稳定性就不能满足使用的要求。有些研究表明重油中的焦油质和沥青质本身可以作为乳化剂。另外，稳定性是相对的，它与燃烧前的搁置时间有关。由于乳化剂一般都较昂贵，因此实际使用中应尽量减少乳化剂的用量。

第 2 篇

化工厂锅炉结构及故障

第5章 锅炉循环方式及换热器

【本章导读】

工质在蒸发受热面中的流动方式直接影响到锅炉的整体结构布置和汽水系统中各环节的连接顺序。按工质在蒸发受热面中的流动方式，将锅炉分为自然循环锅炉和强迫流动锅炉两大类。自然循环锅炉蒸发受热面内工质流动是靠下降管中水和水冷壁中汽水混合物的密度差推动的；而强迫流动锅炉蒸发受热面内工质流动主要是借助水泵的压头推动的。不同循环方式的适用范围存在较大差异，对锅炉的系统结构、造价等产生较大影响，不同类型循环方式锅炉常见的故障也不同。

锅炉主要的作用即是通过工质吸热燃料燃烧产生的热量，因此，锅炉的换热器是锅炉的重要组成部分。锅炉的换热器主要包括水和蒸汽吸热的汽水系统与空气加热的空气预热器。在不同的工质条件和炉内烟气温度条件下，适用的传热方式和换热器结构存在较大差异。按吸热工质温度变化的顺序，锅炉内汽水系统包括省煤器、水冷壁、过热器和再热器，其布置方案对锅炉的可靠性和经济性的影响很大。而空气预热器的主要作用是利用锅炉低温烟气中的热量加热空气，达到加速和稳定燃烧、提高锅炉效率的作用。本章将重点介绍锅炉的自然循环和强制循环两种方式及汽包、水冷壁、过热器、再热器、省煤器及空气预热器等几种换热器的结构形式与特点。

5.1 循 环 方 式

5.1.1 自然循环锅炉

1. 自然循环原理

由汽包、下降管、联箱、上升管等组成的循环回路中，上升管在炉内受热，管内的水被加热到饱和温度并产生部分蒸汽；而下降管在炉外不受热，管内为饱和水或未饱和水。因此，上升管中汽水混合物的密度小于下降管中水的密度，在下联箱中心两侧将产生液柱的重位压差，此压差推动汽水混合物沿上升管向上流动，水沿下降管向下流动。工质在沿汽包、下降管、下联箱、上升管、上联箱、连接管道再到汽包这样的回路中的运动是由其密度差造成的，而没有任何外来推动力。因此将这种工质的循环流动称为自然循环。

2. 自然循环回路的总压差

如图 5-1 所示的循环回路示意中，由于受热上升管内工质不断吸热，产生部分蒸汽，使上升管与下降管内的工质密度产生差异。因此，下联箱中心截面 $A—A$ 两侧将受到不同的压力。截面左侧管内工质作用在 $A—A$ 的静压：

$$p_1 = p_0 + \bar{\rho}_{xj} g h \tag{5-1}$$

截面右侧管内汽水混合物作用在截面 $A—A$ 的静压：

$$p_2 = p_0 + \bar{\rho}_{ss} g h \tag{5-2}$$

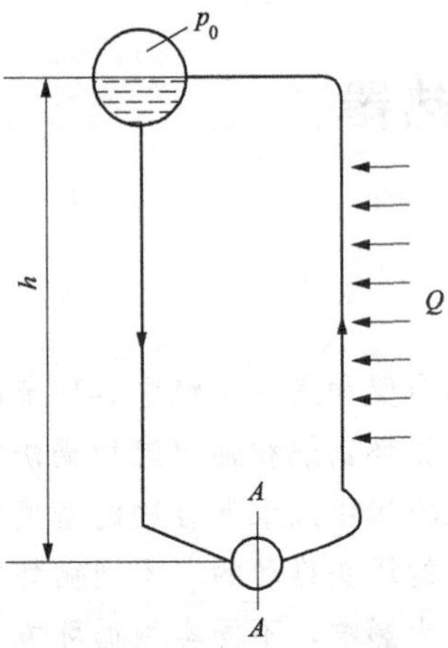

图 5-1　自然循环系统示意

式中　p_0——汽包内压力，Pa；

$\bar{\rho}_{xj}$——下降管内工质的平均密度，kg/m³；

$\bar{\rho}_{ss}$——上升管内汽水混合物的平均密度，kg/m³；

h——下联箱中心至汽包水面距离，m。

从式（5-1）和式（5-2）可以看出，由于 $\bar{\rho}_{xj} > \bar{\rho}_{ss}$，所以静压 $p_1 > p_2$，表示截面 A—A 两侧所受压力是不同的，此压力差将推动联箱内工质由左向右移动。式（5-1）、式（5-2）是在管内工质不流动时得出的。

循环回路中，工质流动时要克服摩擦阻力和局部阻力，这都和联箱中心处的压力有关。现根据流体流动的基本原理分析流动状态下联箱中心处的压力。

（1）下降管系统作用在联箱中心处的压力。在流动时，下降管系统有流动阻力损失 Δp_{xj}，水向下流动时在联箱中心处的实际压力 p_1 要比静压小 Δp_{xj}，即

$$p_1 = p_0 + \bar{\rho}_{xj}gh - \Delta p_{xj} \qquad (5\text{-}3)$$

（2）上升管系统作用在联箱中心处的压力。由于上升管内工质流动是由下向上流动，联箱中心处的压力 p_2 应能克服上升管系统的总流动阻力 Δp_{ss} 和重位压差，才能使工质进入汽包，因此有

$$p_2 = p_0 + \bar{\rho}_{ss}gh + \Delta p_{ss} \qquad (5\text{-}4)$$

（3）总压差。式（5-3）及式（5-4）是在管内工质流动时得出的结果，且 p_1、p_2 中均包括汽包压力 p_0。取汽包水面和联箱中心的压力的差值来表示下降管系统和上升管系统的总压差，则

1）下降管系统的总压差为

$$\Delta p_{xj}^* = p_1 - p_0 = \bar{\rho}_{xj}gh - \Delta p_{xj} \qquad (5\text{-}5)$$

2）上升管系统的总压差为

$$\Delta p_{ss}^* = p_2 - p_0 = \bar{\rho}_{ss}gh + \Delta p_{ss} \qquad (5\text{-}6)$$

式（5-5）及式（5-6）的总压差中均包括流动阻力（摩擦阻力和局部阻力）及重位压力降。在稳定流动时，联箱中流体只有一个压差值（与汽包压力的差值），所以这两个压差值必须相等，即

$$\Delta p_{xj}^* = \Delta p_{ss}^* \qquad (5\text{-}7)$$

式（5-7）是用来计算锅炉水循环的主要依据，这种方法称为水循环计算中的压差法。

3. 运动压头

自然循环回路中的循环推动力成为运动压头，以 p_{yd} 表示，表达式为

$$p_{yd} = \bar{\rho}_{xj}gh - \bar{\rho}_{ss}gh \qquad (5\text{-}8)$$

自然循环回路中的运动压头就是回路中循环的推动力，这一压头将耗用于克服下降管、上升管及汽水分离装置的流动阻力，即

$$p_{yd} = \Delta p_{xj} + \Delta p_{ss} + \Delta p_{fl} \qquad (5\text{-}9)$$

式中　Δp_{xj}——下降管系统的阻力，Pa；

Δp_{ss}——上升管系统的阻力，Pa；

Δp_{fl}——汽水分离器的阻力，Pa。

运动压头扣除上升管系统的阻力、汽水分离装置的阻力之后，剩余部分就称为有效压头，以 p_e 表示：

$$p_e = p_{yd} - (\Delta p_{ss} + \Delta p_{fl}) \qquad (5\text{-}10)$$

将式（5-9）代入式（5-10）可知，循环回路的有效压头是用来克服下降管阻力的。因此，自然循环回路中，工质在稳定流动情况下，有效压头应与下降管系统的阻力相等，即

$$p_e = \Delta p_{xj} \qquad (5\text{-}11)$$

式（5-11）也可用来对锅炉进行水循环的计算，这种方法称为水循环计算中的压头法。

4. 影响循环推动力的因素

运动压头是自然循环的推动力。运动压头越大，工质在循环回路中的流动速度越高，这有利于水循环的安全。由式（5-8）可知，运动压头的大小取决于饱和水与饱和汽的密度差、上升管中的含汽率和循环回路的高度。饱和水与饱和汽的密度差与锅炉的工作压力有关，随锅炉工作压力的提高，饱和水与饱和汽的密度差（$\rho' - \rho''$）减小，（$\bar{\rho}_{xj} - \bar{\rho}_{ss}$）也相应减小，因此运动压头也减小。增加循环回路高度，在上升管入口工质欠焓及炉内热负荷一定的情况下，含汽段高度相应增加，运动压头增大。上升管受热增强时，产汽量增多，汽水混合物的平均密度 $\bar{\rho}_{ss}$ 减小，运动压头随之增大。若下降管含汽，下降管内工质的平均密度 $\bar{\rho}_{xj}$ 减小，运动压头也随之降低。

另外，上升管入口工质的欠焓大小对运动压头也有影响。当锅水有欠焓时，进入上升管的水必须多吸收一些热量才能沸腾，致使产汽量减少，运动压头降，欠焓越小，运动压头就越大，当欠焓为零时，运动压头最大。随着锅炉蒸汽压力的提高，运动压头减小，为了维持循环回路的安全和水循环的稳定，需要增大上升管的含汽率，以降低汽水混合物的平均密度 $\bar{\rho}_{ss}$ 来进行补偿。但含汽率过大，水冷壁的工作安全不能得到足够的保证。因此，目前对汽包压力约为 19MPa 的锅炉，如进行较合理的设计和布置，还可以继续采用自然循环流动方式。但压力再高就很难保证水循环的稳定性，这时需要采用强制流动，即借助水泵的压头来推动工质流动。

5. 自然水循环的可靠性指标

反映自然循环工作可靠性的指标主要有循环流速和循环倍率。

循环流速是指在循环回路中，按工作压力下饱和水密度折算的上升管入口处的水流速，用 ω_0 表示。循环流速直接反映了管内流动的工质将管外传入热量和所产生气泡带走的能力。循环流速越大，进入水冷壁的水量越多，从管壁带走的热量及气泡越多，对管壁的冷却条件也越好。

循环流速的大小与锅炉的容量和压力有关，并取决于循环回路所能提供的运动压头和回路流动阻力的平衡关系。循环流速推荐范围见表 5-1。

表 5-1　　　　　　　　　　自然循环燃煤锅炉循环流速和循环倍率

汽包压力（MPa）		4~6	10~12	14~16	17~19
锅炉蒸发量（t/h）		35~240	160~420	400~670	≥800
循环流速 ω_0(m/s)	上升管引入汽包	0.5~1	1~1.5	1~1.5	1.5~2.5
	有上联箱	0.4~0.8	0.7~1.2	1~1.5	1.5~2.5
界限循环倍率 K_{jx}		10	5	3	≥2.5
推荐循环倍率 K		15~30	7~15	5~8	4~6

循环流速虽然反映了流经整个管子的水流快慢，但它是按上升管入口水量计算的。对热负荷不同的上升管，因各管产汽量不同，即使循环流速相同，在上升管出口水流量也不相同。对热负荷较大的上升管，由于产汽量较多，出口的水流量较少，难以在管壁上维持连续流动的水膜；同时，汽水混合物的流速增大，可能撕破较薄的水膜，而造成沸腾传热恶化，使金属超温。可见，仅靠循环流速并不能完全表明循环工作的安全性。因而要用循环倍率来共同反映循环工作可靠性。

循环倍率 K 是指在循环回路中，进入上升管的水量 G 与上升管出口产生的蒸汽量 D 之比，即

$$K = \frac{G}{D} \tag{5-12}$$

循环倍率说明上升管中每产生 1kg 的蒸汽，需要进入上升管的循环水量或进入上升管的循环水量需要经过多少次循环才能全部变成蒸汽。

循环倍率 K 的倒数称为上升管出口汽水混合物的质量含汽率或干度，以符号 x 表示。质量含汽率 x 表示汽水混合物中蒸汽质量流量的份额，即说明上升管出口蒸汽含量的多少。循环倍率 K 越大，含汽率 x 越小，表明上升管出口汽水混合物中水的份额越大，则管壁水膜稳定，循环就越安全。但循环倍率 K 值过大，上升管中产汽量太少，运动压头过小，将使循环流速减小，也不利于循环的安全。因此，循环倍率 K 过大或过小，都对循环的安全不利。

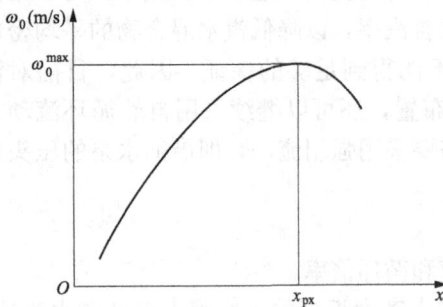

图 5-2 循环流速 ω_0 与上升管质量含汽率 x 的关系

在锅炉工作压力和循环回路高度一定时，运动压头的大小取决于上升管中的质量含汽率 x，即取决于热负荷。当热负荷增大时，产汽量多，x 增大，运动压头增加，但同时上升管的流动阻力也随之增大。而循环流速的变化取决于运动压头和流动阻力中变化较大的一个。在热负荷增加的开始阶段，质量含汽率 x 较小，运动压头的增加大于流动阻力的增加。因此，随着 x 的增大，循环流速增大；当热负荷增加到一定程度，x 增大到一定数值后，继续增大 x，由于汽水混合物的体积流量越大，将使流动阻力的增加大于运动压头的增加，这时随着 x 的增大，循环流速反而减小。循环流速与质量含汽率的关系如图 5-2 所示。

与最大循环流速 ω_0^{max} 对应的质量含汽率，成为界限含汽率 x_{jx}，界限含汽率的倒数为界限循环倍率 K。

由图 5-2 可见，自然循环回路中，当 $x < x_{jx}$（或 $K > K_{jx}$）时，随着热负荷增大，上升管受热增强，循环流速和循环水量增大；而当受热减弱时，循环流速和循环水量也相应减小。自然循环的这种特性称为自补偿能力。显然，自补偿能力对自然循环的安全工作有利。但是，若热负荷过大，上升管受热过强，当 $x > x_{jx}$（或 $K > K_{jx}$）时，随着受热面吸热增加，循环流速和循环水量反而减小，则失去自补偿能力，使工质对管壁的冷却变差，管子易超温破坏。

由上述可见，为了保证自然循环工作的安全，锅炉应始终工作在自补偿能力的范围内，

即必须使 $x < x_{jx}$（或 $K > K_{jx}$）。另外，对汽包压力大于 17MPa 的锅炉，上升管出口的含汽率还应受到不发生"蒸干"传热恶化的限制。

5.1.2　自然循环锅炉常见故障

自然循环锅炉由于结构设计上的差异和实际运行工况的变化等影响，可能发生一些使循环不正常或不安全的情况。自然循环常见故障有循环停滞和倒流、汽水分层、下降管含汽和水冷壁的沸腾传热恶化等。

1. 循环停滞和倒流

（1）循环停滞和倒流。在循环回路中，当并列工作的水冷壁管受热不均匀时，受热弱的管子由于产汽量少，汽水混合物的密度大，使下降管和水冷壁内工质的密度差减小，运动压头下降，循环推动力也就减小，因而管内的工质流速降低。当管子受热弱到一定程度，工质流速接近或等于零时称为循环停滞。这时管内工质几乎不流动，所产生的少量气泡在水中缓缓地向上浮动，热量的传递主要依靠导热，虽然管子热负荷较低，但因热量不能及时地带走，管壁仍可能超温。另外，由于停滞管的不断蒸发而进水量很少，长期停止使锅水含盐浓度增大，将造成管壁结垢和腐蚀。

循环倒流发生在具有上下联箱的并列水冷壁管中受热最弱的管子里，这时原来工质向上流动的水冷壁变成了工质自上而下流动的受热下降管，此时循环流速为负值。倒流一般没有危害，只有当蒸汽向上的速度与倒流水速相近时，会使气泡集聚、长大，形成气塞。气塞处的管壁可能造成管子过热或疲劳损坏。

由上述可见，并列水冷壁管的受热不均匀是造成循环停滞和倒流的基本原因。而由于结构设计原因，炉内温度沿炉膛宽度和深度方向的分布是不均匀的，故水冷壁各部位的吸热也就不同。一般水冷壁中间部位的热负荷比两侧要高，尤其是燃烧器区域附近的热负荷最大，而炉角与炉膛下部受热最弱。炉内热负荷的大小与分布决定于燃烧器的布置、燃料性质、炉膛截面的形状和大小以及炉内燃烧工况等。

（2）防止发生循环停滞和倒流的措施。减小并列水冷壁管的受热不均匀和流动阻力，可以有效地防止循环停滞和倒流。为此，电厂锅炉在结构和布置上采取的措施如下：

1）减小并排水冷壁管的受热不均。按受热情况划分循环回路。按照每面墙上水冷壁的受热情况将水冷壁划分成 3～8 个循环回路，使每个回路中管子的受热情况和结构尺寸尽可能相近。图 5-3 所示为 DG-1025/18.2-Ⅱ4 型亚临界压力自然循环锅炉的循环回路，锅炉共分为 24 个循环回路，前、后、侧墙各 6 个回路。

2）改善炉角边管的受热情况。由于炉膛四角布置的管子受热最弱，因此可采用在四角布置管子，或将炉角上 3～4 根水冷壁管节距的宽度切成斜角，形成所谓的"八角炉膛"，如图 5-4 所示。采用平炉顶结构。使两侧墙水冷壁受热区段的高度相等，减少了受热不均。

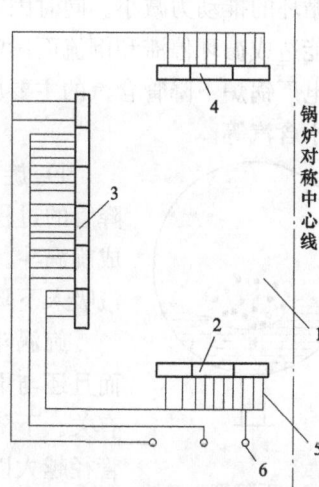

图 5-3　DG-1025/18.2-Ⅱ4 型
自然循环锅炉的循环回路

1—炉膛；2～4—前墙、侧墙、后墙水冷壁；
5—下降管支管；6—大直径下降管

降低循环回路的流动阻力。采用大直径集中下降管。在保持下降管总截面积不变的条件下，采用大直径集中下降管，可以减少下降管的流动阻力，有利于循环正常。

增大下降管截面比 A_{xj}/A_s 或汽水引出管截面比 A_{yc}/A_s。增大截面比，表示下降管或汽水引出管总截面积增大，使下降管与汽水引出管的阻力减小，有利于循环正常。

2. 汽水分层

在水平或微倾斜的蒸发管中，当汽水混合物流速较低时，水将在管子下部流动，汽在管子上部流动，形成汽水分层，如图 5-5 所示。

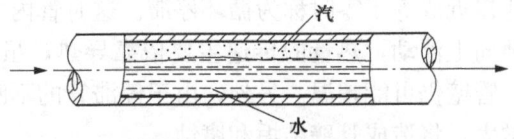

(a) 炉角布置管子　　　(b) 八角炉膛

图 5-4　炉角的结构和布置情况　　　图 5-5　水平管中汽水分层流动

发生汽水分层时造成管子上下部温差热应力和上部管壁的超温、结盐，以及在汽水分界面附近因产生交变热应力造成疲劳损坏等。汽水分层的形成与汽水混合物流速、蒸汽含量和管子内径有关。流速越低，蒸汽含量越高，管子内径越大，越容易发生汽水分层。

防止汽水分层的措施是在结构上尽可能地不布置水平或倾斜度小于 15° 的蒸发管。必须采用时，则要求汽水混合物应保持较高的速度，使搅动作用大于汽水的重力作用，这样就不会发生汽水分层。

（1）下降管含汽。当下降管中工质含有蒸汽时，管内工质的平均密度减小，运动压头下降，循环的推动力减小。同时因管内工质的体积流速增大，使下降管内的流动阻力增大，因此可能造成循环停滞和倒流而影响循环安全。

电厂锅炉下降管含汽的主要原因：旋涡斗带汽、下降管入口锅水自沸腾（汽化）、汽包内锅水含汽等。

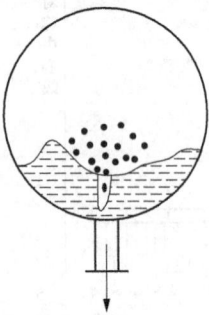

图 5-6　下降管入口处的旋涡斗

1）旋涡斗带汽。当下降管入口以上水位较低时，锅水在进入下降管的过程中，由于流动速度的大小和方向突然改变，在入口处将形成旋涡斗。若旋涡斗底部很深直至进入下降管时，将把汽包上部的蒸汽吸入下降管，造成下降管带汽，如图 5-6 所示。

旋涡斗的形成不仅与下降管入口至汽包水面的高度有很大关系，而且还与下降管的进口水速、管径以及汽包内锅水的水平流速等因素有关。下降管入口至汽包水面的高度越小，下降管的进口水速越高，管径越大以及汽包内锅水的水平速度越低，越容易形成旋涡斗。大型锅炉下降管内的水流速度很高，又普遍采用大直径集中下降管，因此容易形成旋涡斗。

2）下降管入口锅水自沸腾。当锅水进入下降管时，由于水流速度突然增大，部分压能将转变成动能；同时下降管进口处有局部阻力，因此下降管进口处压力下降 Δp。另外，从汽包水面到下降管进口处有一段水柱高度，它所产生的重位压头将使下降管进口处压力增加 $h\rho g$。当 $\Delta p > h\rho g$ 时，下降管进口压力将低于汽包压力。若锅水是饱和水，则锅水在下降管入口会发生自沸腾。

（2）防止下降管含气的措施。采用大直径集中下降管，所有下降管应沿汽包长度均匀分布，并且尽可能从汽包底部引出，以降低下降管进口处水速和增加其进口处的静压力。

在下降管入口处加装栅格或十字形板，避免旋涡斗的出现，如图 5-7 所示。栅格的钢板有直片形和扇形两种，栅格距下降管入口应保持一定的距离，且栅格要平行于水流方向。

采用分离效率高的汽水分离装置，以减小锅水中的含气。另外，将部分给水直接引到下降管的入口，以提高下降管进口锅水欠焓，有利于减少锅水带气。但亚临界压力的锅炉，由于蒸汽在水中的上浮速度较小，又采用大直径集中下降管，下降管入口水速较大，因此下降管带汽很难避免。

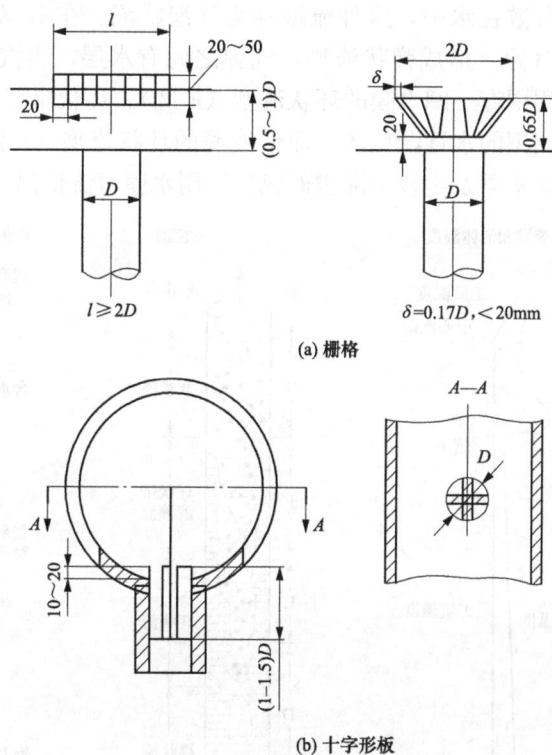

(a) 栅格

(b) 十字形板

图 5-7　下降管入口处装置

3. 沸腾传热恶化

（1）蒸发管中汽水两相流的流型。当单相水在垂直上升管中向上流动时，管中横截面上的水流速度分布是不均匀的。由于水的黏性作用，近壁面的水速较低；管子中心的水速最大，且速度梯度为零。当近壁面水中含有气泡而气泡又不太大时，由于浮力的作用，气泡的上升速度要比水流速度大。又由于水流速度的影响，气泡外侧（近壁面侧）遇到较大的阻力，气泡本身会产生内侧（靠近管子中心侧）向上、外侧向下的旋转运动。旋转引起的压差将气泡推向管子中心。与此相反，在下降的两相流中气泡的下降速度较慢，并集中在管子截面的外圈，即水速较低的区域。在水平或接近水平管内的两相流中，气泡偏向蒸发面的上部，流速越小这种现象越明显，严重时会出现汽水分层。这是水冷壁管尽可能采用垂直上升布置的主要原因。

在管内两相流中，汽和水不是均匀分布的，它们的流速也不一样。由于管径、混合物中的含汽率和流速不同，两相组成的流型也不一样。流型不同，两相流体的流动阻力和传热机理是不同的。流速的大小和传热的强弱又影响到两相流型。

图 5-8 所示为均匀受热垂直上升蒸发管中两相流的流型和传热工况。欠焓水由管子下部进入，完全蒸发后生成的过热蒸汽由上部流出。如受热不太强烈，区域 A 为单相水的对流传热，水温低于饱和温度，管壁金属温度稍高于水温。在 B 区内，紧贴壁面的水虽到达饱和温度并产生气泡，但管子中心的大量水仍处于欠热状态，生成的气泡脱离壁面后又凝结并将水加热，这区域内的壁温高于饱和温度，进行着过冷核态沸腾传热。当水进入 C 区时全部达到饱和温度，传热转变为饱和核态沸腾传热，此后生成的气泡不再凝结，沿流动方向的含汽率逐渐增大，气泡分散在水中，这种流型称为气泡状流。在 D 区内，气泡增多，小气泡在管子中心聚合成大气弹，形成弹状流型，气弹之间有水层，当汽量增多气弹相互连接时，就形成中心为汽而周围有一圈水膜的环状流型（E 区）。环状流型的后期中心汽量很大，其中带有小水滴，同时周围的水逐渐变薄，即带液滴的环状流型（F 区）。环状水膜减薄后的导热能力很强，有可能不再发生核态沸腾而成为强制水膜对流传热，热量由管壁经强制对

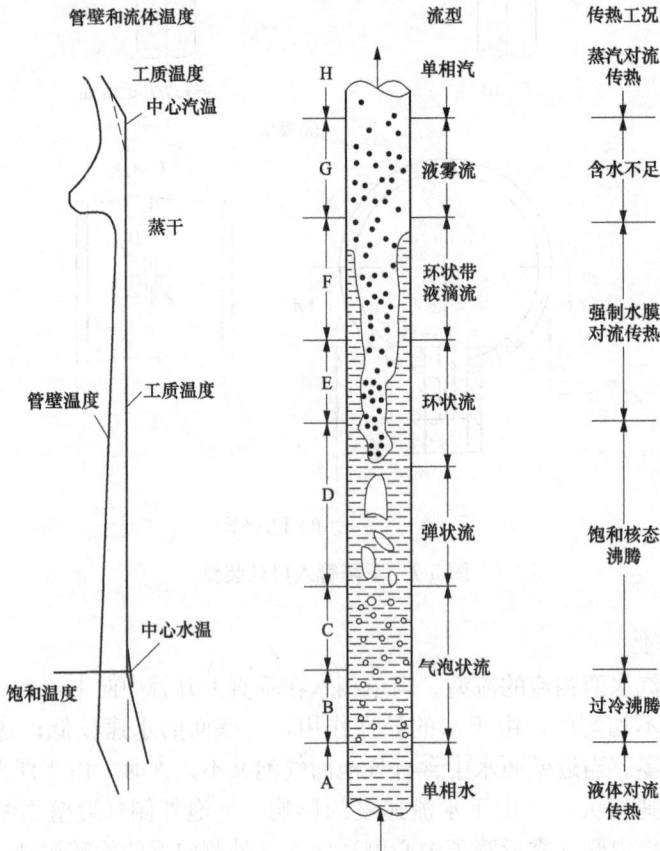

图 5-8　垂直上升蒸发管中的两相流型和传热

流水膜传至管子中心气流与水膜之间的表面上，而水在此表面上蒸发，当壁面上的水膜完全被蒸干后就形成雾状流型（G 区）。这时气流中虽仍有一些水滴，但对管壁的冷却作用不够，传热恶化，管壁金属温度突然升高，此后随气流中水滴的蒸发，蒸汽流速增大，壁温又逐渐下降。最后在蒸汽过热区中，由于汽温逐渐上升，管壁温度又逐渐上升。

（2）沸腾传热恶化。

1）第一类沸腾传热恶化：当水冷壁管受热时，在管子内壁面上开始蒸发，形成许多小气泡，分散在液流中，如果此时管外的热负荷不大，小气泡可以及时地被管子中心水流带走，并受到"趋中效应"的作用力，向管子中心转移，而管中心的水不断地向壁内补充，这时的管内沸腾被称为核态沸腾。如果管外的热负荷很高，气泡就会在管子内壁面上聚集起来，形成完整稳定的汽膜，热量通过汽膜层传到液体再产生沸腾蒸发，此时管子壁面得不到水膜的直接冷却，就会导致管壁超温，这种现象就称为膜态沸腾，也称为第一类沸腾传热恶化。由核态沸腾向膜态沸腾开始转变的过程中，管子壁面部分被汽膜覆盖，部分仍处于气泡沸腾，这种现象称为过渡沸腾。

亚临界压力的锅炉在高热负荷区水冷壁可能发生沸腾传热恶化。这时在管内壁上形成汽膜或接触的是蒸汽，从而使管壁的温度急剧升高，可能烧坏管子。

2）第二类沸腾传热恶化：在蒸发管中可能发生的另一类沸腾传热恶化的工况是"蒸干"，称为第二类沸腾传热恶化。在自然循环锅炉的水冷壁中，在正常运行状态下不出现"蒸干"导致的传热恶化。在非正常运行状态下一旦出现第二类沸腾传热恶化，虽然开始时壁温并不太高，但含盐量较高的锅水水滴润湿管壁时，盐分沉积在管壁上，也会造成传热恶化。

开始发生第二类沸腾传热恶化对应的含汽率称为临界含汽率，临界含汽率随着工作压力的上升而下降。对于超高压以下锅炉，水冷壁出口工质含汽率都低于临界含汽率，所以也不会发生第二类沸腾传热恶化。而对于亚临界压力锅炉水冷壁出口工质含汽率也相对较大，接近临界含汽率，有可能发生第二类沸腾传热恶化。

（3）防止发生沸腾传热恶化的措施。

1）保证较高的质量流速。通过增大下降管和汽水引出管的管径和管数，减小流动阻力，可以提高水冷壁管内工质质量流速。较高的质量流速，可减小管内工质的质量含汽率，从而有效地推迟和防止出现沸腾传热恶化。

2）降低受热面的局部热负荷。在炉膛上部布置屏式过热器，可降低炉膛较高区域的水冷壁吸收的火焰辐射传热强度，从而使蒸汽含量较高的上升管的热负荷下降，避免管内壁水膜被"蒸干"。

3）采用特殊的水冷壁管内结构。使用内螺纹管、扰流子管，使流体在管内产生旋转扰动，增加边界层的水量，以增大临界含汽率，传热恶化位置向后推移。

内螺纹管水冷壁是在管子内壁上开出单头或多头螺旋形槽道，如图 5-9（a）所示。亚临界压力自然循环锅炉的水冷壁管，大都在高热负荷区使用内螺纹管。内螺纹管抑制膜态沸腾、推迟传热恶化的机理：由于工质受到螺纹的作用产生旋转，增强了管子内壁面附近流体的扰动，使水冷壁管内壁面上产生的气泡可以被旋转向上运动的液体及时带走，而水流受到旋转力的作用紧贴内螺纹槽壁面流动。从而避免了气泡在管子内壁面上的积聚所形成的"汽膜"，保证了管子内壁面上有连续的水流冷却，但内螺纹管水冷壁加工比较复杂。

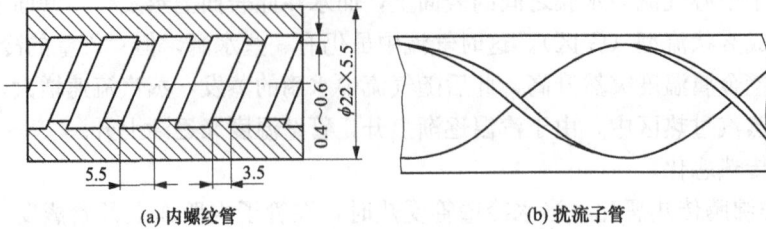

(a) 内螺纹管　　　　　　　　　　　(b) 扰流子管

图 5-9　内螺纹管水冷壁（单位：mm）

扰流子管内有扭成螺旋状的金属片，称为扰流子。其两端固定在管壁上，并且每隔一段长度上有定位小凸缘，如图 5-9（b）所示。扰流子管与内螺纹管相比加工工艺简单，技术要求低。

5.2　强制循环锅炉

5.2.1　控制循环锅炉

1. 控制循环汽包锅炉的工作原理

在自然循环锅炉中，工质在循环回路中的流动是依靠下降管中的水与受热上升管中汽水混合物的密度差来进行的。它的工作特点：在受热上升管组中，受热强的管子产汽量多，汽水混合物的密度小，运动压头加大。因此，流过该管的循环水量也多，可以保证对受热管的足够冷却。

随着锅炉压力的提高，水与蒸汽间的密度差越来越小，当工作压力达到 19MPa 以上时，水的自然循环就不够可靠。此外，随着锅炉压力和容量的提高，希望采用管径较小的蒸发受热面，以提高管内工质的质量流速，加强换热。但管径小，流速高，则流动阻力增大，自然循环的安全性就将进一步下降。为解决这个矛盾，可以在循环回路中串接一个专门的循环泵，以增加循环回路中的循环推动力，并可人为地控制锅炉中工质的流动，因此称这种锅炉为控制循环锅炉。控制循环锅炉有控制循环汽包锅炉和低倍率循环锅炉两种，这里主要介绍控制循环汽包锅炉。控制循环汽包锅炉有时也称为多次强制循环锅炉，其原理如图 5-10 所示。

控制循环汽包锅炉是在自然循环锅炉的基础上发展而来的。在工作原理上，它们之间的主要差别在于控制循环汽包锅炉主要依靠循环泵使工质在蒸发管中做强制流动，而自然循环锅炉则靠汽水密度差使工质在循环回路中进行自然循环。在控制循环汽包锅炉的循环系统中，除了有自然循环回路中由于下降管和上升管工质密度差所形成的运动压头之外，还有循环泵所提供的压头。自然循环所产生的运动压头一般只有 0.05～0.1MPa，而循环泵可提供的压头为 0.25～0.5MPa。由此可见，控制循环汽包锅炉的运动压头比自然循环锅炉大 5 倍左右，因而控制循环能克服较大的流动阻力。

循环倍率 K 的大小对蒸发管的工作安全有很大的影响。当 K 值较小时，由于管子内壁的冷却不够，管壁温度会随热负荷的升高而显著提高。为保证管子能得到足够的冷却，还要求管内工质有一定的质量流速。目前大容量控制循环汽包锅炉的循环倍率为 3～8，一般为 4 左右；质量流速为 1000～1500kg/（m² · s）。

2. 控制循环汽包锅炉的特点

控制循环汽包锅炉与自然循环锅炉在结构上的最大差异就是控制循环锅炉在循环回路中

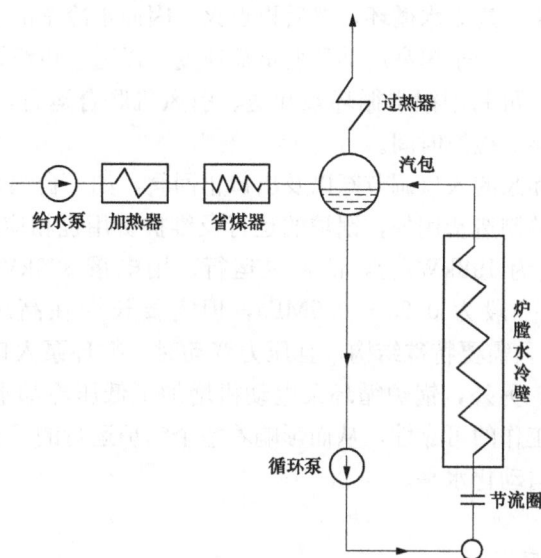

图 5-10 控制循环汽包锅炉原理示意

装置了循环泵。大容量控制循环汽包锅炉一般装有三四台循环泵，其中一台备用。循环泵通常垂直装置在下降管的汇总管道上。由于循环回路中装置了循环泵，控制循环汽包锅炉与自然循环锅炉相比具有许多特点。

控制循环锅炉的主要技术是低压头循环泵＋内螺纹管水冷壁。低压头循环泵提供足够的循环压头，内螺纹管用来预防发生膜态沸腾。

（1）结构特点。

1）水冷壁方面。由于控制循环汽包锅炉的循环推动力要比自然循环锅炉大许多倍，可以采用较小管径的蒸发受热面，而强制流动又使管壁得到足够的冷却，壁温较低，可减轻水冷壁的高温腐蚀；管壁也可减薄，因此锅炉的金属耗量减少。另外，可更灵活自由地设计布置蒸发受热面，锅炉的形状和蒸发受热面都能采用较好的布置方案，不必受到垂直布置的限制。水冷壁管进口一般装置节流孔板，用以分配各并联管屏的工质流量，改善工质流动的水动力特性和热偏差。

2）汽包方面。由于控制循环汽包锅炉的循环倍率低、循环水量少以及采用循环泵的压头来克服汽水分离元件的流动阻力，可以充分利用离心分离的效果，因而分离元件的直径可以缩小。在保持同样分离效果的条件下，能提高单个分离器的蒸汽负荷，因此可减少汽水分离器的个数。这样使得汽包直径可缩小、壁厚减薄。而且整个汽包的结构和布置与自然循环锅炉相比也有很大的差异。

（2）运行特点。由于控制循环锅炉在启动初期可用锅水循环泵加快建立水循环，使各承压部件能得到均匀的冷却，并且这种锅炉的汽包结构也有利于锅炉在启动、停运及变负荷过程中减小汽包的热应力，因此可以大大提高启动和升降负荷的速度。汽包壁允许温升速度可提高到 100℃/h，工质的允许温度变化速率为 220℃/h 以上。

与自然循环锅炉相比，水冷壁的金属储热量和工质的储热量减少，使蒸发系统的热惯性减小。同时，锅炉低负荷运行时，可利用循环泵加快循环，提高蒸发速度。在锅炉尚未点火之前，先启动锅水循环泵，建立水循环，然后再点火，因而水冷壁的吸热均匀，水冷壁温差减小，可保持同步膨胀，有利于提高启动和变负荷速度，以适应机组调峰的需要，并节省启动燃料。在事故停炉后，可利用锅水循环泵和送、引风机联合运行，快速冷却炉膛和水冷壁，使停炉速度加快，缩短检修时间。

由于增设了循环泵和泵的入口调节阀以及出口止回阀，如一台锅炉配置三台循环泵和六个阀门，除增加了设备的制造费用外，锅炉的运行及维护费用也相应增加。300MW锅炉配置的控制循环泵用电量为198kW/台，两台泵运行，用电量396kW。此外，循环泵的压头（扬程）虽然不高，一般为0.25～0.5MPa，但需要长期在高压（20MPa左右）、高温（360℃左右）下运行，需要特殊结构，且压力变动时，循环泵入口可能产生汽化，因而出现故障的可能性增大。另外，锅炉循环泵电动机增加了低压冷却水系统和高压冷却水系统，直接影响着循环泵工作的可靠性，从而影响着整个锅炉运行的可靠性。因此，要求提高设备及系统的可靠性和自动化水平。

5.2.2　直流锅炉

1. 直流锅炉的工作原理

直流锅炉没有汽包，整个锅炉是由许多管子并联，并用联箱连接而成的。在给水泵压头的作用下，给水顺序一次通过加热、蒸发、过热各个受热面，即工质沿锅炉汽水管道流过，依次完成水加热、汽化和蒸汽过热过程，最后蒸汽过热到所给定的温度。由于工质的运动是靠给水泵的压头来推动的，所以在直流锅炉的所有受热面中工质都是强制流动的。

在高压自然循环汽包锅炉的蒸发受热面中，循环一次大约只有10%左右的水被汽化为蒸汽。但在直流锅炉的蒸发受热面中，由于工质仅一次通过，因此水将一次全部（100%）蒸发完毕，成为干饱和蒸汽。所以，按照循环倍率的定义，直流锅炉的循环倍率$K=1$，即在稳定流动时给水流量应等于蒸发量。

在低于临界压力的直流锅炉中，工质的状态和参数变化大致如图5-11所示。由于流动阻力，沿受热管子长度工质的压力p逐渐降低；由于工质不断吸热，工质的焓h逐渐增大、比体积v逐渐增加、温度t在加热段和过热段也逐渐升高。只有在蒸发段，工质的温度等于该处压力下的饱和温度，但由于压力是逐渐降低的，所以饱和温度在这个区段略有下降。

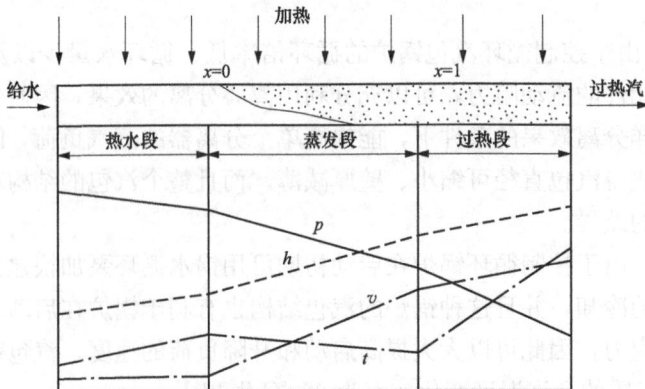

图5-11　直流锅炉的工质状态及参数变化

p—工质压力；h—工质焓；v—工质比体积；t—工质温度

2. 直流锅炉的工作特点

在直流锅炉中，由于取消了汽包且工质一次性通过各受热面，因此其工作过程具有如下特点：

(1) 由于没有汽包，也就是蒸发受热面和过热受热面之间没有中间分离容器隔断，因此直流锅炉水的加热、蒸发和蒸汽过热的受热面并没有固定的界限。如锅炉吸热和其他条件都不变时，若减小给水流量，则只需吸收较少热量就可使水达到沸点，故开始沸腾点前移，即加热水段（省煤器）的长度缩小，蒸发段长度也会缩小。但锅炉受热管的总长度是不变的，所以过热段的长度势必增长，也就是增大了作为过热器的受热面，因而过热蒸汽温度上升。反之，给水量增大时，过热蒸汽温度将下降。

(2) 由于没有汽包，直流锅炉的水容量及相应的蓄热能力大为降低，一般约为同参数汽包锅炉的 1/2～1/4。因此，当负荷发生变化时，直流锅炉压力变化速度也比较快，这就要求直流锅炉具有更灵敏的调节控制技术。

(3) 由于没有汽包和汽水分离装置，直流锅炉不能连续排污，给水带入的盐类除了蒸汽带走一部分外，其余的部分都将沉积在锅炉的受热面中。因此，直流锅炉对给水品质的要求很高。

(4) 直流锅炉的蒸发受热面中，工质的流动有时会出现一些流动不稳定、脉动等问题。这些直流锅炉所特有的流动现象直接影响到锅炉的安全运行。

(5) 汽包锅炉中由于循环倍率高，蒸发受热面出口的蒸汽含量是很低的，蒸发受热面管内的换热大多属于泡状沸腾（或称核态沸腾），出现膜态沸腾传热恶化的可能性较小，因而受热面的管壁温度略高于工质温度。在直流锅炉的蒸发受热面中，给水从开始沸腾一直到完全蒸发，在高热负荷、高含汽率条件下，就很容易出现传热恶化而处于膜态沸腾状态，这时受热面的壁温会急剧升高，甚至超温烧坏，工作不安全。因此，防止传热恶化是直流锅炉设计和运行中必须注意的问题。

(6) 在直流锅炉中，蒸发受热面的进口和出口并不像汽包锅炉那样是汇合在一个压力下，而是存在着压差，其数值为蒸发受热面中工质的流动压降，因此直流锅炉要有较高的给水泵压头。在一般电厂汽包锅炉中汽水侧阻力为 1～2MPa，直流锅炉中则为 3～5MPa。

(7) 启动时自然循环锅炉的蒸发受热面是靠锅炉水的自然循环而得到冷却保护的。在直流锅炉中则应有专门的系统，以便在启动时有足够的水量通过蒸发受热面，保护受热面管壁不至于被烧坏。

(8) 在直流锅炉中蒸发受热面不构成循环，无汽水分离问题。因此，当压力增高，汽水密度差减小，以至于超临界压力时，直流锅炉仍能可靠地工作。对汽包锅炉来说，自然循环锅炉和控制循环汽包锅炉的压力不应超过 19MPa。

3. 直流锅炉的优点

与汽包锅炉相比，直流锅炉具有一系列的优点，主要表现如下：

(1) 适用于任何压力的锅炉。直流锅炉原则上适用于任何压力的锅炉，但在超高压以上的锅炉更能显示出其优越性，而且在锅炉压力接近或超过临界压力（22.1MPa）时，由于汽水密度差很小或完全无差别，则不能产生自然循环，只能采用直流锅炉。

(2) 金属耗量少。直流锅炉无沉重的汽包，又不采用或少用下降管，受热面全部由管径为 50mm 的管子构成，而且也可采用轻型的构架。所以，与汽包锅炉相比，同容量同参数的直流锅炉一般可节约 20％～25％钢材。压力越高，节约的金属越多。

（3）制造、安装及运输方便。由于直流锅炉没有汽包，给制造、运输和安装带来了极大的方便。如一台配 600MW 机组的 1815t/h 自然循环汽包锅炉的汽包长约 40m、直径 1.9m、壁厚 115mm，重约 235t。这样大的汽包不仅制造工艺复杂，而且运输和安装都较困难，汽包分数段出厂，到安装工地后进行焊接。

（4）受热面可自由布置。由于直流锅炉各受热面内工质的流动全部是强制流动，因而蒸发受热面可以较自由布置，不必受自然循环所必需的上升管、下降管直立布置的限制，因而容易满足炉膛结构的要求。

（5）启、停速度快。由于直流锅炉没有厚壁的汽包，在启动和停炉的过程中，锅炉各部分的加热和冷却都容易达到均匀，所以启动和停炉快。冷炉点火 40～45min 即可供给额定温度和压力的蒸汽；停炉时间需 25min 左右。一般汽包锅炉的启动需要 2～5h；停炉则需 18～24h。

4. 直流锅炉的缺点

（1）对给水品质要求高。直流锅炉无法像汽包锅炉那样进行连续排污，因此给水中的盐分不是沉积在锅炉受热面内就是被蒸汽带出，影响锅炉及汽轮机的经济和安全运行。目前化学除盐水的品质已超过了一般凝结水的质量，保证直流锅炉所要求的给水品质已不成问题，但水处理系统的投资和运行费用仍较高。

（2）给水泵功率消耗大。由于直流锅炉内的工质完全是依靠给水泵压头的作用来流经所有受热面的，并且具有较大的质量流速，所以给水泵压头高、消耗功率大。如 SG-400/13.7-555/555 直流锅炉本体汽水阻力为 3.3MPa，而同参数汽包锅炉本体汽水阻力为 1.6MPa，多消耗给水泵功率 310kW。

（3）对自动调节及控制系统要求高。因直流锅炉没有汽包，水的预热段、蒸发段和蒸汽的过热段彼此之间无固定界限，若燃料、给水等比例失调时，锅炉就不能保证供给合格的蒸汽。由于没有汽包，直流锅炉的储水蓄热能力较小，对外界负荷变化较敏感。因此，直流锅炉对自动调节及控制系统要求较高。

5.2.3　复合循环锅炉

复合循环锅炉是随着超临界压力的应用及炉膛热负荷的提高，由直流锅炉和控制循环锅炉联合发展起来的一种新型锅炉，如图 5-12 所示。

直流锅炉在稳定工况下，水冷壁内的工质流量等于蒸发量。随着锅炉负荷的降低，水冷壁内工质流量按比例减少，而炉膛热负荷下降缓慢。为保证水冷壁管得到足够的冷却，直流锅炉的最低负荷因此受到限制，最低负荷一般为额定负荷的 25％～30％。如果要保证低负荷时水冷壁管内的质量流速和管壁的安全，则在额定负荷时水冷壁管内工质的质量流速必然很高，因为管内工质的质量流速与锅炉负荷成正比。这样汽水系统阻力大，给水泵能量消耗很大，垂直一次上升管屏必将采用小直径管子，这都是我们所不希望的。另外，在锅炉启动时，为保护水冷壁，管内工质流量也要维持在额定负荷的 25％～35％，从而使得启动系统的管道和设备庞大复杂，工质和热量损失也很大。

为了克服纯直流锅炉以上的不足及适应超临界压力应用的需要，在 20 世纪 60 年代产生了复合循环锅炉。它与直流锅炉的基本区别是在省煤器和水冷壁之间连接循环泵、混合器、止回阀、分配器和再循环管。图 5-13 所示为超临界压力复合循环锅炉的再循环系统。它可

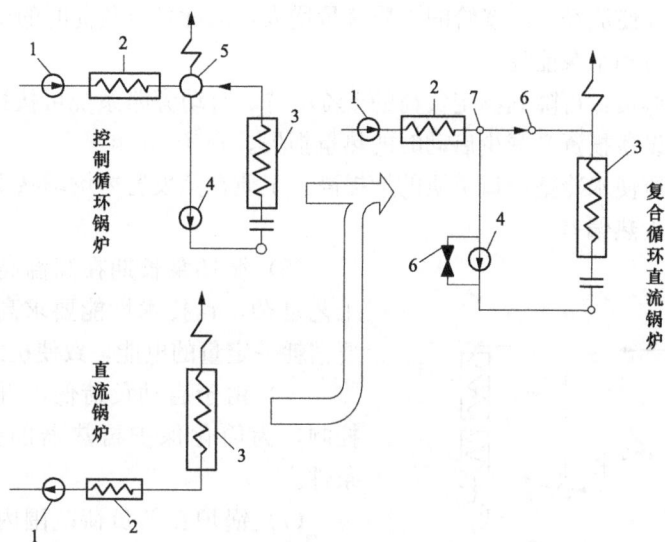

图 5-12　复合循环锅炉构成原理
1—给水泵；2—省煤器；3—水冷壁；4—循环泵；5—汽包；6—止回阀；7—混合器

使部分工质在水冷壁中进行再循环。这种锅
炉的循环特点是在低负荷时进行再循环，而
在高负荷时转入直流运行。来自省煤器的给
水经连接管送到混合器 4 中，混合器出水从
一根下降管送到锅炉循环泵 5，从循环泵出
来的水再送到球形分配器（分配球）6 中，
由此经许多分配管送到水冷壁下部联箱。水
在炉膛水冷壁 2 中受热蒸发后引向过热器 3，
在过热器前装有调节阀，在调节阀前用连接
管接到再循环管 9，这样可取出部分工质通
过再循环阀 8 和止回阀 7 汇集到混合器 4 中，
并与来自省煤器的给水混合后进行再循环。
这样锅炉的循环倍率大于 1。这种循环泵接
在混合器后而与省煤器前的给水泵形成串联
的再循环系统称为串联式复合循环，这也是
超临界压力复合循环锅炉通常采用的再循环
方式。而将循环泵接在水冷壁出口、混合器

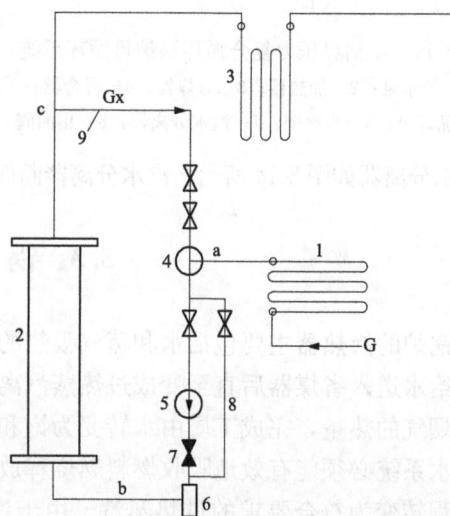

图 5-13　超临界压力复合循环锅炉的再循环系统
1—省煤器；2—水冷壁；3—过热器；4—混合器；
5—循环泵；6—分配器；7—止回阀；8—再循环阀；
9—再循环管

之间的再循环管上与给水泵形成并联的系统称为并联式复合循环，并联式复合循环在超临界
压力复合循环锅炉上较少采用。

与纯直流锅炉相比，复合循环锅炉具有如下特点：

（1）由于水冷壁管壁温度工况由再循环得到可靠的保证，可选用较大直径的水冷壁管和
采用垂直一次上升管屏而不必装中间混合联箱，也不需在局部热负荷高的区域采用加工困难
和流动阻力大的内螺纹管，因此结构简单可靠。

（2）由于再循环使流经水冷壁管的工质流量增大，因此额定负荷时的质量流速可选得低些，以减小流动阻力和水泵能耗。

（3）锅炉的最低负荷可降到额定负荷的5%左右，启动旁路系统可按额定负荷的5%～10%设计，既减小设备投资又减少启动时的热量损失。

（4）再循环工质使水冷壁进口工质的焓提高，工质在蒸发管内焓增减少，有利于管内工质的流动稳定和减少热偏差。

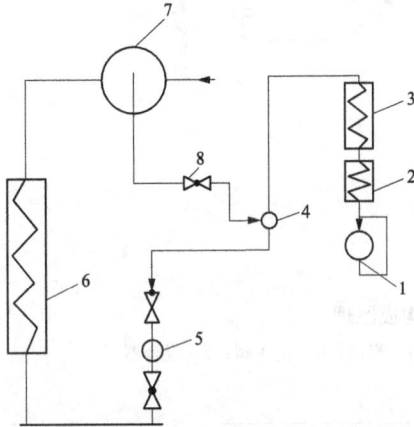

图 5-14 亚临界压力复合循环锅炉再循环系统
1—给水泵；2—加热器；3—省煤器；4—混合器；
5—循环泵；6—水冷壁；7—汽水分离器；8—止回阀

（5）循环泵长期在高温高压下工作，制造工艺复杂，且技术性能要求高。另外，循环泵要消耗一定量的电能，致使机组运行费用提高。

（6）由于启动负荷低，再热器前烟温便于控制，为简化保护再热器的旁路管道创造了条件。

（7）锅炉在低负荷范围内运行时，工质流量变化小，温度变化幅度小，减小了热应力。有利于改善锅炉低负荷运行时的条件。

（8）由于复合循环锅炉能降低在额定负荷下工质的质量流速，因而可降低整个锅炉汽水系统的流动阻力。所以，它目前不仅应用于超临界压力锅炉，而且还应用在亚临界压力锅炉上。亚临界压力复合循环锅炉的汽水系统中，除有混合器外还应设有汽水分离器如图 5-14 所示。汽水分离器断面不大，水位波动大，所以给水调节比较困难。

5.3 锅炉换热器

锅炉的换热器主要包括水和蒸汽吸热的汽水系统和空气加热的空气预热器。汽水系统一般指给水送入省煤器后直至变成过热蒸汽离开锅炉所经过的整个系统，其功能是通过受热面吸收烟气的热量，完成工质由水转变为饱和蒸汽、再转变为过热蒸汽的过程。因此，要求锅炉汽水系统必须能有效地吸收燃料燃烧释放出来的热量，将锅炉的给水经加热、蒸发、过热等过程转变为符合要求的过热蒸汽。由于汽水系统的受热面是锅炉的主要受热面，由省煤器、水冷壁、过热器和再热器组成的汽水系统的布置，对锅炉的可靠性和经济性的影响很大。而空气预热器的主要作用是利用锅炉低温烟气中的热量，加热空气达到加速和稳定燃烧、提高锅炉效率的作用。

5.3.1 汽包

汽包是水管锅炉中用以进行汽水分离和蒸汽净化，组成水循环回路并蓄存锅水的筒形压力容器。主要作用为接纳省煤器来水，进行汽水分离和向循环回路供水，向过热器输送饱和蒸汽。汽包中存有一定水量，具有一定的热量及工质的储蓄，在工况变动时可减缓汽压变化速度，当给水与负荷短时间不协调时起一定的缓冲作用。

1. 汽包结构布置与作用

（1）汽包结构。汽包是由钢板制成的长圆筒形容器，其外形结构如图 5-15 所示。它由筒

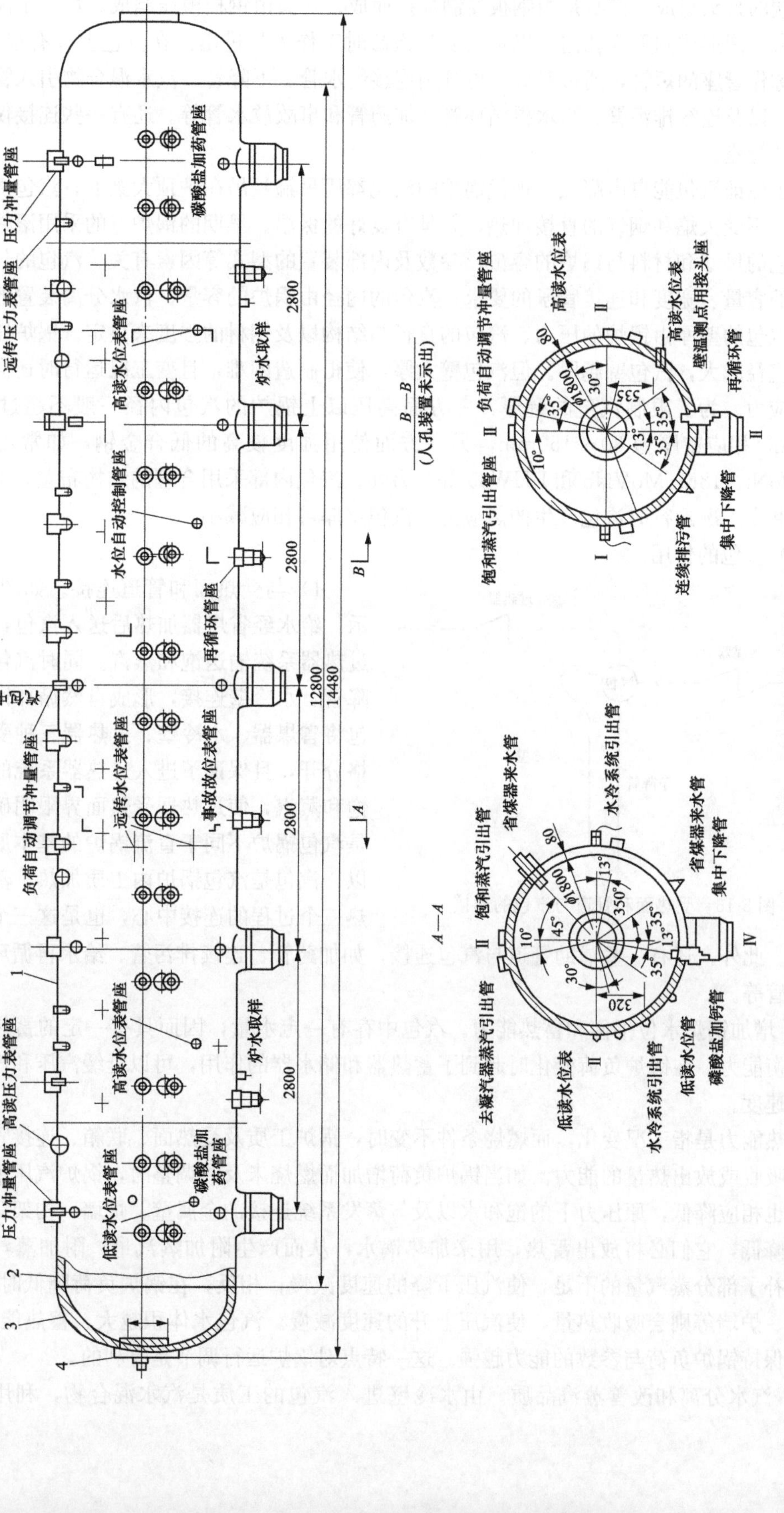

图 5-15　汽包的外形结构

1—筒身；2—封头；3—人孔门；4—管座

身和两端的封头组成。筒身是由钢板卷制焊接而成；封头由钢板模压制成，焊接于筒身。在封头留有椭圆形或圆形人孔门，以备安装和检修时工作人员进出。在汽包上开有很多管孔，并焊上称作管座的短管，通过对焊，可分别连接给水管、下降管、汽水混合物引入管、蒸汽引出管，以及连续排污管、给水再循环管、加药管和事故放水管等。还有一些连接仪表和自动装置的管座。

为了保证汽包能自由膨胀，现代锅炉的汽包都用吊箍悬吊在炉顶大梁上。汽包横置于炉顶外部，不受火焰和烟气的直接加热，并具有良好的保温。早期的锅炉有的采用滚柱支承。

汽包的尺寸和材料与锅炉的容量、参数及内部装置的型式等因素有关。汽包的长度应适合锅炉的容量、宽度和连接管子的要求；汽包的内径由锅炉的容量、汽水分离装置的要求来决定；汽包的壁厚由锅炉的压力、汽包的直径与结构以及钢材的强度来决定。锅炉压力越高及汽包直径越大，汽包壁越厚。但汽包壁太厚，使得制造困难，且变工况运行时还会产生较大的热应力。为了限制汽包的壁厚，一方面高压以上锅炉的汽包内径一般不超过 1600～1800mm，相应壁厚为 80～150mm，另一方面使用强度较高的低合金钢，如常用钢材有15MnMoNi、18MnMoVNb 和 BHW35 等。另外，汽包内部采用合理的结构布置，可减少锅炉启停和变工况运行时汽包产生的热应力，汽包壁厚可相应减小。

（2）汽包的作用。

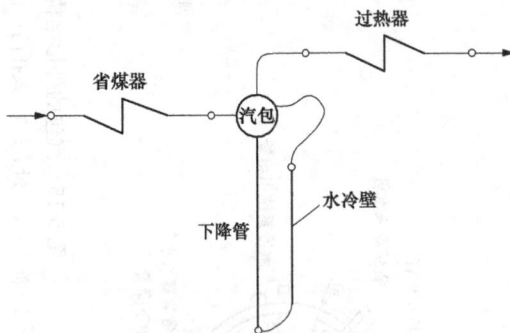

图 5-16 受热面和管道与汽包的连接

1）与受热面和管道连接。如图 5-16 所示，给水经省煤器加热后送入汽包，汽包向过热器系统输送饱和蒸汽。同时汽包还与下降管、水冷壁连接，形成自然循环回路。汽包将省煤器、水冷壁、过热器三种受热面严格分开，且保证了进入过热器系统的工质为饱和蒸汽，使过热器受热面界限明确，这也是汽包锅炉不同于直流锅炉的基本原因。所以，汽包是汽包锅炉内工质加热、蒸发、过热三个过程的连接中心，也是这三个过程的分界点。此外，还有一些辅助管道与汽包连接，如加药管、连续排污管、给水再循环管、紧急放水管等。

2）增加锅炉水位平衡和蓄热能力。汽包中存有一定水量，因而具有一定的蓄热能力和水位平衡能力。在锅炉负荷变化时起到了蓄热器和储水器的作用，可以延缓汽压和汽包水位的变化速度。

蓄热能力是指工况变化，而燃烧条件不变时，锅炉工质及受热面、联箱、连接管道、炉墙等所吸收或放出热量的能力。如当锅炉负荷增加而燃烧未及时调整时，锅炉汽压下降，饱和温度也相应降低，原压力下的饱和水以及与蒸发系统连接的金属壁、炉墙、构架等的温度也随着降低，它们必将放出蓄热，用来加热锅水，从而产生附加蒸汽量。附加蒸汽量的产生，弥补了部分蒸汽量的不足，使汽压下降的速度减慢；相反，在锅炉负荷降低时，锅水、金属壁、炉墙等则会吸收热量，使汽压上升的速度减慢。汽包水体积越大，蓄热能力越大，则自行保持锅炉负荷与参数的能力越强。这一特点对锅炉运行调节是有利的。

3）汽水分离和改善蒸汽品质。由水冷壁进入汽包的工质是汽水混合物，利用汽包内

部的蒸汽空间和汽水分离元件对其进行汽水分离，使离开汽包的饱和蒸汽中的水分减少
到最低值。对于超高压以上的锅炉，汽包内还装有蒸汽清洗装置，利用一部分给水清洗
蒸汽，减少蒸汽直接溶解的盐分。但是有的大型锅炉在其给水除盐品质提高后，不再在
汽包内装设蒸汽清洗装置。另外，汽包内还装有排污和加药装置等，从而改善了蒸汽品
质和锅水品质。

4）装有安全附件，保证了锅炉安全。汽包上装有许多温度测点、压力表、水位计和安
全阀门等附件，保证了锅炉安全工作。

2. 汽包的安全运行

汽包是具有一定壁厚的承压热容器。它的工作压力高、机械应力大；汽包壁温度场不均
匀，会产生热应力。因此，设计制造汽包和在锅炉运行中必须保证汽包的安全运行。

设计汽包时，必须进行严格的强度计算，正确选择汽包材料和确定壁厚。

在运行过程中，必须限制汽包的工作压力。为了防止汽包工作压力超过限值，在汽包上
和过热器出口装置 100％容量的安全阀。一旦压力超过允许限值时，安全阀自动开启，释放
蒸汽，降低汽压，以达到保护汽包和锅炉安全工作的目的。

由于汽包直径大、壁面厚，在锅炉进水、启动、停运和负荷变化时都可能产生较大的汽
包上下壁、内外壁温差，产生较大的热应力。其机械和热力的综合应力在局部区域的峰值很
大，可能接近甚至超过汽包材料的极限值，使汽包产生疲劳损伤、使用寿命缩短。因此，在
锅炉进水、启停和负荷变化过程中必须限制汽包的上下壁、内外壁温差。一般要求锅炉在进
水、启停和正常运行过程中汽包上下壁、内外壁温差不得超过 50℃。

5.3.2　水冷壁

1. 水冷壁的作用与特点

水冷壁一般布置于炉膛四周，紧贴炉墙形成炉膛周壁，接受炉内火焰和高温烟气的辐射
热。亚临界压力以下的汽包锅炉最主要的蒸发受热面是水冷壁。在临界压力以下的直流锅炉
中，最主要的蒸发受热面也是水冷壁，但其入口段和出口段有一部分分别用作加热受热面和
过热受热面。在超临界压力锅炉，水冷壁是用作加热水和过热蒸汽的，它没有蒸发区段，因
此，在低于临界压力的锅炉中，蒸发受热面一般指炉膛水冷壁，其特点及作用如下：

（1）强化传热，减少锅炉受热面面积。水冷壁是以辐射传热为主的蒸发受热面，由于辐
射传热量与烟气温度的四次方成正比，而对流传热量只与温度的一次方成正比，故采用水冷
壁比对流蒸发受热面节省金属，从而使锅炉受热面的造价降低。

（2）降低高温对炉墙的破坏作用，起保护炉墙的作用。由于水冷壁吸收大量辐射热，使
炉墙内壁温度大大降低，因此炉墙的厚度和重量可以减轻。

（3）在炉膛内敷设一定面积的水冷壁，大量吸收了高温烟气的热量，可使炉墙附近和炉
膛出口处的烟温降低到灰的软化温度以下，防止炉墙和受热面结渣，提高锅炉运行的安全和
可靠性。

（4）悬吊炉墙。现代电站锅炉都采用敷管炉墙或管承炉墙，炉墙的全部重量由悬吊的水
冷壁支承。受热时，炉墙与水冷壁一起向下膨胀。

（5）吸收炉内辐射热，使水冷壁管内热水汽化，产生饱和蒸汽。

（6）由于炉膛中高温火焰中心温度高达 1500～1600℃，水冷壁辐射换热约占总换热量
的 95％。

2. 水冷壁的结构与工作原理

现代锅炉的水冷壁主要有光管式、膜式和销钉式三种类型。

（1）光管水冷壁。光管水冷壁系由普通无缝钢管连续排列并按炉膛形状弯制而成，它在炉墙上的布置情况和结构如图 5-17 所示。

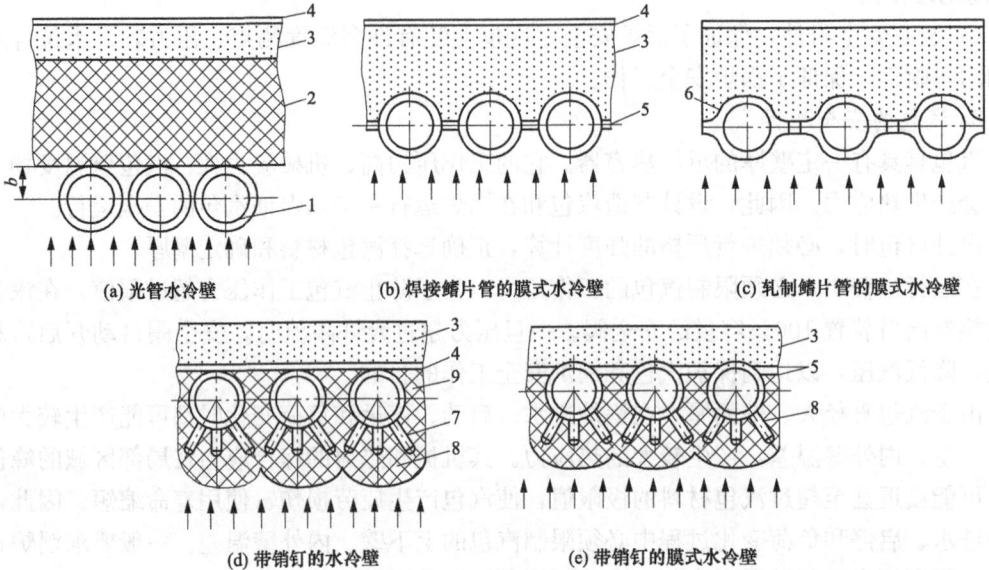

(a) 光管水冷壁　　**(b) 焊接鳍片管的膜式水冷壁**　　**(c) 轧制鳍片管的膜式水冷壁**

(d) 带销钉的水冷壁　　**(e) 带销钉的膜式水冷壁**

图 5-17　水冷壁结构形式

1—管子；2—耐火材料；3—绝缘材料；4—炉墙护板；5—扁钢；
6—轧制鳍片管；7—销钉；8—耐火材料；9—铁矿砂材料

水冷壁管排列的疏密程度用管间节距 s 与管子外径 d 的比值即相对节距 s/d 表示。当 s/d 增大，即管子排列较稀时，炉内火焰从管间穿过水冷壁照射到炉墙上的辐射热增加，管子背面受到炉墙反射的热量也随之增加，受热面利用率高，但水冷壁对炉墙的保护作用下降；反之，若 s/d 减小，则情况正好相反。

当 s/d 一定时，水冷壁管中心线至炉墙内表面的距离 e 与管子外径 d 的比值 e/d，对水冷壁管的吸热量及炉墙的保护作用也有影响。当 e/d 增加时，由于炉墙内表面对管子背面的反射热增多，管子吸热量增加。但是焊在管子背面的拉杆容易烧坏，对炉墙的保护作用也下降。e/d 减小时，则情况相反。

现代大型锅炉的光管水冷壁的结构有如下两个特点：

1）水冷壁管紧密排列，其 $s/d=1\sim1.1$。这是因为随着锅炉容量的增大，炉壁面积的增长速度小于锅炉容量的增长速度。为了充分冷却烟气，防止受热面结渣，水冷壁应密排，以力求增加单位炉壁面积的辐射传热量。

2）广泛采用敷管式炉墙，这时水冷壁一半埋入炉墙中，即 $e/d=0$。这种布置的管子相对节距 s/d 较小，一般为 $1.0\sim1.05$。这种结构的优点：炉墙温度较低，可做成薄而轻的炉墙；节省了高温耐火材料和保温材料；锅炉重量轻，并简化了水冷壁炉墙的悬吊结构。

（2）销钉式水冷壁。销钉式水冷壁是在光管水冷壁的外侧焊接上很多圆柱形长度为 $20\sim25$mm、直径为 $6\sim12$mm 的销钉，并在有销钉的水冷壁上敷盖一层铬矿砂耐火材料，形成卫燃带，如图 5-17（d）、（e）所示。卫燃带的作用是在燃烧无烟煤、贫煤等着火困难的煤时减少着火区域水冷壁吸热量，提高着火区域炉内温度，稳定着火和燃烧。对于液态排渣炉，由销钉式水冷壁构成的熔渣池使炉膛下部区域温度提高，便于顺利流渣。销钉可使铬矿砂与水冷壁牢固地连接，并可把铬矿砂外表面的热量通过销钉传给水冷壁管内的工质，降低铬矿砂的温度，防止其温度过高而烧坏。

（3）膜式水冷壁。现代大中型锅炉普遍采用膜式水冷壁，膜式水冷壁是由鳍片管焊接而成。

鳍片管有两种类型：一种是在光管之间焊接扁钢制成，称焊接鳍片管，见图 5-17（b）；另一种是在钢厂直接轧制而成，称轧制鳍片管，见图 5-17（c）。

目前，国产 400、670t/h 超高压锅炉都采用 $\phi60\times6.5$mm 的轧制鳍片管焊接而成的膜式水冷壁。国产亚临界压力自然循环锅炉采用 $\phi63.5\times7.5$mm 的焊接鳍片管膜式水冷壁，鳍片扁钢厚 6mm，宽 12.6mm。焊接鳍片管的结构简单，而轧制钢鳍片管的制作工艺较为复杂，但是每条扁钢有两条焊缝，焊接工作量大，焊接工艺要求也较高。膜式水冷壁的管间节距与锅炉压力、炉膛热负荷等因素有关，一般 $s/d=1.2\sim1.5$。膜式水冷壁按一定组件大小整焊成片，安装时组件与组件间焊接密封，使整个炉室形成一个长方形箱壳结构。

1）膜式水冷壁具有如下优点：

①膜式水冷壁使炉膛具有良好的气密性，适用于正压或负压的炉膛，对于负压炉膛还能减少漏风，降低锅炉的排烟热损失；

②对炉墙具有良好的保护作用。膜式水冷壁将炉墙与炉膛完全隔开，炉墙接收不到炉膛高温火焰的直接辐射，因而炉墙不用高温耐火材料，只需轻质的保温材料，使炉膛重量减轻很多，便于采用全悬吊结构。炉墙蓄热量明显减少，只有采用耐火材料的光管水冷壁结构炉墙蓄热量的 1/5～1/4，燃烧室升温和冷却快，使锅炉的启动和停运过程缩短；

③在相同的炉墙面积下，膜式水冷壁的辐射传热面积比一般光管水冷壁大，且角系数 $r=l$，并用鳍片代替部分管材，因而节约高价管材；

④膜式水冷壁可在现场成片吊装，使安装工作量大大减少，加快了锅炉安装进度；

⑤膜式水冷壁能承受较大的侧向力，增加了抗炉膛爆炸的能力。

2）膜式水冷壁存在的缺点：

①制造、检修工作量大且工艺要求高；

②运行过程中要求相邻管间温差小。为了防止管间产生过大的热应力，使管壁受到损坏，在锅炉运行过程中相邻管间温差一般不应大于 50℃；

③设计膜式水冷壁时必须有足够的膨胀延伸自由，还应保证人孔、检查孔、观火孔等处的密封性；

④采用敷管炉墙的膜式水冷壁，由于炉墙外无护板和框架梁，因此刚性差。为了能承受炉膛爆燃产生的压力及炉内气压的波动，防止水冷壁产生过大的结构变形或损坏，在水冷壁外侧、沿炉膛高度每隔一定距离布置一层围绕炉膛周界的腰带横梁，即刚性梁。

3. 水冷壁的布置

（1）汽包锅炉水冷壁的布置形式。自然循环锅炉和控制循环锅炉均属于汽包锅炉，它们的水冷壁布置型式类似。为减少汽水混合物在上升管内的流动阻力，对水循环有利，汽包锅炉水冷壁的布置相对比较简单，大部分是垂直布置于炉膛四周形成炉壁，只有炉膛底部和上

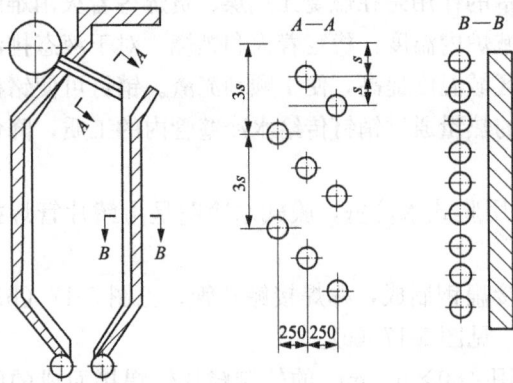

图 5-18 后墙水冷壁上部凝渣管结构（单位：mm）

部少部分水冷壁管是倾斜布置。汽包锅炉左右两侧墙水冷壁多为垂直布置，而前后墙水冷壁炉底部分向内收缩形成漏斗形冷灰斗，如图 5-18 所示。在锅炉后墙水冷壁上部的炉膛出口处，对于不同压力的锅炉，其结构采取了不同的布置方式。

中压锅炉及早期生产的高压锅炉，后墙水冷壁上部延伸到炉膛出口处就拉稀成 2~4 排，这样每排管的横向节距 s 就增大了 2~4 倍，一般 $s/d=4~6$，纵向相对节距 $s/d \geqslant 3.5$。保持较大的相对节距是为了形成烟气通道，并进一步冷却烟气，使烟气中的飞灰冷凝成固态。即使在非正常运行工况时，这些管子上结渣，也不致堵塞烟气通道，因此它们被称作凝渣管，如图 5-18 中 $A—A$ 剖面所示。

现代高参数大容量全悬吊结构的锅炉，在炉膛出口处布置有屏式过热器，也起到凝渣管的作用，这时后墙上部水冷壁管被弯曲成折焰角。折焰角的早期结构如图 5-19（a）所示。后墙水冷壁 1 通过分叉管 5 分为两路：一路构成折焰管 6；一路垂直向上，两者在中间联箱汇合。为了使大部分汽水混合物从受热较强的折焰管通过，在垂直短管 4 上装有节流孔板 3。新型锅炉的折焰角结构如图 5-19（b）所示，它取消了中间联箱和分叉管，水冷壁管全部向炉内弯曲成折焰角，自折焰角后再分开，每三根中有一根作后墙悬吊管，其余两根向后延伸形成水平烟道斜底，以简化斜底的炉墙结构。现代大容量锅炉一般采用平炉顶结构。折焰角使炉内火焰分布更加均匀，完善了炉内高温烟气对炉膛出口受热面的冲刷程度，减少了

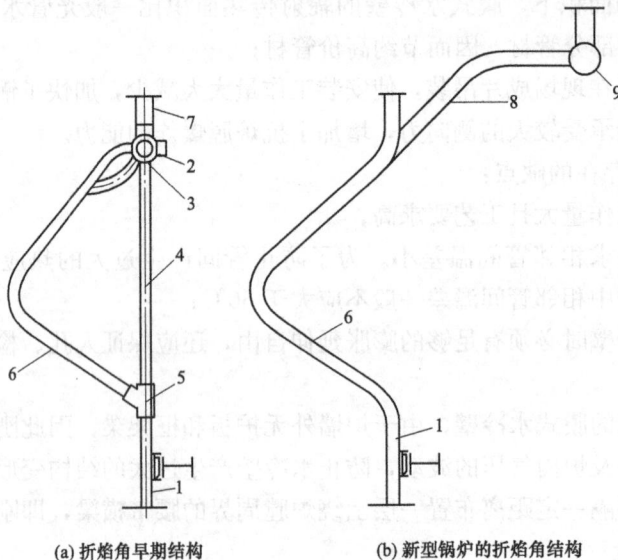

(a) 折焰角早期结构   (b) 新型锅炉的折焰角结构

图 5-19 折焰角结构

1—后水冷壁管；2—中间联箱；3—节流孔板；4—垂直短管；5—分叉管；
6—折焰角管；7—悬吊管；8—水平烟道底包墙管；9—水平烟道底包墙联箱

炉膛上部的死滞区；另外，折焰角延长了锅炉的水平烟道，便于锅炉布置更多的高温对流受热面，满足了高参数大容量锅炉工质过热吸热比例提高的要求。

水冷壁管大都使用 20G 无缝钢管，有的也采用低合金钢。一台锅炉的水冷壁管子的数量，根据锅炉容量的不同，少则几百根，多则超过千根。水冷壁管由进、出口联箱连接，进口联箱通过下降管支管与下降管连接，而出口联箱通过导汽管连接于汽包。炉膛每侧水冷壁的进、出口联箱分成数个，其个数由炉膛宽度和深度决定，每个联箱与其连接的水冷壁管组成一个水冷壁管屏。

水冷壁是一庞大的组合体，承担锅炉很大一部分热负荷，因此，必须注意它的热膨胀问题。水冷壁一般是上部固定，下部能自由膨胀。水冷壁管的上联箱固定在支架上，下联箱则由水冷壁管悬挂着。水冷壁管自身吊拉件限制其水平方向的移动，以免引起结构变形，但要保证水冷壁能上下滑动。

（2）直流锅炉水冷壁的布置形式。直流锅炉的特点和类型主要体现在蒸发受热面的结构方式和汽水系统两个方面。直流锅炉与汽包锅炉在结构上的差异，除了无汽包之外，主要在于炉膛水冷壁的布置形式。在直流锅炉中，给水在给水泵压头的作用下依次通过省煤器、蒸发受热面和过热器。由于工质在蒸发受热面中为强制流动，因此直流锅炉蒸发受热面布置较自由，水冷壁的布置形式很多。图 5-20 所示为直流锅炉三种传统的水冷壁基本形式，它们是水平围绕管圈型（拉姆辛型）、垂直多管屏型（本生型）、回带管圈型（苏尔寿型）。水平围绕管圈型的水冷壁是由许多根平行管子组成管带，沿炉膛四周围绕上升，炉膛的四面墙上至少有一面墙上的管子是倾斜的，即三面水平和一面倾斜，也可以是二面水平和二面倾斜的。

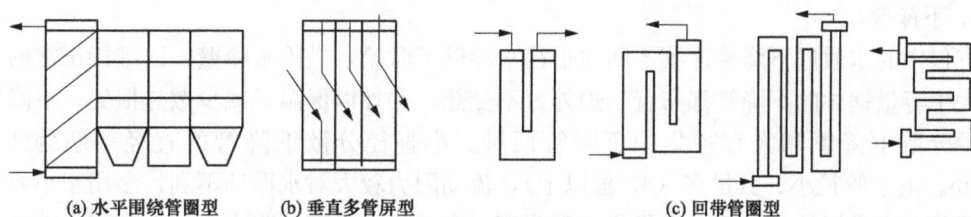

(a) 水平围绕管圈型　　(b) 垂直多管屏型　　(c) 回带管圈型

图 5-20　传统水冷壁的基本形式

现代直流锅炉的水冷壁型式有了很大的发展，主要有螺旋管圈型和垂直管屏型两类。螺旋管圈型是在水平围绕管圈型的基础上发展而成；垂直管屏型是在垂直多管屏的基础上发展而成。后者的典型结构有一次上升型（UP 型）和上升-上升型（FW 型）等。

1）螺旋管圈型水冷壁。螺旋管圈型水冷壁是 20 世纪 70 年代以来发展较快的一种类型。螺旋管圈型水冷壁如图 5-21 所示，水冷壁管组成管带，沿炉膛周界倾斜螺旋上升。它无水平围绕管圈型水冷壁中的水平段，工质在蒸发管内不易出现汽水分层的现象，管带中并联管数也较多。由于螺旋管圈的并联各管受热条件都基本相同，所以并联管间的热偏差小。根据实测数据，螺旋管圈型水冷壁相邻两管带管子外侧壁温差可保持在 30℃ 以下。螺旋管圈型水冷壁适用于超临界和亚临界压力，燃料适应性广，适用于滑压运行，还可采用整体焊接膜式水冷壁。它的缺点是水冷壁支吊结构复杂，制造、安装工艺要求高。

2）垂直管屏型水冷壁。垂直一次上升型直流锅炉是在传统的垂直多管屏（即本生型）

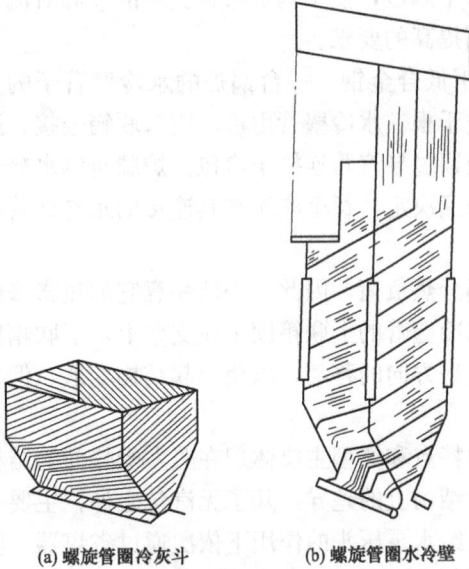

(a) 螺旋管圈冷灰斗　　(b) 螺旋管圈水冷壁

图 5-21　螺旋管圈型水冷壁与冷灰斗

直流锅炉基础上发展起来的，它的水冷壁很像自然循环锅炉。在一次上升型垂直管屏中，工质从炉底通过水冷壁一次上升到炉顶，中间经过一次或多次混合。这种锅炉可用于亚临界压力和超临界压力。

①一次垂直上升管屏。一次垂直上升管屏直流锅炉的压力既适用于亚临界，又适合于超临界。

水冷壁有三种结构：上升-上升型，适用于较小容量的超临界锅炉；双回路上升型，适合于较小容量的亚临界锅炉；一次上升型，适合于大容量的亚临界及超临界锅炉。

一次上升垂直管屏适宜于采用膜式水冷壁，使用一次或多次中间混合以减少热偏差，不适合滑压运行。

②炉膛下部多次上升、上部一次上升管屏。这种锅炉采用较大的管径，一般为 $\phi38\times6$；在热负荷较高的下部采用 2～3 次垂直上升管屏，使每个流程的倍增减少，从而减少管间温差；而在上部由于热负荷低，工质比体积大，采用一次上升管屏。由于采用中间混合，所以不适宜于滑压运行，该型锅炉适宜于 300～600MW 锅炉。

4. 下降管

汽包中的水通过下降管连续不断地送往水冷壁下联箱，供给水冷壁，以维持正常的水循环。大中容量锅炉的下降管都布置于炉外，不受热，并加以保温，减少散热损失。下降管有小直径分散下降管和大直径集中下降管两种。小直径分散下降管的直径一般为 108～159mm。由于管径小、数量多（40 根以上），流动阻力较大对水循环不利，多用于小容量锅炉。现代大容量锅炉都采用大直径集中下降管，它的优点是流动阻力小，有利于水循环，并能节约钢材，简化布置。联箱的作用是将进入其中的工质集中混合并均匀地分配出去，通过联箱还可连接管径和数量不同的管子。联箱通常不受热，由无缝钢管两端焊接弧形封头构成，材质一般为 20 钢。

5.3.3　过热器、再热器

锅炉内布置的换热器主要有过热器、再热器。其中过热器的主要作用是将已经超过饱和温度的蒸汽进一步加热成过热蒸汽；再热器的主要作用是将已经做过部分功或释放部分热量的蒸汽重新加热成过热蒸汽。由于上述两种换热器内均为单相工质（过热器和再热器中为蒸汽），因此，在本节中一并进行讨论。因过热器与再热器主体功能与结构非常相近，本节将仅介绍过热器的布置和分类。

1. 过（再）热器的布置与分类

（1）对流式过（再）热器。对流式过（再）热器有垂直布置（立式）和水平布置（卧式）两种。在锅炉中，立式过热器和再热器通常布置在炉膛出口的水平烟道中，其优点是结构简单，吊挂方便，结灰渣较少。其主要缺点是停炉后管内积水难以排除，长期停炉将引起管子腐蚀。在升炉时，由于管内积存部分水，在工质流量不大时，可能形成气塞而将管子烧坏，因此在升炉时应控制过热器的热负荷，在空气没有完全排除以前，热负荷不应过大。

卧式过热器和再热器易于疏水排气，但其支吊结构比较复杂。常用有工质冷却的受热面管子作为它的悬吊管，布置在尾部竖井烟道内。塔式锅炉和箱式锅炉的过热器和再热器大多采用水平布置的方式。

对流过（再）热器是由大量平行连接的蛇形管束所组成，其进出口与集箱连接。蛇形管采用外径为 32～42mm 的无缝钢管制成，壁厚 3～7mm，由强度计算确定。过热器所用材料取决于其工作温度。

过（再）热器的布置按蒸汽与烟气的流动方向可成顺流、逆流和混流布置，如图 5-22 所示。逆流布置的温差最大，但工作条件最差；顺流布置的温差最小，耗用金属最多，一般在低烟温区的低温过热器和再热器采用逆流布置，在末级高烟过热器和再热器采用顺流布置。

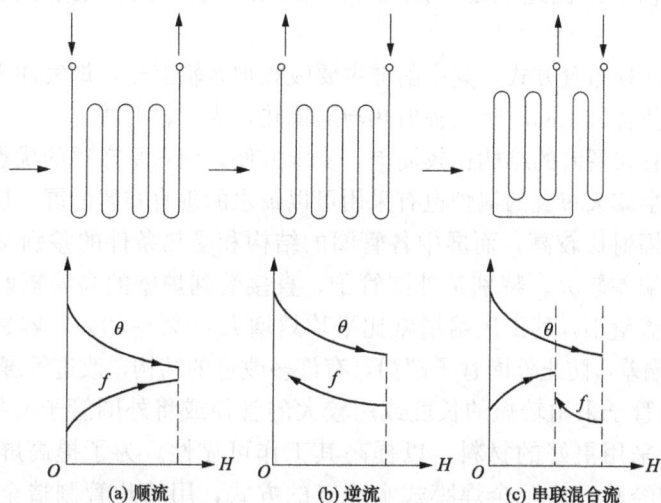

图 5-22　顺流逆流混合流过热及其温差

过（再）热器并联蛇形管数目由蒸汽及烟气流速确定，蒸汽流速根据管子必需的冷却条件和流动阻力不致过大的原则来选取。过热器与再热器中烟气流速应根据传热、磨损和积灰等因素确定。

为使过热器的烟气流速与蒸汽流速满足规定的要求，过（再）热器蛇形管可以布置成单管圈或多管圈的形式，这样就可以在烟道截面不变的条件下，使蒸汽通道截面增加一倍或几倍，也即在烟气流速不变的条件下，可使蒸汽流速降低一半或更多。在现代大型锅炉中，常采用多管圈的型式，如图 5-23 所示。

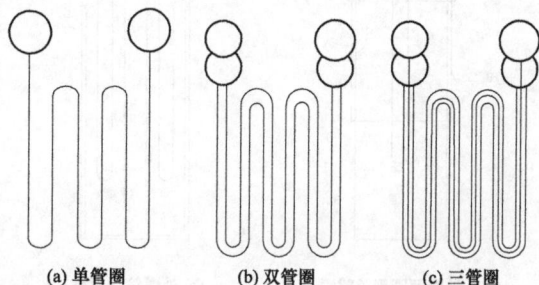

图 5-23　对流过（再）热器的不同管圈结构

（2）半辐射式过（再）热器。炉壁出口处进入对流烟道之前布置的几排稀疏的管屏，既吸收烟气流过时的对流热，又吸收炉膛中的辐射热及屏间烟气室辐射热，称为半辐射屏式过（再）热器，应用非常普遍。

其主要优点：

1）利用屏式受热面吸收一部分炉膛和高温烟气的热量，能有效地降低进入对流受热面的烟气温度，防止密集对流管热面的结渣，并且解决了大型锅炉炉壁面积相对较小，布置辐射受热面太少的困难。

2）装置半辐射式过热器或再热器后，使过热器或再热器受热面布置在更高的烟温区域，减少了金属的消耗，并且有较大的气体辐射层厚度。气室辐射热量增加，使过热器或再热器辐射吸热的比例增大，改善了过热汽温的调节特性。

实践证明，屏式受热面能在 $1000 \sim 1300℃$ 烟温区域可靠地工作，并具有稳定的汽温特性。

屏式受热面管屏由外径为 $32 \sim 42mm$ 的无缝钢管组成，屏与屏之间的截距 $S = 500 \sim 900mm$，屏中管数由蒸汽流速确定一般为 $15 \sim 30$ 根，管子之间的相对截距 $s/d = 1.1 \sim 1.25$。

屏式受热面有几种布置方式，其中前屏主要吸收炉膛辐射热，烟气冲刷不好，对流传热所占份额较小，其他各屏则同时吸收辐射热与对流热，为半辐射式。

屏式受热面垂直布置时的结构比较简单，支承方便，而水平布置的优点是在停炉时容易疏水。对于露天或半露天布置的锅炉也有采用可以疏水的垂直布置的屏。屏式受热器受炉膛火焰直接辐射，热辐射比较高，而屏中各管圈的结构和受热条件的差别又较大，因而屏式过（再）热器的热偏差较大。特别是外圈管子，直接受到炉壁的高温辐射，工质行程又最长，因而流阻大、流量小，其工质焓增常比平均焓增大 $40\% \sim 50\%$，容易超温烧坏。为了平衡各管间的吸热偏差，防止外圈管子超温，有许多改进的结构，改进管屏的形式见图 5-24。如将每片屏的外圈管子采用较短的长度或用较大的管径或将外圈管子交换到内圈里去等，也可将外围的管子采用更好的材料，以提高其工作可靠性。为了提高屏式受热面的工作性能，根据国外的经验，按照全焊膜式水冷壁的方式，用鳍片管制造全焊膜式屏，与光管屏相比，特别适用于结渣性燃料，其污染程度较小，在同样条件下，其吸热的工作性能可提高 12%。

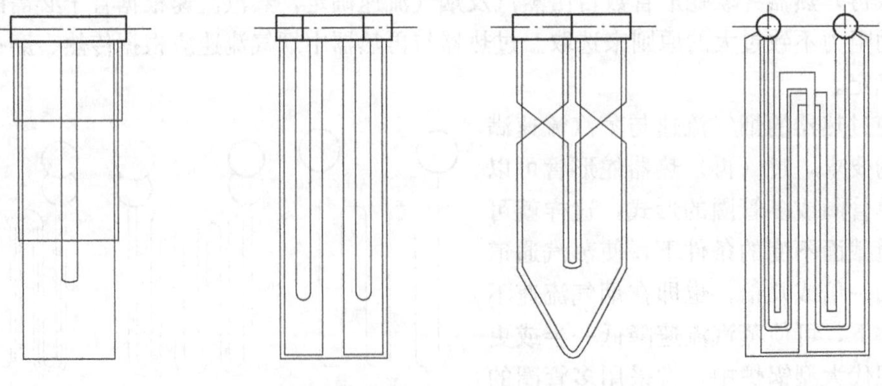

(a) 外圈两圈管子截短　　(b) 外圈管子短路　　(c) 内外圈管子交叉　　(d) 外圈管子短路，
　　　　　　　　　　　　　　　　　　　　　　　　　　　　　　　　　　内外管屏交叉

图 5-24　管屏的形式

　　（3）辐射式过（再）热器。辐射式（墙式）过热器或再热器布置在炉膛壁面上，直接吸收炉膛辐射热。在高参数大容量锅炉中，蒸汽过热或再热的吸热量占的比例很大，而蒸发吸热所占的比例减小，因此，为了在炉膛中布置足够的受热面，就需要布置辐射式的过热器或再热器。另外，辐射式受热面与对流式受热面汽温特性相反，有利于改善整个过热器和再热器的汽温调节性能，同时由于辐射传热强度大，可减少金属耗量。

　　由于炉膛内烟气温度很高，且蒸汽的冷却能力较差，因此辐射式过热器或再热器管子的工作条件较恶劣，在其设计、布置和运行时应作特殊考虑。首先，使辐射式过热器或再热器远离温度最高的火焰中心区，布置在烟温稍低的炉膛上部；其次，将辐射式过热器或再热器作为低温级受热面，以较低温度的蒸汽流过这些受热面，改善管子工作条件，并选取较高的管内工质质量流速，提高管内放热系数；另外，在锅炉启动时必须有足够的蒸汽流量来冷却管壁，冷却用蒸汽可以来自其他锅炉的减温减压蒸汽，也可以来自自生的蒸汽。

　　（4）包覆壁过（再）热器。在现代大容量高参数电站锅炉中，为了采用悬吊结构和敷管式炉墙，在水平烟道和后部竖井烟道内壁像水冷壁那样布置过热器，称为包覆壁过热器，分为光管式和膜式包覆壁。目前的大型锅炉都采用膜式包覆壁结构，管间节距 $s/d=2\sim3$。这种结构可以保持锅炉的严密性，减少漏风，并可节约钢材。另外，包覆壁紧靠炉墙，仅受烟气单面冲刷，而且烟速较低，因此对流传热效果较差。

　　2. 过热器与再热器的热偏差

　　（1）热偏差。过热器与再热器以及锅炉的其他受热面都是由许多并联管子组成。其中每根管子的结构、热负荷和工质流量大小不完全一致，工质焓增也就不同，这种现象称为热偏差。受热面并联管组中个别管子的焓增 Δh_p 与并联管子的平均 Δh_0 的比值称为热偏差系数 φ。

$$\varphi=\frac{\Delta h_p}{\Delta h_0} \tag{5-13}$$

$$\Delta h_0=\frac{q_0 F_0}{G_0} \tag{5-14}$$

$$\Delta h_p=\frac{q_p F_p}{G_p} \tag{5-15}$$

将式（5-14）、式（5-15）代入式（5-13）可得

$$\varphi=\frac{q_p}{q_0}\cdot\frac{\frac{F_p}{F_0}}{\frac{G_p}{G_0}}=\frac{\eta_q\eta_F}{\eta_G} \tag{5-16}$$

式中　　q_p、q_0——偏差管、并联管平均的单位面积吸热率，$kJ/(m^2\cdot s)$；

　　　　F_p、F_0——偏差管、并联管每根管子的平均受热面积，m^2；

　　　　G_p、G_0——偏差管、并联管每根管子的平均流量，kg/s；

　　η_q、η_F、η_G——热力不均系数、结构不均系数和流量不均系数。当这些系数的数值趋于 1 时，被视为是"均匀"的，其值与 1 的偏差越大，热偏差就越大。

　　由式（5-16）可见，热偏差系数与热力不均系数、结构不均系数成正比，与流量不均系数成反比。

　　（2）影响热偏差的因素。影响热偏差的因素有热负荷不均系数、结构不均系数和流量不

均系数。对于大多数过热器和再热器而言，面积和结构差异很小，因此过热器和再热器的热偏差主要考虑的是热力不均和流量不均。下面分别介绍影响它们的主要因素。

1) 热力不均系数。影响受热面并联管围之间吸热不均的因素较多，有结构因素，也有运行因素。

①受热面的污染。受热面积灰和结渣会使管间吸热严重不均。结渣和积灰总是不均匀的，部分管子结渣或积灰会使其他管子吸热增加。

②炉内温度场和速度场不均。炉内温度场和速度场不均将引起辐射换热和对流换热不均。炉内温度场和速度场是三维的，炉膛四面炉壁的热负荷可能各不相同，对于某一壁面，沿其宽度和高度的热负荷差别也较大。沿炉膛宽度温度分布的不均，将会不同程度地在对流烟道中延续下去，也会引起对流过热器的吸热不均，而且，离炉膛出口越近，这种影响就越大。

由于燃烧器设计或锅炉运行等原因，使风速不均、煤粉浓度不均，火焰中心的偏斜，四角切圆燃烧所产生的旋转气流在对流烟道中的残余旋转等，都会使炉内温度场和速度场不均，造成对流受热面的吸热不均。

一般来说，烟道中部的热负荷较大，沿宽度两侧的热负荷较小，如图 5-25 所示，吸热不均系数可能达到 $n_q=1.1\sim1.3$。如果将烟道沿宽度分为几部分，如图 5-25 所示分成三部分，并在烟道宽度的两侧布置一级过热器，而在烟道中部布置另一级过热器，则过热器中并列管子的吸热不均匀性可减少很多。

对流受热面中横向节距不均匀时，在个别蛇形管片间具有较大的烟气流通截面，形成烟气走廊。烟气走廊阻力小，烟气流速快，加强了对流传热，烟气走廊还具有较大的烟气辐射层厚度，也加强了辐射传热。因此，烟气走廊中的受热面热负荷不均系数较大。

屏式过热器在接受炉膛的辐射热中，同一屏各排管子的角系数是沿着管排的深度不断减小的。在图 5-26 中，n 为管排数，X_n 为第 n 排管子角系数，X_{pj} 为 n 排管子总的平均角系数，热流 Q 所示箭头表示热流方向，坐标图中的曲线表示各排管子的相对角系数 X_n/X_{pj} 随管子排数的变化规律。因此，屏式受热面的热力不均系数较大。

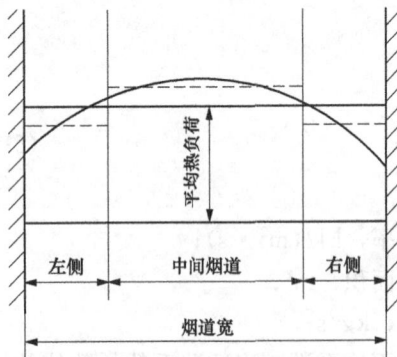

图 5-25 沿烟道宽度热的分布曲线　　图 5-26 屏管沿着管排深度角系数的变化

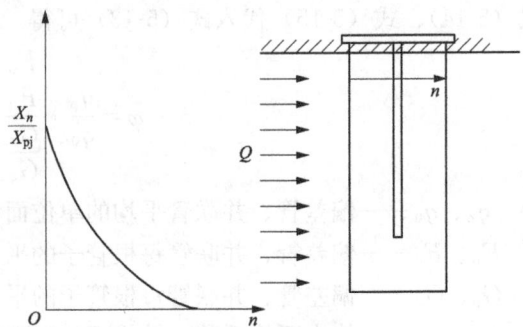

2) 流量不均系数。影响并列管子间流量不均的因素也很多，例如联箱连接方式的不同，并列管圈的重位压头的不同和管径及长度的差异等等。此外，吸热不均也会引起流量的不均。

　　连接方式的不同，会引起并列管圈进出口端静压差的变化。图 5-27 所示为过热器 Z 形和 U 形两种连接方式的进出口联箱压差变化曲线。在 Z 形连接的管组中图 5-27（a），蒸汽由进口联箱左端引入，从出口联箱的右端导出。在进口联箱中，沿联箱长度方向，工质流量因逐渐分配给蛇形管而不断减少，在进口联箱右端，蒸汽流量下降到最小值。与此相应，动能也沿联箱长度方向逐渐降低，而静压则逐步升高。进口联箱中静压的分布曲线如图 5-27（b）中上面一根曲线所示；出口联箱中的静压变化则如图中下面一根曲线所示。这样，在 Z 形连接管组中，管圈两端的压差 Δp 有很大差异，因而导致较大的流量不均，左边管圈的工质流量最小，右边管圈的流量最大。在 U 形连接管组图 5-27（b）中，两个联箱内静压的变化有着相同的方向，因此并列管圈之间两端的压差 Δp 相差较小，其流量不均比 Z 形连接方式要小。此外采用多管均匀引入和导出的连接系统如图 5-28 所示，沿联箱长度静压的变化对流量不均的影响可以减小到最低限度，但系统复杂，大容量锅炉很少采用。

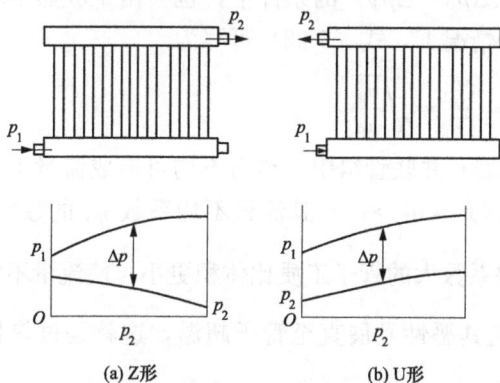

图 5-27　过热器的 Z 形连接和 U 形连接方式　　　　图 5-28　过热器的多管连接方式

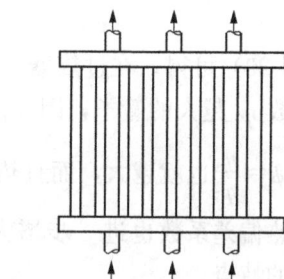

　　3）热力不均对流量不均的影响。热力不均对流量不均的影响较大，即使沿联箱长度各并列管圈两端的压差 Δp 相等，也会产生流量不均，其推导过程如下：

$$\Delta p = \left(\sum \zeta + \lambda \frac{l}{d} \right)_0 \frac{\omega_0^2 \rho_0}{2} + h \rho_0 g = \frac{K_0 G_0^2}{\rho_0} + h \rho_0 g \tag{5-17}$$

其中　　　　　　　　　　　$$K_0 = \left(\sum \zeta + \lambda \frac{l}{d} \right)_0 \frac{1}{2 F_0^2}$$

式中　ζ、λ、K_0——管子的局部阻力系数、摩擦阻力系数和折算阻力系数；

　　　　G_0、ρ_0、ω_0——管内蒸汽流量、平均密度和平均流速；

　　　　d、l、F_0——管子的内径、长度和流通截面积；

　　　　　　　h——进出口联箱之间的高度差。

脚标 0 表示整个管组的平均值。

对于某一偏差管（以脚标 P 表示）则有

$$\Delta p_P = \frac{K_P G_P^2}{\rho_P} + h \rho_P g \tag{5-18}$$

当不考虑沿联管箱长度静压的变化，假定各并列管圈的压差相等，即

$$\Delta p = \Delta p_0 = \Delta p_P \tag{5-19}$$

$$\frac{K_0 G_0^2}{\rho_0} + h \rho_P g = \frac{K_P G_P^2}{\rho_P} + h \rho_P g \tag{5-20}$$

在已知某一偏差管和管组平均的 K 值和 ρ 值的情况下，利用式（5-20）可以计算出工质的流量不均。

对于过热蒸汽，重位压头所占比例很小，可不予考虑。在这种情况下，式（5-20）将变为

$$K_0 G_0^2 v_0 = K_P G_P^2 v_P \tag{5-21}$$

或

$$\eta_G = \frac{G_P}{G_0} = \sqrt{\frac{K_0}{K_P} \cdot \frac{v_0}{v_P}} \tag{5-22}$$

式中 v——蒸汽的比体积。

由式（5-22）可知，并联管组中，阻力越大的管子，流量越小，即使在结构相同及阻力相等（$K_P = K_0$）、进出口联相压差相等（$\Delta p_0 = \Delta p_P$）的条件下，也会由于吸热不均而引起比体积的差别，从而导致流量不均。这种情况下，式（5-22）可写为

$$\eta_G = \frac{G_P}{G_0} = \sqrt{\frac{v_0}{v_P}} \tag{5-23}$$

由式（5-23）可得，在过热器（再热器）并联管组中，热力不均可造成流量不均，而且热力不均系数 η_q 越大的管子，因此体积越大（$v_P > v_0$）其流量不均系数 η_G 的数值就越小，热偏差系数 $\phi = \dfrac{\eta_q}{\eta_G}$ 也就越大，而且热偏差系数大的管子工质比体积更小，使流量不均系数进一步减小，热偏差系数也进一步增大，使其恶性发展直至管子超温，这就是过热器（再热器）热偏差的特点。

（3）减小热偏差的措施。由上述过热器热偏差特点可知，过热器并联管组间的热偏差比较危险，因此消除或尽量减小并联管组间的热偏差，是过热器设计和运行的关键所在。

1）结构设计方面的措施。过热器和再热器的结构设计应从以下几方面考虑减轻热偏差：

①将过热器、再热器分级布置，级间采用中间联箱进行中间混合（见图 5-29），即减少每一级过热器（再热器）焓增，中间进行均匀混合，使出口汽温的偏差减小。

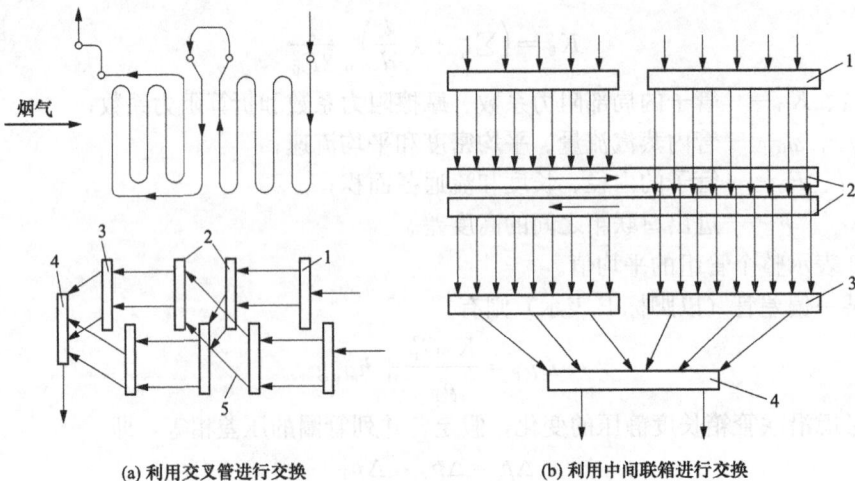

(a) 利用交叉管进行交换　　(b) 利用中间联箱进行交换

图 5-29　蒸汽左右交叉流动连接系统

1—饱和蒸汽进口联箱；2—中间联箱；3—出口联箱；4—集汽联箱；5—蒸汽连接管

　　②沿烟道宽度方向进行左右交叉流动,以消除两侧烟气的热偏差〔见图 5-29(b)〕。但在再热器系统中一般不宜采用左右交叉,以免增加系统的流动阻力,降低再热蒸汽的做功能力。

　　③连接管与过热器(再热器)的进出口联箱之间采用多管引入和多管引出的连接方式,以减少各管之间压差的偏差。但会使系统复杂,增加管路阻力,现在大容量机组很少采用。大容量锅炉多采用 U 形连接系统。

　　④同一级过热器(再热器)分二组,中间无联箱,将前一组外圈管在下一组中转为内圈管,以均衡各管的吸热量,即内、外圈管交叉布置(见图 5-29)。

　　⑤减少屏前或管束前烟气空间的尺寸,减少屏间、片间烟气空间的差异。受热面前烟气空间深度越小,烟气空间对同屏、同片各管辐射传热的偏差也越小。用水冷或汽冷定位管(600MW 发电机组的锅炉用汽冷定位管)固定各屏或各片受热面,防止其摆动和变形、并使烟气空间固定,传热稳定(见图 5-29)。

　　⑥适当均衡并列各管的长度和吸热量,增大热负荷较高的管子的管径,减少其流动阻力,使吸热量和蒸汽流量互相匹配。

　　⑦将分隔屏过热器中每片屏分成若干组,对 600MW 发电机组的锅炉,由于蒸汽流量大,四片分隔屏的每屏流量都很大,因此管圈数多。为减小同屏各管的热偏差,采用分组的方法,使每一组的管圈数和同组各管的热偏差减小。

　　⑧对大型(如 60MW 发电机组)锅炉的过热器(再热器)采用不同直径和壁厚的管子。按受热面所处运行条件,采用不同管径(即阶梯形管)、壁厚及材料,以改善其热偏差状况。

　　⑨消除炉膛出口烟气余旋造成的热偏差,除采用分隔屏外,还可以采用二次风反切的措施。

　　2)运行方面的措施。

　　①在设备投产或大修后,必须做好炉内冷态空气动力场试验和热态燃烧调整试验。以保证炉内空气动力场均匀,炉内火焰中心不偏斜,使炉膛出口处烟气分布均匀,温度偏差不超过 50℃。

　　②在正常运行时,应根据锅炉负荷,合理投运燃烧器,调整好炉内燃烧。烟气要均匀充满炉膛空间,避免产生偏斜和冲刷屏式过热器。尽量使沿炉宽方向的烟气流量和温度分布均匀,控制好水平烟道左右侧的烟温偏差。

　　③及时吹灰,防止因结渣和积灰而引起的受热不均现象产生。

　　(4)过热器的热偏差计算。计算时做以下假设:

　　1)不考虑沿联箱长度方向静压的变化,即满足的条件;

　　2)各并列管子的尺寸(长度、直径)、受热面和阻力系数完全相同,即 $K_p = K$。

　　3)蒸汽在进入计算级过热器前经过充分混合,即各管圈进口工质的温度相同,在这种情况下,热偏差将导致出口工质的焓和温度的不同;

　　4)热负荷沿管长不变,工质物性(如比定压热容 c_p 等)不随温度变化;

　　5)过热蒸汽被看作是理想气体。从下面公式的推导将会看出,这一假设不会带来很大误差。

　　根据上述假设可推导出计算热偏差的式(5-24)、式(5-25)(推导过程略)。

　　热力不均导致流量不均的计算公式:

$$\frac{\Delta G}{G_0} = -\frac{(t_2 - t_1)_0}{4(t_0 + 273)} \cdot \frac{\Delta Q}{Q_0} \tag{5-24}$$

热力不均导致蒸汽出口温度不均的计算公式：

$$\Delta t_2 = (t_2 - t_1)_0 \left[1 + \frac{(t_2 - t_1)_0}{4(t_0 + 273)}\right] \frac{\Delta Q}{Q} \tag{5-25}$$

式中　　ΔG、G_0——并联管组偏差管子流量的偏差值和平均管子的流量，kg/s；

　　　　ΔQ、Q——并联管组偏差管子吸热量的偏差值和平均管子的吸热量，kg/s；

t_1、t_2、$(t_2 - t_1)_0$——并联管组进、出口平均温度和管子的平均温升，℃；

t_0——管子的平均温度，$t_0 = \frac{(t_2 - t_1)_0}{2}$，℃；

Δt_2——偏差管蒸汽出口温度的偏差值，℃；

t_n——管子出口的内壁温度，$t_n = t_2 + \frac{\beta q}{\alpha_2}$，℃；

β、q、α_2——管子外、内径之比，管子的平均热流量及蒸汽对管壁的放热系数。

由上述公式可知，如果并联管组产生吸热不均，则导致吸热量大的偏差管的流量减少以及出口汽温和金属壁温的偏差随之增大，验证了过热器的热偏差特性。

3. 过热器与再热器的汽温特性与汽温调节

(1) 影响气温变化的主要因素。影响过热蒸汽和再热蒸汽温度变化的因素，主要有过热器和再热器系统受热面的辐射和对流吸热的比例、锅炉负荷、燃料性质、给水温度、炉膛过量空气系数以及炉膛出口烟温的变化等。还有其他影响汽温变化的运行因素，下面简要地说明运行中影响汽温的主要因素。

1) 锅炉负荷。过热蒸汽或再热蒸汽系统一般具有对流汽温特性，即随锅炉负荷升高（或下降），汽温也随之上升（或降低）。但如果过热器系统具有辐射特性则呈相反的趋势。

2) 过量空气系数。过量空气增大时，燃烧生成的烟气量增多，烟气流速增大，对流传热加强，导致过热汽温升高。

3) 给水温度。给水温度升高，产生一定蒸汽量所需的燃料量减少，燃烧产物的体积也随之减少，同时炉膛出口烟温降低。所以，过热汽温将下降。在电厂运行中，高压加热器的投停会使给水温度有很大变化。因而会使过热汽温发生显著的变化。

4) 受热面的污染情况。炉膛受热面的结焦或积灰，会使炉内辐射传热量减少，过热器区域的烟气温度将提高，因而使过热汽温上升。过热器本身的结焦或积灰将导致气温下降。

5) 饱和蒸汽用汽量。当锅炉采用饱和蒸汽作为吹灰等用途时，用汽量增多将使过热汽温升高。锅炉的排污量对汽温也有影响。

6) 燃烧器的运行方式。当摆动燃烧器喷嘴向上倾斜时，因火焰中心提高会使过热汽温升高。但是，对流受热面布置区域距炉膛越远，喷嘴倾角对其吸热量和出口温度的影响就越小。对于沿炉膛高度具有多排燃烧器的锅炉，运行中不同标高燃烧器的投停，也会影响过热蒸汽的温度。

7) 燃料种类和成分。当燃煤发热量增大时，炉膛辐射热的份额增大，对流受热面的吸热份额减小，同时相同负荷下燃料的消耗量减少，烟气体积减小，过热汽温将下降。另外，在煤粉锅炉中，煤粉粒径变大、水分增大或灰分增加，都会使过热汽温升高。

表 5-2 列出了某些因素对过热汽温影响的大致数据，可作参考。

表 5-2　　　　　　　　　　　各因素对于对流过热器汽温的影响

影响因素	过热汽温变化（℃）	影响因素	过热汽温变化（℃）
锅炉负荷变化±10%	±10	燃煤水分变化±1%	±1.5
炉膛过量空气系数变化±10%	±10~20	燃煤灰分变化±10%	±5
给水温度变化±10%	±4~5		

（2）蒸汽温度调节的主要因素。

1）蒸汽温度的允许偏差。锅炉的过热蒸汽温度需保持在额定值，以保证电站循环效率、用汽单位的优质生产和锅炉过热器的安全运行。蒸汽温度的正负偏差都将影响火力发电设备的正常运行，甚至造成设备的故障。GB/T 1921—2004《工业蒸汽锅炉参数系数》中规定的电站锅炉出口蒸汽温度的允许偏差值列于表 5-3 中。

表 5-3　　　　　　　　　　　电站锅炉出口蒸汽温度的允许偏差值

蒸汽出口额定压力（MPa）	锅炉负荷变化范围（%）	蒸气出口额定温度（℃）	温度允许偏差值（℃）	
2.5	75~100	400	10	20
3.9~5.9	75~130	450	10	25
9.8	70~100	540	5	10
13.7	70~100	540/540	5	10
16.7~18.3	70~100	540/540	5	10
25.3	70~100	541/541	5	10

2）对蒸气温度调节设备的基本要求。为了在锅炉运行中能保持蒸汽温度在规定的范围内波动，必须采用调温设备。对蒸气温度调节设备的要求主要如下：

①设备结构简单，体积小，重量轻，价格低，运行可靠。

②调节灵敏，反应快，过程连续，汽温偏差小，易于实现自动化。

③不影响锅炉或热力系统的效率。

④调节幅度能满足锅炉运行的要求。

在选择蒸汽温度调节设备的容量时，对于以对流换热为主的过热器系统，要求较大容量的调温设备；对于辐射-对流复合型的过热器系统，调温设备的容量可以小些；燃用多灰分或灰融温度变化大或煤种变化大的燃料时，需要较大容量的调温设备；对于新设计的尚缺乏运行经验的炉型，调温设备的容量应大一些，以便适应锅炉投运后对受热面进行必要的调整。

（3）蒸气温度的调节方法。蒸汽温度调节方法主要分为蒸汽侧调节和烟气侧调节两类。

1）蒸汽侧调温方法。蒸汽侧调节温度的方法包括面式减温器、喷水减温器和汽-汽热交换器等，前两种方法主要用于调节过热蒸汽温度，后一种方法用于调节再热汽温。

①面式减温器。面式减温器是一种管壳式换热器，有 U 形管、套管、螺旋管等类型。这类减温器常用锅炉的给水来冷却蒸汽以调节温度，减温水量占给水总量的 30%~60%。由于冷却水和蒸汽不直接接触，所以对冷却水品质无其他特殊要求，面式减温器调节惯性大，一般用

于中小容量的锅炉，国外有用它来调节再热汽温的报道，我国电站锅炉很少采用。

②喷水减温器。喷水减温器又称混合式减温器，其原理是将减温水直接喷入过热蒸汽中，使其雾化、吸热蒸发，达到降低蒸汽温度的目的，图 5-30 所示为采用给水作为减温水的连接系统。其优点：结构简单，调节灵敏，减温器出口的汽温延迟时间仅 5～10s；调温幅度可达 100℃ 以上；压力损失小，一般不超过 50kPa。其缺点：要求减温水的品质不能低于蒸汽品质，对于给水品质不高的中小容量锅炉，可采用自制冷凝水，使部分饱和蒸汽凝结作为减温水的系统如图 5-31 所示。

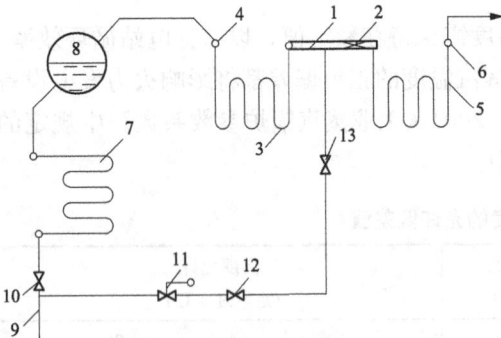

图 5-30 喷水减温器的连接系统

1—喷头；2—联箱；3、5—过热器蛇形管；
4、6—蒸汽出口联箱；7—省煤器；8—汽包；
9—给水管；10—给水阀；11—喷水调节阀；
12—止回阀；13—隔离阀

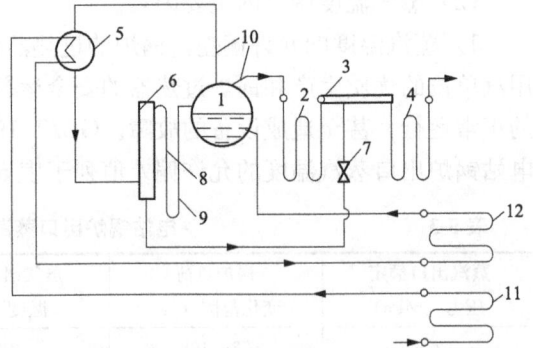

图 5-31 自制冷凝水喷水减温系统

1—汽包；2、4—过热器；3—喷水减温器；
5—冷凝器；6—储水器；7—喷水调节阀；
8—溢流管；9—水封；10—饱和蒸汽；
11、12—省煤器

现在大型电站锅炉过热蒸汽温度的调节都采用喷水减温的方法，对于多级布置的过热器系统，为减少热偏差，可采用 2～3 级喷水减温。对于再热蒸汽，喷水使再热蒸汽的流量增加，会使汽轮机中低压缸的做功能力增大，排挤高压蒸汽的做功，降低电站的循环效率。例如，对于定压运行超高压机组，当喷水量为蒸发量的 1％ 时，循环热效率将降低 0.1～0.2 个百分点。所以，在再热蒸汽温度的调节中，喷水减温只是作为烟气侧调温的辅助手段和事故喷水之用。

③汽-汽热交换器。汽-汽热交换器是用过热蒸汽来加热再热蒸汽的设备。以调节再热汽温。过热蒸汽来自辐射式过热器，再热蒸汽是来自对流低温再热器，利用它们相反的汽温特性来调节再热汽温。

汽-汽热交换器按结构可分为管式和筒式两种。图 5-32 所示为 U 形管套管结构的管式汽-汽热交换器，外套管管径 $\phi 159 \approx \phi 219$，其内装多根 $\phi 32 \approx \phi 42$ 的 U 形管。过热蒸汽在小管内流动，再热蒸汽在小管外通过。多个汽-汽热交换器布置在烟道外，用三通阀改

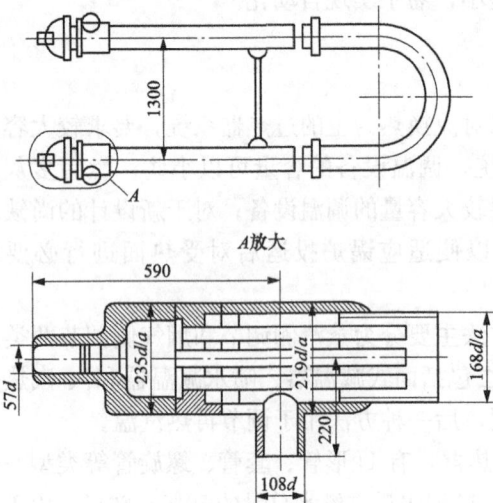

图 5-32 汽-汽热交换器（单位：mm）

变再热蒸汽通过热交换器及旁路的流量比例，即可调节再热气温。这种汽-汽热交换器由于流量小，调节幅度小，一般很少采用。

汽-汽热交换器在系统中的连接如图 5-33 所示。图 5-33（a）所示为采用旁路调节阀 3 改变再热蒸汽通过热交换器的流量，热交换器中再热蒸汽侧的放热系数随之变化，从而改变了汽-汽间的换热量；图 5-33（b）所示为用旁路调节阀 3 改变过热蒸汽通过热交换器的流量，同样可改变其换热量；图 5-33（c）所示为利用节流孔板 9 使部分过热蒸汽通过热交换器，同时用旁路调节阀 3 改变通过热交换器的再热蒸汽流量。

汽-汽热交换器对再热汽温的调节幅度为 30～40℃，比较适用于过热器辐射吸热量比例较大的锅炉，在德国、俄罗斯应用较多，在我国只有部分 670t/h 锅炉采用。其缺点是结构复杂，控制再热蒸汽流量的三通阀制造困难，调节性能也不易保证，故国产大容量锅炉上没有采用。

2）烟气侧调温方法。烟气侧调节汽温的主要方法有改变烟气流量和改变烟气温度两种。两种方法都存在着调温滞后和调节精确度不高的问题，常作为粗调节，多用于调节再热蒸汽温度。我国现代大型电站锅炉主要采用以下三种具体的调节方法：

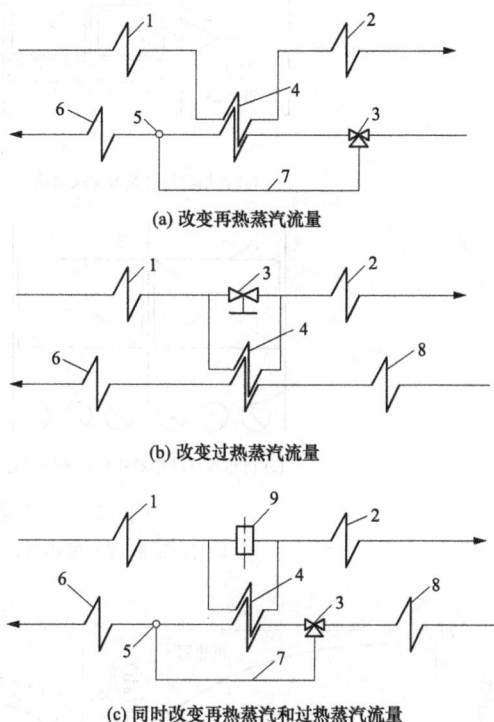

(a) 改变再热蒸汽流量

(b) 改变过热蒸汽流量

(c) 同时改变再热蒸汽和过热蒸汽流量

图 5-33　热交换器在系统中的连接
1—辐射与半辐射过热器；2—对流过热器；
3—旁路调节阀；4—汽-汽热交换器；
5—混合器；6—对流再热器；7—旁路管；
8—对流再热器；9—节流孔板

①烟气挡板。烟气挡板是利用改变烟气流量的方法来调节蒸汽温度的装置，现代锅炉上主要用来调节再热蒸汽温度。它有旁通烟道和平行烟道两种具体实施方法，如图 5-34 所示。平行烟道又可分为再热器与过热器并联和再热器与省煤器并联两种。

烟气挡板调节汽温装置的原理是通过挡板改变再热器的烟气通流量，使烟气侧的放热系数及其吸热量发生变化，从而改变再热器的出口汽温。

对于再热器与过热器的并联结构挡板调节汽温的原理如图 5-35 所示。锅炉负荷降低时，再热器侧挡板开大，过热器侧挡板关小，再热器烟气通流量增加，过热器烟气通流量减小，故再热汽温升高而过热汽温下降。在这种调节方法中过热汽温要用减温器来协调到额定值。对于其他结构，调节原理相同。

②摆动燃烧器。对于摆动式燃烧器可以采用改变燃烧器的倾角来调节汽温，燃烧器的倾角在运行中可上下调节，如图 5-36 所示。当倾角 θ 向上时火焰中心位置上移，炉膛出口烟温升高；倾角 θ 向下时火焰中心位置下移，炉膛出口烟温下降。炉膛出口烟气温度的变化，改变了炉膛辐射传热量 Q_f 和烟道对流传热量 Q_d 的比例。由于再热器与过热器都是以对流传热为主的受热面，因而在调节燃烧器的倾角时它们的吸热量发生了相应的变化，出口汽温

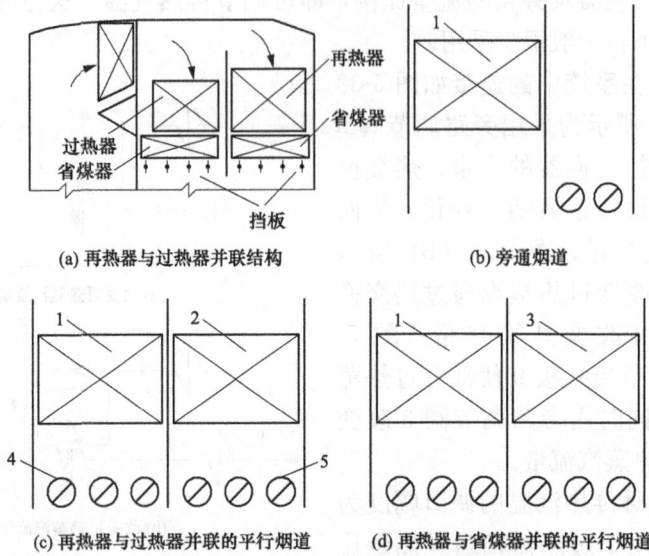

图 5-34　烟气挡板调节气温装置
1—再热器；2—过热器；3—省煤器；4、5—烟气挡板

(a) 再热器与过热器并联结构　　(b) 旁通烟道
(c) 再热器与过热器并联的平行烟道　　(d) 再热器与省煤器并联的平行烟道

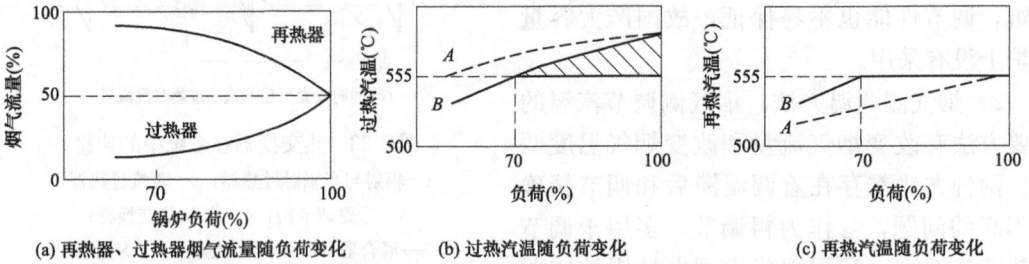

(a) 再热器、过热器烟气流量随负荷变化　　(b) 过热汽温随负荷变化　　(c) 再热汽温随负荷变化

图 5-35　再热器与过热器并联方式挡板调节汽温原理
A—调节前；B—调节后

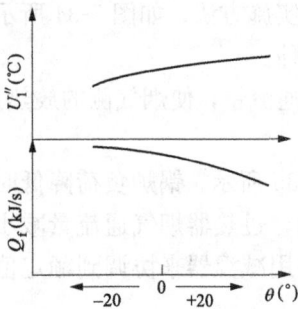

图 5-36　燃烧器倾角与炉膛吸热量、炉膛出口烟温之间的关系

也随之改变。当燃烧器倾角变化幅度相同时，受热面吸热量变化的大小主要决定其布置位置，越靠近炉膛出口的受热面吸热量变化越大。现代大型锅炉一般都用摆动燃烧器的倾角来调节再热汽温，在调节过程中对过热汽温的影响用改变混合式减温器的喷水量来修正。

根据 HG-1021/18.2-YM 型锅炉的运行试验资料，燃烧器倾角向上摆动 20°时，再热汽温升高 19℃，再热汽温的调节幅度可达 40～60℃，锅炉负荷在 70%～100%额定负荷范围内可维持再热汽温在额定值。

采用摆动燃烧器来调节再热汽温的优点：调节简便，灵敏度高，在亚临界和超临界压力锅炉中采用较多；缺点：倾角变化较大时会使锅炉效率下降或炉膛出口发生结渣。

③烟气再循环。烟气再循环也是用来调节再热汽温的装置，其工作原理是将省煤器后的

烟气（温度为 $250\sim350℃$）由再循环风机抽出再送回炉膛，如图 5-37 所示。烟气再循环情况用再循环率 γ 表示：

$$\gamma=\frac{V_z}{V_{cd}}\times100\% \qquad (5-26)$$

式中　V_z——再循环烟气量，m^3/kg；

　　　V_{cd}——抽出点后烟气量，m^3/kg。

在锅炉运行中通过改变烟气再循环率来调节再热蒸汽温度。例如国产某 300MW 直流锅炉在 70% 负荷时烟气再循环率为 26%，100% 负荷时则为 5%，最低再循环率不低于 5%。

再循环烟气进入炉膛的位置由炉膛上部进入和炉膛下部进入两种设计。再循环烟气在炉膛下部进入时，它降低了炉膛内的烟气温度水平，减少了炉膛内的辐射传热量；炉膛出口烟气温度可能稍有升高也可能略为下降，但变化不大，在以后的对流受

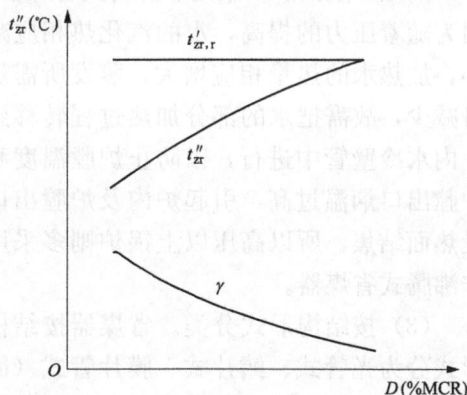

图 5-37　烟气再循环系统
1—炉膛；2—省煤器；3—再循环风机；
4—再循环烟气在炉膛下部引入；
5—再循环烟气在炉膛上部引入；
6—锅炉排烟口；7—烟道内对流受热面

热面中烟气温度会有所上升，上升幅度沿着烟气流程逐步增大；烟气再循环使炉膛出口烟气量增多，烟气热量也增加。因此，烟气再循环可降低水冷壁金属温度，并提高对流受热面的吸热量。图 5-38 所示为烟气再循环对再热汽温度调节效果的示意，当锅炉未采用烟气再循环时，再热蒸汽温度随着负荷降低而下降，并低于额定值；采用烟气再循环后，再热蒸汽温度可在较大的负荷范围内维持在额定值，且烟气再循环率 γ 随负荷降低而增大。再循环烟气在炉膛上部进入时，对炉膛工作无明显的影响，它的作用是降低炉膛出口烟气温度，可防止高温过热器的高温腐蚀和结渣，并且有适当调节再热汽温的作用。

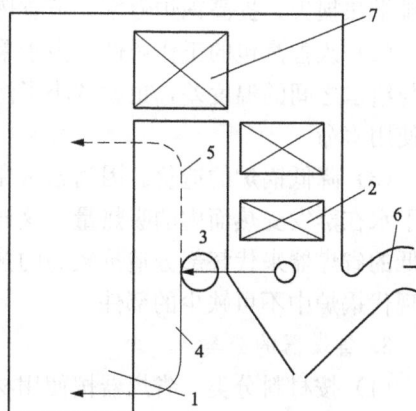

图 5-38　烟气再循环调节再热汽温度

烟气再循环调节再热汽温的优点是调节幅度大，灵敏度高；还能均匀炉膛热负荷，降低水冷壁温度；再热器受热面积可减少，节约钢材。其缺点是增加了再循环风机，使电耗增加，通过再循环风机的烟气温度较高，含灰量多，磨损严重，可靠性差，不利于燃烧调整，并使锅炉排烟温度有所升高，排烟热损失有所增大。烟气再循环常作为燃油锅炉调节再热汽温的手段。

5.3.4　省煤器

1. 省煤器的工作原理与结构布置

省煤器是利用锅炉尾部烟气的热量加热锅炉给水的设备。省煤器是现代锅炉中不可缺少的受热面，一般布置在烟道内，吸收烟气的对流传热，个别锅炉有与水冷壁相间布置的，吸收炉内高温烟气的辐射热。

2. 省煤器的作用

（1）节省燃料。锅炉炉膛中燃料燃烧生成的高温烟气，在将热量传递给水冷壁、过热器和再热器后，温度还很高。如果将烟气再经过锅炉尾部省煤器，烟气温度即可降低，从而减

少排烟热损失，提高锅炉效率，节省燃料。省煤器的名称由此而来。

（2）改善汽包的工作条件。由于采用省煤器，提高了进入汽包的给水温度，减小了汽包壁与给水之间的温度差，也就减小了汽包的热应力，从而改善了汽包的工作条件，延长汽包的使用寿命。

（3）降低锅炉的造价。因为给水在进入蒸发受热面之前，先在省煤器内加热，所以就减少了水在蒸发受热面内的吸热量。这样就可采用管径较小、管壁较薄、传热温差较大，价格较低的省煤器来代替部分造价较高的蒸发受热面，从而使锅炉的造价降低。因此，省煤器已是现代锅炉中不可缺少的部件。

3.省煤器的分类

（1）按材料分类。省煤器按使用材料可分为钢管省煤器和铸铁省煤器。目前大中容量锅炉广泛采用钢管省煤器，其优点：强度高，能承受高压，工作可靠，传热性能好，重量轻，体积小，价格低廉；缺点：耐腐蚀性差，但现代锅炉给水都经严格处理，管内腐蚀已彻底得到解决。

（2）按出口参数分类。省煤器按出口水温可分为沸腾式省煤器和非沸腾式省煤器。

沸腾式省煤器是指出口水温达到饱和温度，并且还有部分水蒸发汽化的省煤器。汽化水量一般占给水量的 $10\%\sim15\%$，最多不超过 20%，以免省煤器中介质的流动阻力过大。

非沸腾式省煤器的出口水温低于该压力下的沸点，即未达到饱和状态，一般低于沸点 $20\sim25$℃。

中压锅炉多采用沸腾式省煤器，这是因为中压锅炉水的压力低，汽化潜热大，加热水的热量小，蒸发所需热量大，故需把一部分水的蒸发放到省煤器中进行，以防止炉膛温度过低引起燃烧不稳定和炉膛出口烟温过低，并造成过热器等受热面金属耗量增加，此外也有助于发挥省煤器的作用。

高压以上锅炉多采用非沸腾式省煤器，因为随着压力的提高，水的汽化热相应减小，加热水的热量相应增大，蒸发所需热量减少，故需把水的部分加热过程转移到炉内水冷壁管中进行，以防止炉膛温度和炉膛出口烟温过高，引起炉内及炉膛出口受热面结焦，所以高压以上锅炉则多采用非沸腾式省煤器。

（3）按结构形式分类。省煤器按结构形式分为光管式、鳍片式、膜片管式（简称膜式）和螺旋肋片管式四种，其结构如图 5-39 所示。

光管式省煤器的结构如图 5-39（a）和图 5-40 所示，它是由进、出口联箱和许多并列的蛇形管组成。蛇形管与联箱的连接一般采用焊接。联箱一般布置在锅炉烟道外面。如果省煤器的受热面较多，总体高

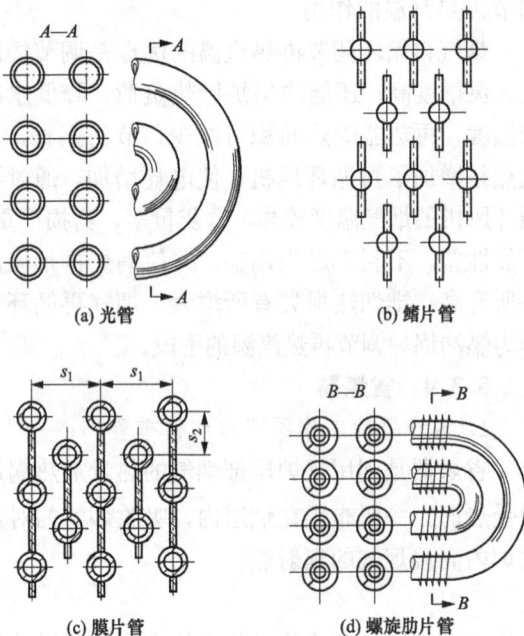

图 5-39　省煤器的结构形式

度较高，可把它分为几段，在图 5-40 中分为两段，每段高度为 1～1.5 m，段与段之间留出
0.6～0.8m 高的空间，此外省煤器与其相邻的空气预热器之间应留出 0.8～1m 高的空间，
以便进行检修和消除受热面上积灰。

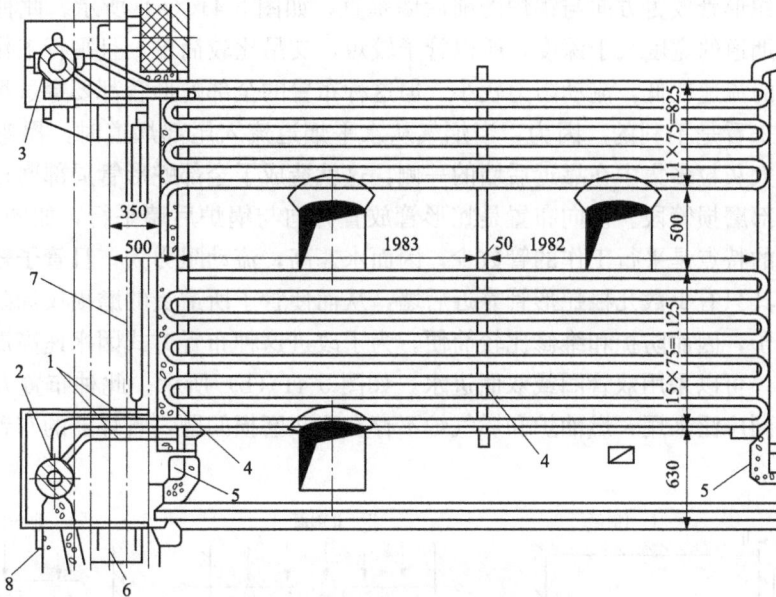

图 5-40　光管式省煤器的结构

1—蛇形管；2—进口联箱；3—出口联箱；4—支架；5—支承架；6—锅炉钢架；7—炉墙；8—进水管

　　鳍片管省煤器是在光管直段部分的外表面上、下各焊上一条通长的扁钢使烟气侧的外表
面得到扩展，增加传热面积和传热效果，如图 5-39（b）所示。膜片式省煤器与鳍片式省煤
器相似，如图 5-39（c）所示。膜片式省煤器是在两个光管蛇形管直段部分之间焊有连续的
扁钢膜片，扁钢膜片的厚度为 2～3mm。膜片式省煤器的传热效果比光管省煤器好，且在同
样传热条件下，前者的金属耗量要少、成本低、磨损轻、运行可靠，比鳍片式省煤器容易
吹灰。

　　螺旋管式省煤器是在光管外表面焊上横向肋片，如图 5-39（d）所示。这类省煤器传热
面积增加幅度比鳍片和膜片式大、传热系数高，但是当燃煤灰分黏结性较强时，在设计中应
注意积灰问题。

　　（4）管子排列方式分类。省煤器按蛇形管的排列方式分为错列和顺列两种，如图 5-
39（a）、（d）为顺列，图 5-39（b）、（c）为错列。错列布置传热效果好，结构紧凑，并能减
少积灰，但磨损比顺列布置严重、吹灰困难；顺列布置容易对管子进行吹灰、磨损轻，但积
灰严重。

　　4. 省煤器的布置方式

　　省煤器在尾部烟道中多为卧式逆流布置，这样既有利于停炉排除积水，减轻停炉期间的
腐蚀，也有利于改善传热，节约金属。其工作原理是水在蛇形管内自下而上流动，烟气在管
外自上而下横向冲刷管壁，以实现烟气与给水之间的热量交换。这种换热方式，由于水在蛇
形管内自下而上流动便于排除空气，从而可避免引起局部的氧腐蚀。而烟气在管外自上而下

流动，不但有助于吹灰，还使烟气与水呈逆向流动，从而可增大传热平均温差，提高对流传
热量。

省煤器按蛇形管在烟道中的布置方式分为纵向布置和横向布置两种，如图 5-41 所示。
纵向布置是指蛇形管放置方向与锅炉的前后墙垂直，如图 5-41（a）所示。此种布置的特点
是，由于尾部烟道的宽度大于深度，所以管子较短，支吊比较简单，且平行工作的管子数目
较多，因而水的流速较低，流动阻力较小。但这种布置的全部蛇形管都要穿过烟道后墙，从
飞灰磨损角度来看是不利的。因为，当烟气从水平烟道流入尾部烟道时，拐弯将产生离心
力，使烟气中大灰粒多集中在靠近后墙的一侧，这就造成了全部蛇形管局部磨损严重，检修
时需要更换全部磨损管段。横向布置是蛇形管放置方向与锅炉后墙平行，如图 5-41（c）所
示。此种布置的特点是平行工作的管数少，因而水速高，流动阻力大，且管子较长，支吊比
较复杂。但因其只有少数几根蛇形管靠近后墙，从而使管子所遭受的磨损仅局限于靠近烟道
后墙的几根管子，因而防护和维修比较简便。为了改进这种布置方式因水速高而导致流动阻
力过大的缺点，可以采用双管圈或双面进水，如图 5-41（b）所示。此种布置方式在中小型
燃煤锅炉中得到广泛采用。燃油炉和燃气炉不存在飞灰磨损问题，省煤器的布置主要取决于
水速条件。

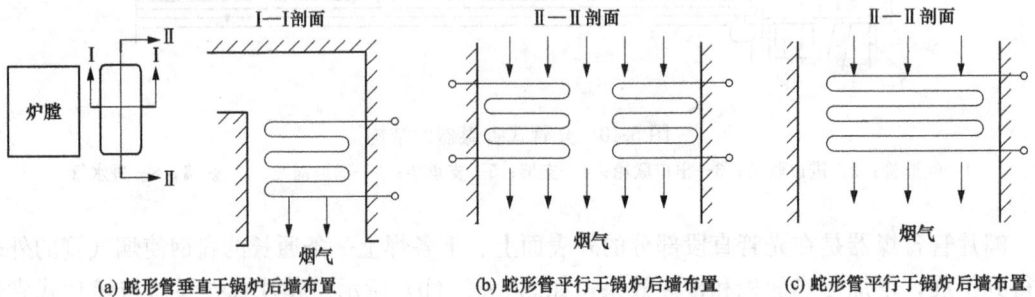

图 5-41　省煤器蛇形管在烟道中的布置方式

5. 省煤器引出管与汽包的连接

由于省煤器的出水温度可能低于汽包中的饱和温度，当锅炉运行工况变动时，省煤器的
出水温度还可能发生剧烈变化。如果省煤器引出管直接与汽包连接，就会在连接处出现温差
热应力和疲劳应力，导致汽包壁产生裂纹，危及汽包安全。为了防止汽包损伤，确保锅炉安
全运行，可在省煤器引出管与汽包连接处加装套管。这样使水管壁与汽包壁之间有饱和水或
饱和蒸汽相隔，从而改善了汽包的工作条件。

5.3.5　空气预热器

1. 空气预热器的作用

空气预热器是利用烟气的热量来加热燃烧所需空气的热交换设备。它的主要作用如下：

（1）强化燃烧。提高锅炉助燃空气的温度，可以缩短燃料的干燥时间和促使燃料迅速着
火，加快燃烧速度，增强燃烧稳定性，提高了燃烧效率。

（2）强化传热。由于使用了热空气并增强了燃烧，可提高燃烧室内烟气温度。加强了炉
内辐射热交换，如果蒸发量一定，则蒸发受热面可因炉内传热强化而减少，这意味着可以利
用低廉的空气预热器受热面来节省承受高压的蒸发受热面。

（3）可提高锅炉运行经济性。加装了空气预热器可有效地降低排烟温度，减少排烟热损失，提高了锅炉效率。排烟温度每降低 50℃，锅炉效率可提高 2%～2.5%。同时，由于排烟温度的降低，还改善了引风机的运行条件，减少了引风机电耗。

（4）提高了制粉干燥出力。热空气可作为煤粉制备系统中的干燥介质，尤其是当燃用多水分、高灰分的劣质燃料时，更需要用高温空气进行干燥。

预热空气的温度，应按燃料性质和燃烧方法合理选择，所用燃料含水越高，挥发分越低，则要求预热空气温度越高。燃用无烟煤热风温度在 400℃左右，对于挥发分高的烟煤和褐煤，热风温度按挥发分的不同在 300℃左右，而对于燃油、燃气炉，预热空气温度可低到 200℃。预热空气温度的最高限值受制于空气预热器钢材的性能，一般空气预热器用普通碳钢制造，允许壁温为 480～500℃，则相应最高加热空气温度为 420℃左右。

2. 空气预热器的种类及结构

空气预热器按传热方式可分为导热式和蓄热式两种。导热式空气预热器是烟气通过传热壁面连续将热量传给空气。蓄热式空气预热器是烟气和空气交替流过受热面，烟气流过时将热量传给受热面并积蓄起来，随后空气流过时，受热面将热量传给空气。导热式空气预热器有板式和管式两种。蓄热式空气预热器主要为回转式。根据所用材料，管式空气预热器又可分为铸铁管式、钢管式和玻璃管式空气预热器等。板式空气预热器因漏风量大、金属耗量多而一般不被采用。目前锅炉常用的空气预热器有钢管式和回转式两种。

（1）钢管式空气预热器。钢管式空气预热器应用很广，常采用立式布置，管内通过烟气、管外通过空气，烟气的热量通过管壁连续传给空气。其优点为结构简单，制造方便，漏风量小；其缺点为体积大、耗钢材多，在大型电厂尤其是热空气温度要求较高时，由于体积大而给尾部受热面布置带来困难。因此，目前在我国容量为 670t/h 及以下的锅炉采用管式的较多，其结构如图 5-42（a）所示。为了制造、运输、安装的方便，管式空气预热器多制

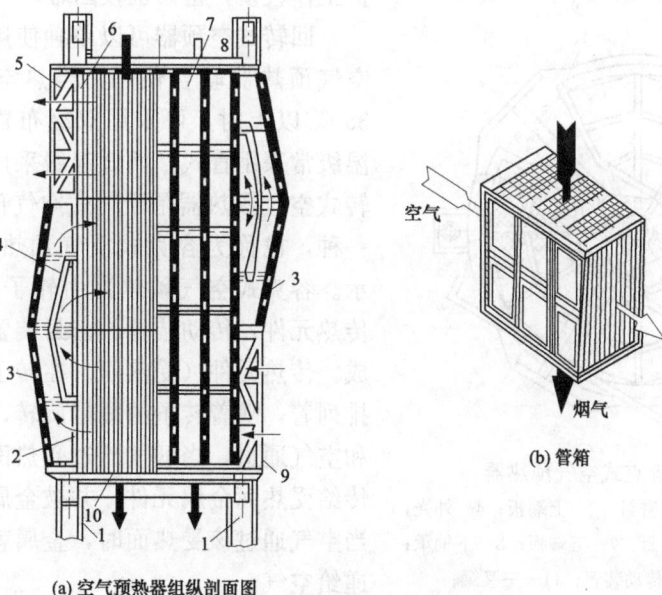

(a) 空气预热器组纵剖面图　(b) 管箱

图 5-42　管式空气预热器

1—锅炉钢架；2—空气预热器管子；3—空气联通罩；4—导流板；5—热风道的链接法兰；
6—上管板；7—预热器墙板；8—膨胀节；9—冷风道的链接法兰；10—下管板

成如图 5-42（b）所示的管箱型式。在安装时把管箱拼在一起焊牢并在其外面装上密封墙板和空气连通罩，就可组成一个完整的空气预热器，以节省安装时间。

单个管箱是由很多有缝薄壁钢管和上、下管板组成。管子外径为 40～51mm，壁厚为 1.5mm。管排为错列布置。为了能使空气多次交叉流动而装有中间管板，中间管板用夹环固定在管子上。如果管箱沿高度方向分层布置，那么相邻管箱上下管板形成一体，也能起中间管板的作用。

（2）回转式空气预热器。回转式空预器的优点如下：

1）结构紧凑、体积小、节省场地、金属耗量小，故多用于大容量的锅炉上。与管式相比，其容积为管式的 1/(6～8)。如管式空气预热器用 $\phi40\times1.5$mm 管子时，容积仅为 50m²/m³，而回转式空气预热器达 300～400m²/m³，耗用钢材约为管式的 1/3。因为管子壁厚为 1.5mm，而层层叠起的波形板厚度仅 0.5～1.25mm。

2）回转式空预器布置方便，因为它和尾部省煤器受热面分开布置。

3）抗腐蚀性较好。因为烟气侧受热面的温度较高，并且波形板允许有较大的腐蚀，在波形板上即使出现孔洞也不像管式那样导致漏风。一般只有当波形板的腐蚀量等于其初始重量的 20％时，才需要更换。

回转式空气预热器的缺点是漏风量大。目前，我国回转式空气预热器的漏风系数多数在 10％～15％，密封不好时，可高达 30％或更高，而管式空气预热器的漏风系数一般均不超过 5％。回转式空气预热器的另一缺点是结构比较复杂，制造工艺要求高。由于增加了转动机构，运行维护工作较多，检修也较困难。

回转式空预器可以单独使用，也可以与管式空气预热器联合使用，当热空气温度在 300～350℃以上时，可采用双级布置方式，此时，高温级常采用管式，而低温级采用回转式。转子回转式空气预热器是回转式空气预热器中最主要的一种，也称为容克式空气预热器，如图 5-43 所示。容克式空气预热器由转子、外壳板、轴承、传热元件、传动装置、密封装置、自控系统等组成。传热元件（受热面）在转子中有规则地紧密排列着，随着转子的缓慢旋转，交替地经过烟气和空气通道，当烟气流过受热面时，热量由烟气传给受热面金属元件，并被金属蓄积起来，然后当空气通过该受热面时，金属就将蓄积的热量传递给空气。

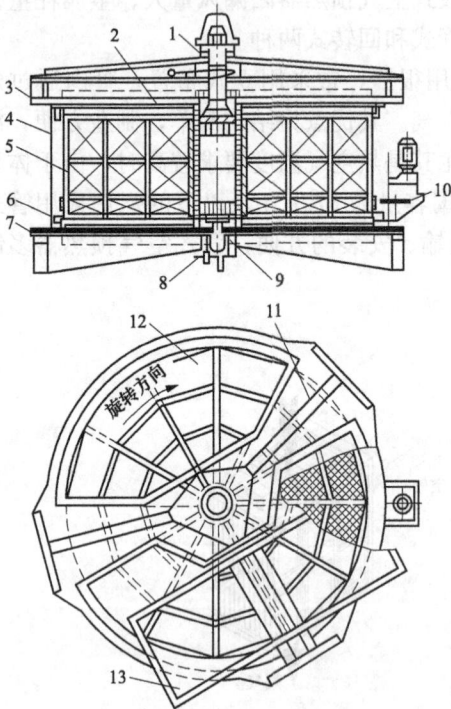

图 5-43 容克式空气预热器

1—上轴承；2—径向密封；3—上端板；4—外壳；5—转子；6—环向密封；7—五端板；8—下轴承；9—主轴；10—传动装置；11—三叉梁；12—空气出口；13—烟气进口

以前锅炉常配用二分仓预热器，即预热器只有烟气和空气通道。煤粉制备系统为"热一次风系统"，一次风机布置在预热器后面的热风道上。采用这种系统，风机中介质体积较大、杂质较多。为适应大容量燃煤锅炉采用"冷一次风系统"，API 公司在 1964 年设计开发了三分仓空气预热器，我国现已引进了该技术，并成功地在一些电厂运行。该空气预热器的一、二次风在预热中即已分开，一次风机布置在预热器前面，风机中介质体积较小且清洁，风机体积小、寿命长。

三分仓容克式空气预热器是在二分仓预热器的基础上，将空气通道一分为二。一、二次风中间由径向扇形密封、轴向密封将它们隔开，成为分开的一次风和二次风通道，以适应系统需要，烟气通路不变。一次风开孔角度可任意变化，以适应不同燃料的需要，目前已有的标准化角度为 30° 和 50°。

DG1900/25.4-H2 型直流锅炉布置有两台三分仓容克式回转空预器（见图 5-44），型号为 LAP-13494/3883，由引进美国 ABB-CE 公司技术进行设计和制造。该预热器烟气向下流动，空气向上流动，预热转子被分为烟气、一次风和二次风三个通流区。

LAP-13494/3883 型空气预热器转子是一个直径为 $\phi13494$ 的具有一个垂直轴杆的圆柱体，它被划分成 24 个扇形隔仓结构。

在中心筒与外圆筒之间装有 48 块径向隔板，将转子分成 24 个独立的扇形仓格，每个仓格为 15°，传热元件放置在每个扇形仓格中。每个模数仓利用一只定位销和一只固定销与中心筒相连接，由于采用这种结构，大大减少了安装工作量，并减小了转子内焊接应力及热应力。中心筒上下端分别用 M42 合金钢螺栓与锻造的上、下轴相连接，形成预热器的旋转主轴。相邻的模数仓格之间用螺栓互相连接，外围下部装有一圈传动围带，围带也分成 24 段，围带上的销子直径为 38mm。热段传热元件由模数仓格顶部装入，冷段传热元件由模数仓格外周上所开设的门孔装入。转子上下端最大直径处所设的弧形 T 型钢，系作旁路密封的元件。转子由置于下梁中心的推力轴承及置于上梁中心的导向轴承支承，并处于一个八角形的壳体之中。装在壳体上的驱动装置通过转子外周的围带，使转子以 1 转/分的正常转速旋转。转子的外围上下各装有上、下端板，上端板用作外环向上密封装置的接触面，下端板用作装设外环向下密封装置。

在径向隔板将转子分成 24 个扇形仓格内放置传热元件，传热元件是由波形板和定位板组成的组合件，组合件被做成框盒式。制造厂在厂内就将波形板装入盒内，并组成独立的扇形模块组件（分仓连接件）然后包装出厂。在工地上将各个独立的扇形模块组件与转子中心筒用固定销子联成一体，而不用焊接，因而可节省 25%～30% 的安装工作量，压缩了安装的周期，还可避免转子在工地上因焊接而发生的变形。在工地装配扇形模块组件时，应该按制造厂家的安装顺序，顺次地进行组装。

LAP-13494/3883 型空气预热器的传热元件沿转子的高度方向分四层，传热元件高度自上而下分别为：300、800、800、300mm。高温区传热元件，由 Q215-AF 钢制造，其厚度为 0.6mm，高为 1900mm，传热元件按正常方式装填。低温区冷端传热元件由考登钢制造，其厚度为 1.2mm，高为 300mm，比高温区厚，主要作用是防腐蚀，传热元件按松动方式装填。

传热元件由压制成特殊波形的薄钢板构成，按模数仓格内各小仓格的形状和尺寸，制成各种规格的组件。每一组件都是由一块具有垂直的大波纹、与烟气流向呈相同方向以及与烟气流向呈 30° 的抗动斜波纹的定位板，和另一块具有小波纹、与烟气流向呈 30° 的波纹板组成，两者一块接一块地交替间隔布置捆扎而成。热端钢板厚度为 0.5mm，定位板的作用一方面可作为受热面，另一方面它可保证受热面之间具有足够的流通截面。定位板上的垂直大

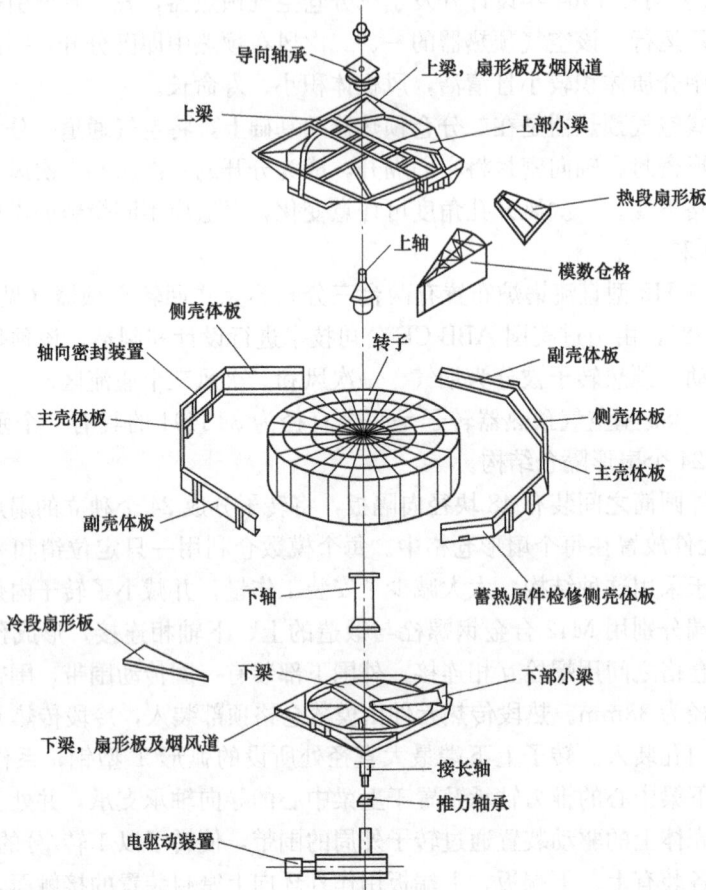

图 5-44　空气预热器结构分解

波纹（波纹高度 8.7mm）使气流通道大，可减少堵灰。定位板和波纹板上的小的斜纹（波纹系数为 2.9mm）其气流阻力并不很大，做成斜波纹也可增加气流扰动，提高传热效果。另外，本预热器热端受热面定位板与波纹板的斜波纹，布置时波动纹方向完全相反，其作用也是为了增加气流扰动。

冷段蓄热元件按仓格形状也制成各种组件，每一组件都是由一块具有垂直大波纹（波纹高度为 10mm）的定位板与另一块平板，两者交替间隔布置捆扎而成。冷端采用这种形状的蓄热元件，目的在于防止受热面堵灰。

5.3.6　锅炉尾部受热面的布置

1. 单级布置

单级布置如图 5-45（a）所示。它是由一级省煤器和一级空气预热器组成。一般把空气预热器布置在省煤器之后，即烟气先经过省煤器后再经过空气预热器，这样可以得到较低的排烟温度，提高锅炉效率，同时又能节省价格较高的省煤器受热面金属并防止省煤器的低温腐蚀。尾部受热面的单级布置较为简单，但热风温度一般只能达到 300℃ 左右，不可能再高。这是因为烟气的体积和比热容均比空气的体积和比热容大。因此，烟气的热容量大于空气的热容量，即 $V_y c_y > V_k c_k$，这样当烟气将热量传给空气时，烟气温度的下降值就小于空气温度的上升值。一般烟气温度下降 1℃，空气温度升高 1.25～ 1.5℃。如需把空气从 20℃ 加热到 320℃，即升高 300℃，则烟温只需下降 200～ 240℃即可。若排烟温保持在 120℃，那么这时预热器进口烟温应为 320～350℃。进口烟温与出口空气温度如此接近，即传热温差很小，不可能将空气温度加热到更高的温度。因此，在一定的排烟温度的限制下，采用单级布置时，热风温度就被限制在一定的范围内。如需再提高热风温度，则需提高排烟温度，这是不经济的。为了获得较高的热风温度而不增加排烟热损失，可采用双级布置。

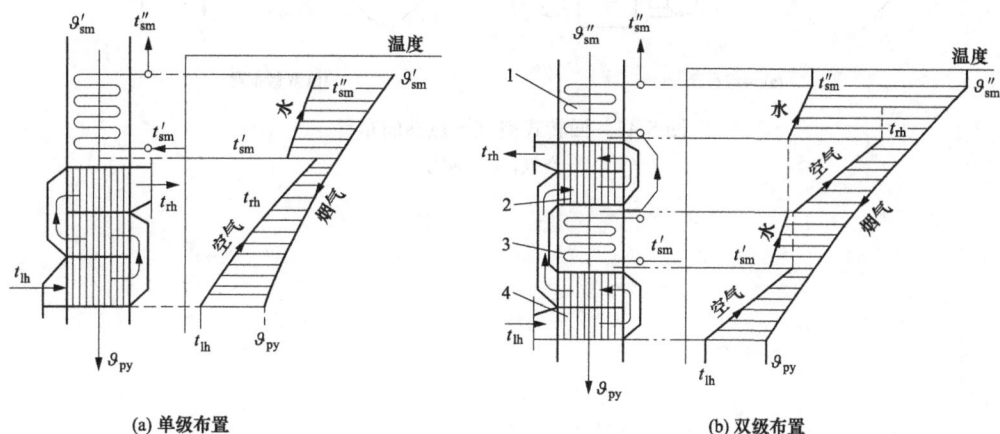

图 5-45　尾部受热面的布置

1—高温省煤器；2—高温空气预热器；3—低温省煤器；4—低温空气预热器

2. 双级布置

尾部受热面双级布置如图 5-45（b）所示，它由两级省煤器和两级空气预热器组成。第一级空气预热器（按空气流向）与第二级空气预热器之间放置第一级省煤器（按水流向），第二级省煤器位于第二级空气预热器的上方，即省煤器与空气预热器成交错布置。由于把一部分空气预热器受热面，即第二级空气预热器置于烟温较高的地段，因此在排烟温度受到限制的情况下，也能将空气加热到比单级更高的温度。此外，这种布置使省煤器和空气预热器都具有较高的传热温压，增强了尾部受热面的传热，节省了受热面金属。图 5-45 还给出了尾部受热面单级和双级布置时烟气和工质的温度分布。

图 5-45 中的空气预热器均为管式空气预热器，若采用回转式空气预热器，其布置形式如图 5-46 所示。图 5-46（a）为单级布置，它由一级省煤器与一级回转式空气预热器组成，如 SG-400/140 型锅炉即属此种布置形式。为了得到较高的热风温度，可采用图 5-46（b）所示的双级布置，此时高温级采用管式，低温级采用回转式。由于回转式空气预热器直径较大，故多布置在锅炉尾部烟道的外面，见图 5-46。在超高压或更高压力的锅炉中，尾部烟道除布置省煤器和空气预热器外，都布置有再热器，有的还布置有低温对流过热器。其尾部受热面的布置特点：

（1）尾部受热面（即省煤器和空气预热器）大多采用单级布置。

（2）再热器与低温对流过热器都是布置在省煤器之前（按烟气流向）。

（3）再热器与低温对流过热器在尾部烟道中可以串联布置，也可以并联布置。

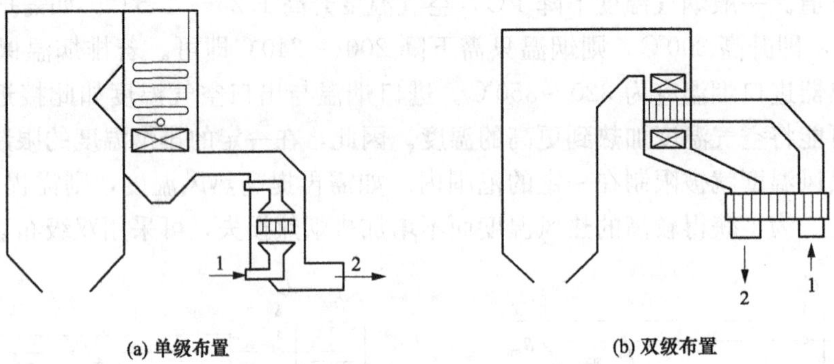

(a) 单级布置　　　　　　　　　　　　　　(b) 双级布置

图 5-46　回转式空气预热器的布置

1—空气；2—烟气

第 6 章　燃油燃气锅炉

【本章导读】

石油化学工业指化学工业中以石油为原料生产化学品的领域，广义上也包括天然气化工。由石油及天然气生产的化学品品种极多，范围极广。石油化工原料主要为来自石油炼制过程产生的各种石油馏分和炼厂气，以及油田气、天然气等。石油馏分（主要是轻质油）通过烃类裂解、裂解气分离可制取乙烯、丙烯、丁二烯等烯烃和苯、甲苯、二甲苯等芳烃，芳烃也可来自石油轻馏分的催化重整。石油轻馏分和天然气经蒸汽转化、重油经部分氧化可制取合成气，进而生产合成氨、合成甲醇等。从烯烃出发，可生产各种醇、酮、醛、酸类及环氧化合物等。随着科学技术的发展，上述烯烃、芳烃经加工可生产包括合成树脂、合成橡胶、合成纤维等高分子产品及一系列制品，如表面活性剂等精细化学品，因此石油化工的范畴已扩大到高分子化工和精细化工的大部分领域。石油化工生产一般与石油炼制或天然气加工结合，相互提供原料、副产品或半成品，以提高经济效益。

石油化工生产过程中一般都会用到大量热量，考虑到燃料的储存、中间产物及副产物的利用等因素，石油化工生产过程中提供热源的主要设备均采用燃油燃气锅炉。燃油燃气锅炉种类多，容量从 0.5t/h 至 120t/h 均能覆盖，而石油化工生产过程的用热负荷一般较大。因此，本章重点介绍 20t/h 以上不同类型的燃油燃气锅炉的主体结构、燃烧器形式，及燃油燃气锅炉运行时的调节方式、常见故障的诊断、应对措施等。

6.1　燃油燃气锅炉的形式

燃油燃气锅炉就其本体结构而言可分为锅壳式（也称火管式）锅炉、水管锅炉和浸没燃烧式加热锅炉。锅壳式锅炉结构简单，水及蒸汽体积大，对负荷变动适应性好，对水质的要求比水管锅炉低，多用于小型企业的生产工艺和生活采暖上。水管锅炉的受热面布置方便，传热性能好，在结构上可用于大容量和高参数的工况，但对水质和运行水平要求较高。水火管锅炉是在锅壳式锅炉和水管锅炉的基础上发展起来的，具有两者的优点，对水质要求和水管锅炉相近。

锅壳式锅炉，也称为火管锅炉，即以炉胆（火筒）和烟管（火管）为主要受热面构成的锅炉。其工作特征是火焰或烟气在炉胆（火筒）和烟管（火管）受热面中流动，并将热量传给炉胆或管外炉水以产生蒸汽或热水。立式锅壳式锅炉容量一般在 1.0t/h 以下，蒸汽压力一般在 1.0MPa 以下，用于热水供应的锅炉容量最大也仅有 1.4MW。由于锅炉容量太小，一般不用于化工生产过程，因此，本章不对此类锅炉进行介绍。

6.1.1　卧式锅壳式燃油燃气锅炉

卧式锅壳式燃油燃气锅炉容量一般在 1t/h 以上，其最大容量可达 25t/h，工作压力达到

1.6～2.5MPa，热负荷小的（小于 10MW）锅炉采用单炉胆布置，热负荷大的（不小于 10MW）锅炉采用双炉胆布置。一般卧式锅壳式燃油燃气蒸汽锅炉的热效率在 87% 左右，排烟温度一般为 250℃；环保型燃油燃气锅炉的排烟温度基本上和大容量的工业锅炉相同，可控制在 130～140℃，其热效率也达到 93% 左右。

卧式锅壳式燃油燃气锅炉的结构比较固定，其变化主要是对前后烟箱、尾部受热面的布置进行改革，主要结构形式有干背式顺流燃烧锅炉（1t/h 以下）、湿背式中心回焰燃烧锅炉（2t/h 以下）和湿背式顺流燃烧锅炉（2～25t/h）。干背式锅炉的烟气折返空间是由耐火材料围成的。湿背式锅炉的折返空间是由浸在炉水中的回燃室组成的。所谓湿背式锅炉是指锅炉的转烟室迁入锅筒内部，转烟室的管板、背板及筒体都被锅水包围着（即浸没于炉水中），所以称为"湿背式"。由于前两种锅炉容量较少，因此不做介绍。湿背式锅炉回燃室完全浸入水中，不仅增加了传热面积，并且杜绝像干背式那样出现管板开裂的危险。热水锅炉回燃室管板增加绝热层，减少管板温变压力。受热面积充裕，大炉膛结构，微正压燃烧，燃烧热负荷低，有害物质排放量少。

卧式锅壳式燃油燃气锅炉常用的烟管结构形式，主要区别是采用烟气的回程数，生产实践中大多是三回程的，此外还有用二回程和四回程，甚至五回程的。二、四回程的烟囱在炉前，安装使用不方便；五回程的结构太复杂，一般使用较少。图 6-1 所示为带湿背式回燃室的三回程热水锅炉。

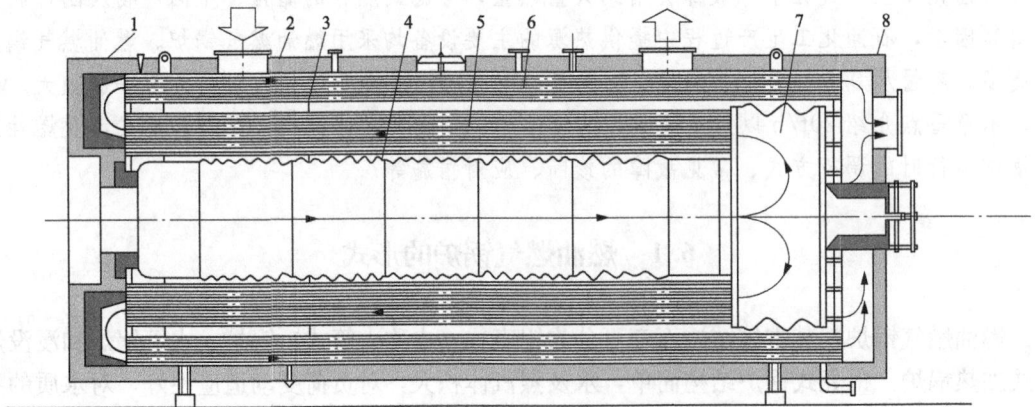

图 6-1 湿背式回燃室的三回程热水锅炉

1—前烟箱；2—锅壳；3—回水隔板；4—炉胆；5—第二回程；6—第三回程；7—回燃室；8—后烟箱

6.1.2 水管燃油燃气锅炉

水管锅炉以水管组成主要受热面，工作特征是火焰在管外加热管内锅水。因此，在结构上就不再需要庞大的锅壳，同时盛水筒体也可大大缩小。当锅炉蒸发量要求提高时，增加受热面并无任何约束和困难，水管的布置既可自由伸展又可合理组合，所以水管锅炉在结构特点上使设计者易于提高压力和蒸发量。

水管锅炉比锅壳式锅炉在如下几个方面具有明显的优势：

（1）能适应锅炉参数（工质温度和压力）提高的要求，从工业生产的角度讲，更高的蒸汽温度和压力可减轻重量和减小尺寸，提高生产效率。

（2）各种受热面的布置比较灵活，不仅能较方便地设置尾部的空气预热器和省煤器，还可以根据工业生产的需要设置过热器。

（3）有更高的安全裕度，水管锅炉的汽包不承受直接的辐射和火焰冲击，安全性较高，另外其承受直接辐射和火焰冲击的受热面管件如果发生爆管事故，也比锅壳式锅炉炉胆发生破裂的危害程度小。

但是水管锅炉对水质要求较高，生产时需要更大型、更先进的焊接、加工设备。

1. 卧式水管燃油燃气锅炉

考虑到紧凑和运输的方便，中小型水管燃油燃气锅炉以卧式居多，比较常见的有 D 形、A 形和 O 形，如图 6-2 所示，其共同特点：燃烧器水平安装，操作和检修比较方便；宽、高尺寸较小，受热面的布置沿长度方向有很大的裕度，利于快速安装，可组装生产。

（1）D 形锅炉。双锅筒单烟道式的水管锅炉在成形以后，很快就显示出它在结构布置上的合理性，因此发展十分迅速。经过不断的完善，它在技术经济指标、工作性能和受热面的组成等方面，均有相当程度的提高，由于其本体的形状似英文字母"D"，所以称为 D 形锅炉，如图 6-2（a）所示。

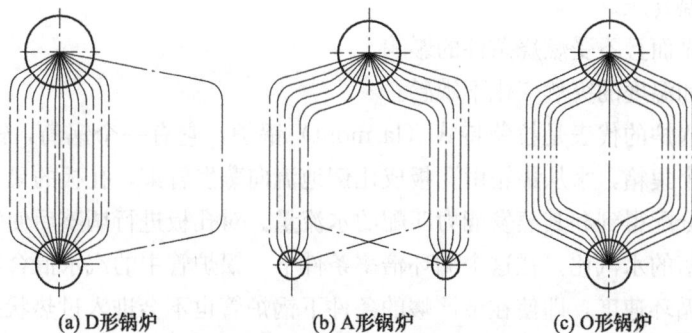

(a) D形锅炉　　　　(b) A形锅炉　　　　(c) O形锅炉

图 6-2　大容量热水锅炉结构形式

（2）A 形锅炉。这种弯水管锅炉采用锅筒形式，主要是保证锅炉有足够多的受热面积和较大的蓄水容积。在上锅筒（汽包）与两个下锅筒（水筒）之间分别连接左右两个方位倾斜的蒸发管束，构成锅炉的本体，烟气由两边横掠管束而构成双烟道。由于其体形呈英文"A"的形状，因此称为 A 形锅炉，如图 6-2（b）所示。A 形锅炉烟气量都要分成两边走向；而且因上下锅筒间的高度差是保证水循环可靠进行的条件之一，炉膛深度又要满足燃烧喷油射程和在锅筒长度方向排列一定量受热面的需要，所以冲刷左右管束时只有一半的烟气通过较大的流通截面，流速比较缓慢，蒸发率不高。

（3）O 形锅炉。O 形锅炉很适合固定式锅炉快装化的结构要求，同样的尺寸下最能利用空间，燃烧器可布置在 O 字中心，烟气充满度好，能均匀辐射水冷壁面。对燃油燃气锅炉来讲，是一种理想的炉膛结构。

图 6-2（c）示出了这种 O 形锅炉的本体结构简图。可以看到，锅炉的横剖面的形状类似于英文字母"O"，因此称之为 O 形锅炉。锅炉本体是由置于上方的大直径锅筒和置于下方的小直径水筒以及对称地分布在两侧的三组密排的水管所构成的炉膛和对流受热面。

由于水管左右对称，结构上水管仅需要 3 种规格，两侧采用水管相切的膜式水冷壁，前后墙由拉稀的水冷壁管作为支撑,用耐火材料砌筑,前墙中心开有燃烧器喷口,这种形状特别适应燃油燃气的火焰形状,从而能使水冷壁可以最有效地吸收火焰的辐射热,即使锅炉在部分负荷时也能维持较高的效率。这三种不同锅炉结构中,D形锅炉用得最多,经过了长期的使用考验。

2. 强制水循环锅炉

根据水蒸气性质,压力越高时汽水比重差就越小,锅炉中汽水回路的自然循环就越难形成,即使形成了水循环也不可靠。当压力超过 18.5MPa 时,已不能保证稳定的自然循环,到达临界压力 22.57MPa 时,则汽水密度差等于零,自然循环就无法形成,这时只能依靠外来的动力(如依靠水泵)迫使其中的工质流动。这种凭借外来动力建立起强迫流动的锅炉称为强制循环式锅炉,其中用来迫使汽水混合物循环流动的水泵称为循环泵,它装在下降管与上升管之间,泵的压头一般为 0.25~0.35MPa。一般认为和自然循环相比,强制循环具有以下优势:

(1) 质量和尺寸小。

(2) 可以更改锅炉尺寸以适应环境变化。

(3) 适合高温高压。

(4) 循环可靠而且不受燃烧条件的影响。

(5) 对压力和温度的突然变化不敏感。

强制水循环锅炉的代表是拉蒙特式(la mont)锅炉,它有一个锅筒,锅筒的水被循环泵强制地压入各个集箱,水从集箱由孔板成比例地流向蒸发管束,孔板的尺寸被分成不同系列以使每根管中分配得到和其蒸发能力匹配的水流量。对孔板进行调整后使锅炉在正常负荷时每根管获得 8 倍的水汽比,在这个循环倍率条件下,锅炉管中的汽水混合物在所有负荷时都能获得较高的循环速度,即使在最严峻的条件下锅炉管也不会进入过热状态。

可见强制水循环的水管中水的流动是被强制的,管中的孔板能够测量从循环泵进入每根水管中的准确流量,保证各种水管在所有工况下满足充分冷却的条件,因此在锅炉蒸发运行时,孔板应保持清洁,循环泵应保持良好的运转,才能保证锅炉得到可靠和高速度的水循环。强制水循环除了可以避免锅炉管发生过热外,水垢的形成也减轻了。锅炉冷启动时间缩短,整个锅炉的膨胀热应力比较小。由于管壁金属温度变化趋于平缓,锅炉管的倾斜并不影响水循环,因此能很好地调整设计使锅炉适合环境变化。

图 6-3 所示为一台拉蒙特式的强制循环锅炉。

循环泵 2 将炉水从汽包 6 中抽出经下降管 3 送到主分配联箱 1,从这组联箱分三路到各蒸发受热面,其中第一路 4 是到左侧水冷壁和炉顶第一蒸发管束;第二路 12 是炉底和右侧水冷壁,再延伸向上便构成第二蒸发管束;第三路是后墙水冷壁。这三路产生的汽水混合物全部用泵的压力压送到汽包中进行汽水分离,然后由蒸汽管 8 引到过热器 9 中过热加热,最后通往蒸汽总管使用。汽包中的炉水补充是由给水泵经给水管路将给水送至省煤器 7,在其中加热后送到汽包。因自然循环式锅炉的省煤器和过热器中进行的也是强制循环,所以两种锅炉有两个部件中的工作是一样的。在上述三路蒸发受热面中,每路的很多根管子都是并联设置,工质在其管排的每根管子中平行流动,而且因不断吸热,沿着管子的长度汽水混合物中的含汽率在不断增加。

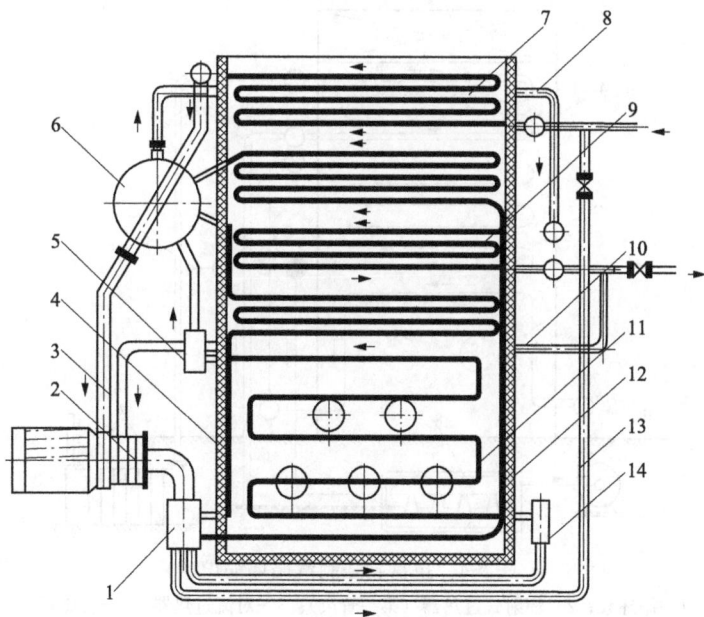

图 6-3 拉蒙特式强制循环锅炉

1—主分配联箱；2—循环泵；3—循环供水管；4—左侧水冷壁（第一管束）；

5—后墙汇集联箱；6—汽包；7—省煤器；8—饱和蒸汽管；9—过热器；10—循环泵供汽管；

11—后水冷壁；12—右侧水冷壁（第二管束）；13—省煤器再循环管；14—后墙分配联箱

3. 强制汽循环式锅炉

强制汽循环式锅炉的典型代表被称为拉富勒（loffler）锅炉，如图 6-4 所示。循环泵从锅筒中将饱和蒸汽抽出，强制地使蒸汽通过辐射式和对流式过热器进行蒸汽的再加热，蒸汽的一部分导出锅炉主蒸汽出口，同时余下的蒸汽分两股重新回到锅筒，其中一股蒸汽被压入锅筒的水中，放出在过热器中吸收的热量为回路产生饱和蒸汽，另一股蒸汽和锅炉给水一起被压入锅筒水面之上的空间。

4. 一次通过式大容量直流燃油燃气锅炉

直流燃油燃气锅炉产生以来，其型式和构造变化较多。结构的不同主要反映在锅炉水冷壁和蒸发受热面的结构形式上。一般来讲，主要有三种结构型式，自然循环锅炉〔见图 6-5（a）〕、强制循环锅炉〔见图 6-5（b）〕和 Sulzer 回带管屏式直流锅炉〔见图 6-5（c）〕。自然循环锅炉利用上升管中汽水混合物和下降管中未饱和水之间的密度差，产生冷却炉膛中高温火焰或烟气的水冷壁管的循环动力；而强制循环锅炉是利用泵，提供冷却炉膛中高温火焰或烟气的水冷壁管中的循环动力。设计者在设计此类锅炉时有更大的自由度，只需考虑空间情况就可以了。不管是自然循环锅炉还是强制循环锅炉，都有一定的压力极限，其汽包压力一般在临界压力 22.1MPa 以下，但是直流锅炉可以应用于各种压力。在通用结构中，水被水泵注入锅炉，一次经过锅炉本体，使蒸汽达到额定温度后离开过热器。

图 6-5（c）示出了 Sulzer 锅炉的管线结构示意。Sulzer 一次通过式锅炉由一根长长的管子构成，当容量增大后，可以采用数根平行的管子。这些管子在不同的加热区域被盘旋成不同的绕组，循环泵将工质强制连续地通过预热、蒸发和过热区域。无论是从引起管壁过热还

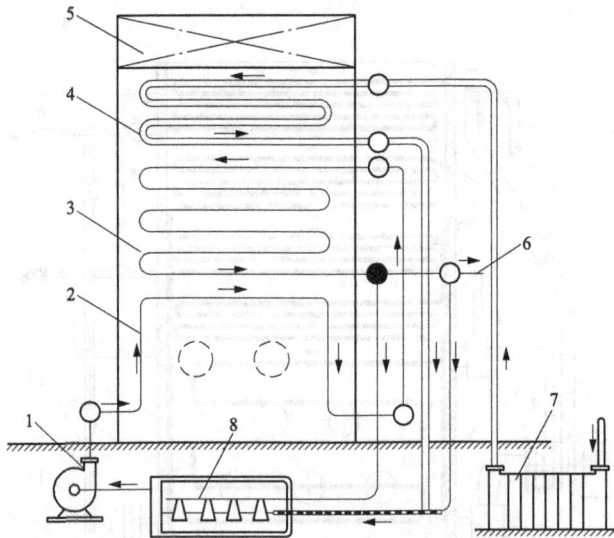

图 6-4　拉富勒强制汽循环锅炉

1—循环泵；2—辐射式过热器（第一管束）；3—对流过热器；4—省煤器；
5—空气预热器；6—蒸气出口；7—给水泵；8—锅筒

是限制循环的角度来看，这种锅炉不允许有杂质在管壁上沉积。和其他高压锅炉一样，冷凝水被用作锅炉辅助给水进入蒸发段之后，此处蒸汽含量低，安装了带有自动泄放装置的汽水分离器，放出的水含有某种浓缩的盐分。图 6-5（c）所示为多弯道立式或水平式管带型一次通过式锅炉，也是 Sulzer 锅炉的典型结构型式，它的优点是几乎没有中间集箱，节约金属耗量，并能适应复杂的炉腔形状。缺点是两集箱之间管子特别长，热偏差大，不利于管子的自由膨胀；管带每一弯道前后的两个行程之间的相邻管子内工质流向是相反的，因温差大，并且制造工艺较复杂，不适应膜式壁结构；立式多弯道臂带的疏水也较困难。

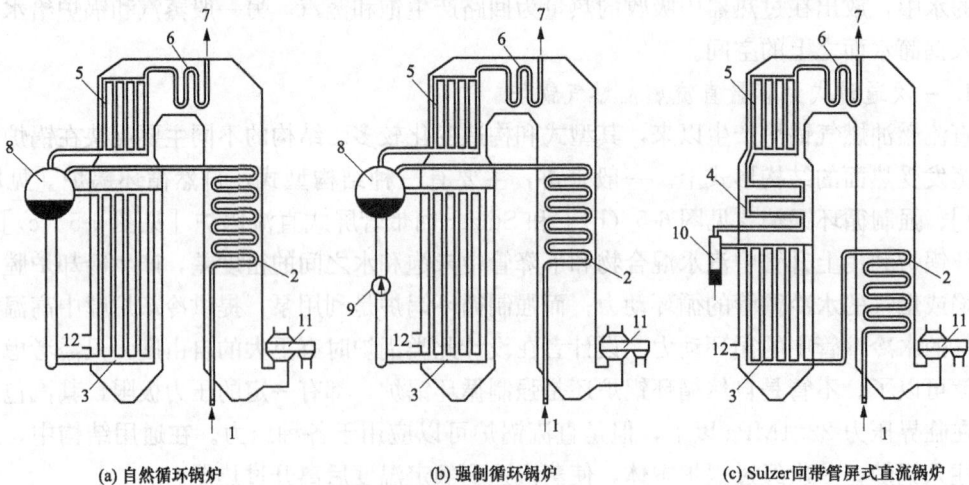

(a) 自然循环锅炉　　(b) 强制循环锅炉　　(c) Sulzer回带管屏式直流锅炉

图 6-5　不同的锅炉循环结构简图

1—给水；2—省煤器；3—水冷壁；4—过渡区受热面或一次过热器；5—辐射过热器；6—对流过热器；
7—蒸气出口；8—汽包；9—循环泵；10—水分离器；11—空气预热器；12—燃烧器

6.1.3　燃油燃烧器

燃油燃烧器又称油喷嘴,油喷嘴的种类有很多,按其雾化形式一般可分为机械雾化喷嘴,气流雾化喷嘴,联合雾化喷嘴。机械雾化又可分为压力雾化喷嘴和转杯式雾化喷嘴。气流雾化喷嘴按其气流压力的大小,可分为高压(蒸气或压缩空气)雾化和低压空气雾化两种。联合喷油嘴是将机械雾化与气流雾化结合在一起使用的喷嘴,常见的联合雾化喷嘴:蒸气-机械雾化,蒸气-低压空气雾化,空气-机械雾化等几种喷油嘴。下面将这几种喷油嘴逐一介绍。

1. 简单的机械雾化喷油嘴

简单的机械雾化喷油嘴的结构形式很多,图6-6所示为切向槽式简单压力雾化喷嘴,主要由雾化片、旋流片、分流片构成。由油管送来的具有一定压力的燃油,先经过分流片上的几个进油孔汇合到环形均油槽中,再进入旋流片上的切向槽,油以一定的速度切向流入旋流片中心的旋流室,并产生强烈的旋转,最后从雾化片上的喷口喷出,并在离心惯性力的作用下迅速被破碎成许多细小的油粒,同时形成一个空心的圆锥形雾化炬。通过调节油管进油的压力,可以调节油喷嘴的喷油量,但是随着进油压力的降低,喷油嘴雾化的效果也会变差,因此负荷调节受到一定的限制。为了保证简单机械雾化喷嘴的雾化质量,燃油从喷口喷出必须具有很高的速度,因而要求燃油具有较高的压力,一般应达2.0~3.5MPa。简单机械雾化喷嘴没有回油系统,调节流量只能靠改变油压。燃油的流量近似与油压的平方根成正比,即压力变化很大,而流量变化有限,故调节范围很小,特别是在小流量时要求进油压力降低,而油压过低会导致雾化质量急速恶化。因此,简单机械雾化喷嘴仅适用于热负荷变化不大的燃烧装置,或利用临时关闭或打开某个油喷嘴来调节热负荷。

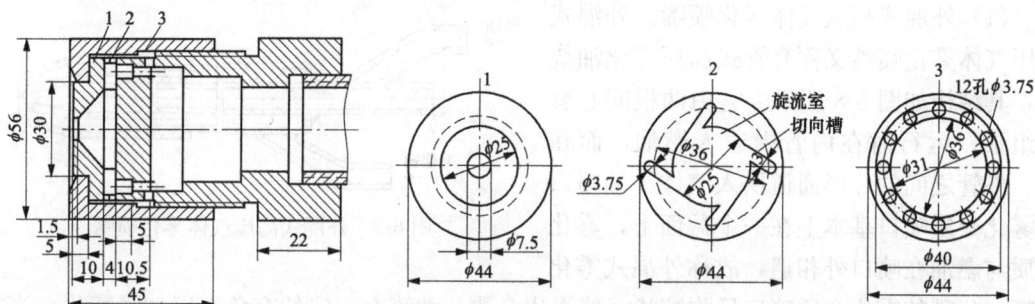

图6-6　切向槽式简单压力雾化喷嘴(单位:mm)

1—雾化片;2—旋流片;3—分流片

2. 回油式机械雾化喷油嘴

简单的机械雾化喷油嘴的喷油量和油压的平方根成正比,即油压的变化对喷油量的影响不大,简单的机械雾化喷油嘴对锅炉的负荷稳定,不需要经常调节。但当锅炉负荷经常要在较大范围调节时,简单的机械雾化喷油嘴就不太适用了。

为了提高机械雾化喷嘴流量调节性能,确保在低负荷时的雾化质量,回油式机械雾化喷嘴在结构上做了一些改进,其结构如图6-7所示。主要的改进是在分流片上开了一个中心孔或一组小孔,并连接一根与油箱相通的回油管,这样进油量可分成喷油量与回油量两部分。在供油压力不变的情况下可利用改变回油量的方法调节热负荷(喷油量)。由于供油压力不

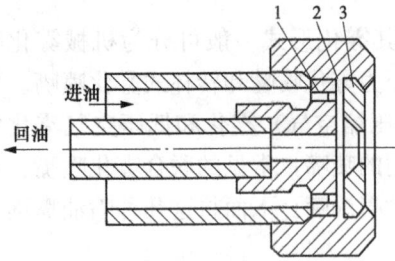

图 6-7　回油式机械雾化油喷嘴
1—喷油座；2—旋流片；3—雾化片

变，在旋流室中油的旋转速度基本不变。当需要减小喷油量时，可加大回油阀的开度，增加回流油量，但燃油仍以高速喷出，这样即可在低负荷时保持良好的雾化质量。当回油阀完全关闭时，这种油喷嘴便变成了简单机械雾化油喷嘴。回油式油喷嘴的调节比可达 4 左右，可应用于热负荷变化较大的燃烧室。回油喷嘴应用于重油系统时，应控制回油量不能太大，否则会损失热量，甚至可能使油系统冒罐，这是因为回流的油是被加热到较高温度的油。

3. 高压气体雾化喷嘴

高压气体雾化喷嘴采用高压气体作为雾化介质。常用的雾化介质为压缩空气（0.3～0.7MPa）和水蒸气（0.3～1.2MPa），也可采用高压氧气或煤气等其他高压气体。对于高压气体雾化喷嘴，雾化介质喷出的速度相当高，可接近声速或超声波速，其雾化效果一般比低压喷嘴好。高压蒸汽比压缩空气的成本低，故水蒸气被广泛地用作高压雾化剂。但水蒸气会降低燃烧温度，增加炉内水分含量，使炉内烟气量增大，排烟损失增加，所以其用量应合理控制，不宜过大。气体雾化喷嘴的燃烧空气则由专门风机提供。高温气体介质从喷口高速流出时，其体积急剧膨胀，温度将降低；当它与油流相遇时，也会使油温降低，从而使燃油黏度增大，雾化质量下降。因此，高压气体雾化喷嘴最好采用温度较高的过热蒸汽或压缩空气。根据雾化介质和燃油混合位置不同，高压气体雾化喷嘴可分为外混式、内混式和 Y 形等。

（1）外混式高压气体雾化喷嘴。外混式高压气体雾化喷嘴又称套管式高压雾化油烧嘴，其结构如图 6-8 所示。它由两根同心套管组成，运行时在内管内通入燃油，而在内、外管之间的环形通道供入气体。油喷口和雾化介质喷口基本上在一个截面上，雾化介质与燃油在喷口外相遇，故称外混式雾化

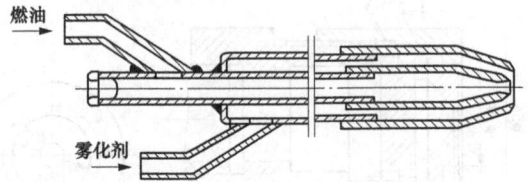

图 6-8　外混式高压气体雾化喷嘴

喷嘴。喷嘴的雾化介质喷口呈收缩状，使雾化介质与油流有一定的交角，以加强雾化。当雾化介质压力较高时，这种喷嘴可获得较好的雾化质量；但压力较低时，雾化质量将严重恶化。这种喷嘴结构简单，曾在小型燃烧设备上有应用，但由于雾化颗粒总体较大，且雾化介质耗量大，燃烧噪声大，已基本上不进一步发展。为了改进外混式喷嘴的雾化质量，加强燃油与空气的混合，在外混式喷嘴内外管环形空气通道的头部加装旋流叶片，使高速雾化剂旋

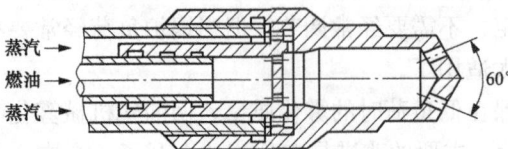

图 6-9　内混式气体雾化喷嘴

转喷出，构成旋流外混式高压雾化喷嘴（通常称为 GW-X 型喷嘴）。这种外混式喷嘴的雾化效果有较大改善，可得到较短火焰，调节比可达 5 左右。

（2）内混式气体雾化喷嘴。内混式气体雾化喷嘴结构如图 6-9 所示。燃油及雾化介质分别从油喷嘴的中心管和外侧同心套管进入雾化器头部的混合室，在混合室内被一次

雾化，形成均匀的泡沫状油气混合物。混合室内必须保持较高的压力，使乳状油气混合物从喷孔喷出时进一步雾化为油滴群。这种喷嘴的混合室压力与油压力和雾化介质压力有关，提高油压或雾化介质压力均可增大混合室压力。有些内混式喷嘴运行时雾化介质压力高于油压，随着两者压差增大，雾化质量改善，但气耗率急剧增大，油流量迅速降低；在油压不变时，过分提高气压，使两者压差达到某值时，油流量会变成零即造成所谓的"封油"现象；有些内混式喷嘴运行时油压高于气压，随着两者压差的加大，雾化质量变差，气耗率急剧变小，油流量增加很快；在气压不变时，过分提高油压，使两者压差达到某数值时，雾化剂不能喷出，燃油会倒流到气管中造成事故。所以，合理设计内混式喷嘴的结构，合理控制其运行参数是至关重要的。

（3）Y形蒸汽雾化喷嘴。Y形蒸汽雾化喷嘴属于内混式蒸汽压力雾化喷嘴，其结构如图6-10所示。在这种烧嘴中，油孔、汽孔和混合孔采取Y形相交布置形式，各组喷孔沿烧嘴中心线对称布置，一般为6、8组或10组。燃油和蒸汽分别由外管和内管进入油孔和汽孔，两者在混合孔内相遇，一次撞击雾化为乳状油气混合物，然后在混合室压力下经混合孔喷出而得到进一步雾化。Y形喷嘴采用多个Y形的中间混合孔代替混合腔，使气耗率大大降低，仅

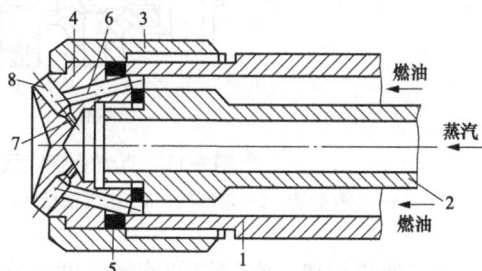

图 6-10　Y形蒸汽雾化喷嘴

1—外连接件；2—内连接件；3—雾化喷头；4—压紧帽；
5—垫片；6—油孔；7—汽孔；8—混合孔

为常用气体雾化喷嘴气耗率的1/4，且雾化质量良好，雾化粒度小；运行油压一般为0.5～2.0MPa，运行汽压为0.6～1.4MPa，远低于机械雾化喷嘴，故系统的可靠性高。Y形喷嘴要求加工精密，喷孔直径一般大于2mm，喷孔太小时易被堵塞。

4. 低压空气雾化油喷嘴

低压空气雾化喷嘴采用鼓风机供给的空气作为雾化介质，喷嘴前风压低，一般为$(5.0\sim10.0)\times10^3$Pa，高的可达12.0×10^3Pa。

在低压空气雾化喷嘴中，燃油雾化是依靠雾化介质的动量来实现的。由于雾化介质的喷出速度受到风压的限制，为了保证雾化质量，必须使用较多的空气作为雾化介质。一般地，雾化介质的消耗量应为燃烧所需空气量的50%以上，有的油喷嘴甚至将燃烧所需的全部空气均作为雾化介质来使用，这样在雾化的同时，还造成了空气与油雾的混合。低压空气雾化喷嘴的主要部件有空气导管、油导管、喷头和调节机制。对燃烧起关键作用的是喷头的形状和尺寸，常用的低压雾化喷嘴有以下三种：

（1）直流套管式低压空气雾化油喷嘴。直流套管式低压空气雾化油喷嘴俗称C形烧嘴（见图6-11），其特点是空气出口流通截面可以调节。转动手柄5使偏心轮转动，从而带动油管外部的套管6前后移动，由此可改变空气出口流通面积和雾化空气的喷出速度。

这种烧嘴结构简单，调节比较方便，但是手动油阀难以实现微量调节。此外，烧嘴的移动套管部分要求精密加工，否则易引起火焰偏斜。由于烧嘴结构简单，空气与燃油之间仅相遇一次，混合效果偏差。

（2）旋流式低压空气雾化油喷嘴。旋流式低压空气雾化油喷嘴俗称K形烧嘴，其结构如图6-12所示。烧嘴头部的空气通道内装有旋流叶片，空气流经该旋转叶片后形成旋转气

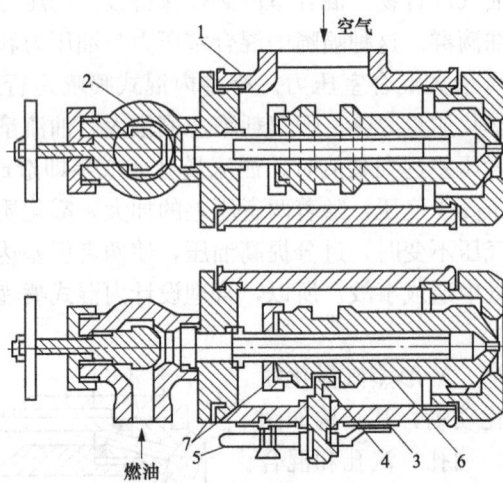

图 6-11　直流套管式低压空气雾化喷嘴（C 形烧嘴）

1—空气导管；2—油阀门；3—空气量指针；4—偏心轮；5—调节手柄；6—套管；7—密封垫圈

流，再与油流相遇，空气流的旋转强度与旋转角度对雾化和混合均产生影响。气流与油流间有 70°～90°的交角，两者接触面积大，雾化质量好于 C 形烧嘴。K 形烧嘴依靠安装在烧嘴内部的针阀，采用改变油喷口截面积的方法实现油量调节。

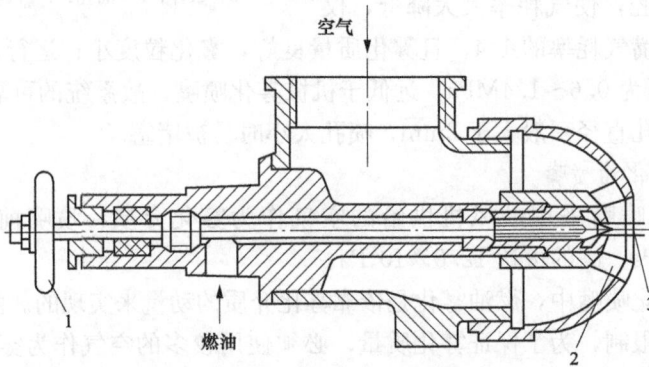

图 6-12　低压旋流式空气雾化油喷嘴（K 形烧嘴）

1—针阀调节手轮；2—旋流叶片；3—喷口

（3）比例调节式油烧嘴。对于低压油烧嘴，空气既是燃烧过程必需的助燃剂，又是雾化介质。在负荷降低需要减小油量时，空气量也应相应减小，但这势必导致雾化质量的降低。因此，应在低压油烧嘴内配置风量调节装置，采用改变风口有效流通面积的方法，保证在风量减小时不降低风速，从而保证雾化质量。

　　比例调节式多级空气雾化喷嘴（习惯上称 R 形或 B 形烧嘴）是一种能自动保持油量和空气量比例的三级雾化油喷嘴，其结构如图 6-13 所示。其中空气流分三次与油流相交，实现三级雾化。空气量是通过改变二次和三次空气喷口截面来调节的，转动操纵杆 6 可使空气套管前后移动，从而改变了空气喷口截面积。油量的比例调节是通过改变油槽 3 的流通截面积实现的。上述两种调节既同时进行，又设计成按比例实施，从而保证了油量和空气量的匹配，保证在不同负荷下都有良好的雾化质量。

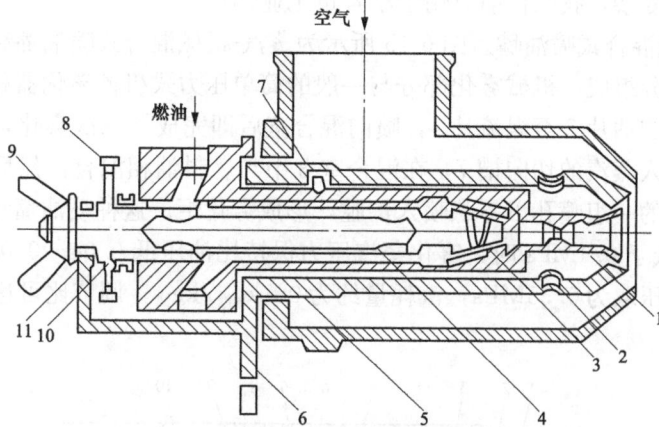

图 6-13　比例调节式多级空气雾化喷嘴（R 形烧嘴）

1——次空气入口；2—二次空气入口；3—调节油量的通油槽；4—回油通路；

5—离合器连接；6—调节空气量的转动（操纵）杆；7—导向销；8—油量调节手柄；

9—实现比例调节的拧紧旋帽；10—油量调节盘；11—空气调节盘

　　（4）转杯式雾化喷嘴。转杯式雾化喷嘴是一种高速机械滚动喷嘴，结构如图 6-14 所示。这种喷嘴的旋转部分是由高速旋转的旋转杯和通油的空心轴组成。轴上还装有一次风机叶轮，可在高速旋转时产生较高压头的一次风。它将油滴入高速旋转杯中，依靠机械能产生离心力自杯中甩出而雾化成细粒，再被高速一次风进一步雾化。转杯的转速对雾化起决定作用，一般高达 3000～10 000r/min。一次风辅助雾化，同时与油雾充分混杂，从而保障良好的燃烧。通常一次风量占总风量的 20% 左右，一次风出口速度为 40～100m/s。

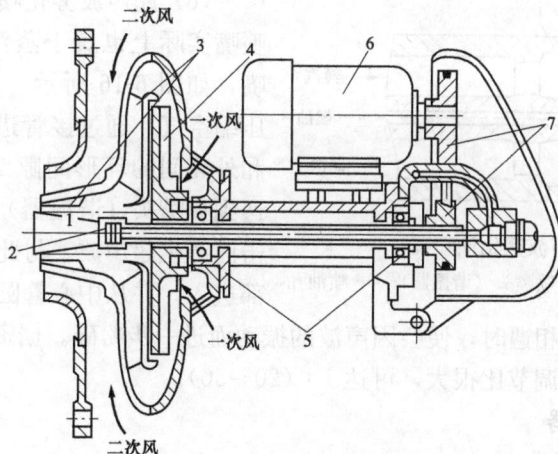

图 6-14　转杯式雾化喷嘴

1—空心轴；2—转杯；3—一次风导流片；4——次风机叶轮；5—电动机；6—传动带轮；7—轴承

　　转杯式雾化喷嘴的特点是对油的适应性较好，运行油压低，喷油量的调节范围大，燃烧稳定且燃烧火焰短而宽，此外，因不存在喷油孔的堵塞和磨损，对油中所含杂质不敏感，而且送油压力不高，无需装设高压油泵。但比较笨重，运行噪声大，同时它有高速转动的部件，制造加工较为复杂，我国目前只用于小容量工业锅炉上。

（5）蒸汽-机械混合式喷油嘴。图 6-15 所示为蒸汽-机械混合式喷油嘴结构。它由蒸汽雾化与机械雾化两部分组成，机械雾化部分与一般的简单压力式机械雾化器相同，油由中心连接件 2 进入后，经配油片 3 至涡流片 4，喷向混合室后即完成了一次雾化，而蒸汽则经机械雾化部分的外围进入蒸汽的切向槽 7，在混合室 8 中与燃料油相混合，然后在高速气流的作用下经混合室端部的一组喷孔以雾状喷入炉膛，形成雾化炬。这种喷油嘴正常负荷时油压为 0.8MPa。当油压低于 0.4MPa 时，雾化蒸汽压力保持比油压低 0.04～0.05MPa。当油压大于 0.4MPa 时，汽压取为 0.35MPa，汽耗量约为 $0.1kg_汽/kg_油$，调节比可达 1：6，燃烧情况良好。

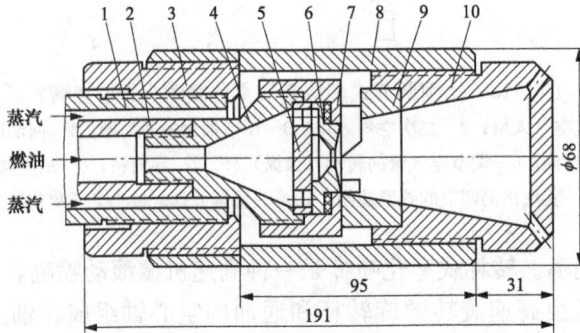

图 6-15　蒸汽-机械混合式喷油嘴（单位：mm）
1—喷枪外管；2—喷枪内管；3—外连接件；4—中心连接件；5—配油片；
6—漩涡片；7—特种螺帽；8—外壳；9—蒸气切向槽；10—混合室图

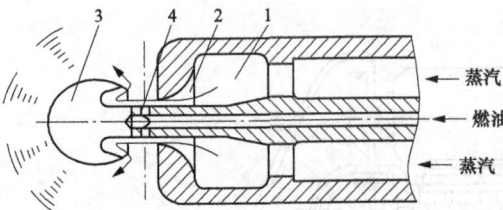

图 6-16　超声波雾化油喷嘴
1—气室；2—环形间隙；3—喷嘴头（谐振器）；4—喷油孔

（6）超声波雾化喷油嘴。超声波雾化油喷嘴实际上也属于蒸汽"-"机械雾化油喷嘴，如图 6-16 所示。由图可见，蒸汽（或压缩空气）通过接管进入汽室 1，并经喷嘴和外壳间的环形间隙 2 喷出。气流喷出后，遇到喷嘴头（谐振器）3 的环形沟，由于冲击而产生超声波。与此同时，油从喷嘴中心部进入，并从中心管圆周几个小孔 4 呈放射状喷出。当油雾与声波相遇时，便会因声波的振动而进一步粉碎。据资料介绍，这种喷嘴的雾化粒度细小而均匀，调节比很大，可达 1：（20～50）。

6.1.4　燃气燃烧器

1. 燃气燃烧器的分类

燃气燃烧器的类型很多，分类方法也各不相同，要用一种分类方法来全面反映燃烧器的特性是比较困难的。现介绍几种常用的分类方法。

（1）按燃烧方法分类。

1）扩散式燃烧器：燃烧所需的空气不预先与燃气混合，过量空气系数 $\alpha_1=0$。

2）大气式燃烧器：燃烧所需的部分空气预先与燃气混合，过量空气系数 $\alpha_1=0.2～0.8$。

3）完全预混式燃烧器：燃烧所需的全部空气预先与燃气充分混合，$\alpha_1 = 1.05 \sim 1.10$。

（2）按空气的供给方法分类。

1）引射式燃烧器：空气被燃气射流吸入或燃气被空气射流吸入。

2）自然供风燃烧器：靠炉膛中的负压将空气吸入组织燃烧。

3）鼓风式燃烧器：用鼓风设备将空气送入炉内组织燃烧。

（3）按燃气压力分类。

1）低压燃烧器：燃气压力在 $5 \times 10^3 \mathrm{Pa}$ 以下。

2）高（中）压燃烧器：燃气压力为 $5 \times 10^3 \sim 3 \times 10^5 \mathrm{Pa}$。

另外，还有一些特殊功能的燃烧器，如浸没式燃烧器、高速燃烧器和低 NO_x 燃烧器。

2. 扩散式燃烧器

按照扩散燃烧方法设计的燃烧器称为扩散式燃烧器。扩散式燃烧器的过量空气系数 $\alpha_1 = 0$，燃烧所需要的空气在燃烧过程中供给。

根据空气供给方式的不同，扩散式燃烧器又分为自然引风式和强制鼓风式两种。前者依靠自然抽力或扩散供给空气，燃烧前燃气与空气不进行预混，常简称扩散式燃烧器，多作为民用。后者依靠鼓风机供给空气，燃烧前燃气与空气也不进行预混合，常简称为鼓风式燃烧器，多用于工业。

（1）自然引风式扩散燃烧器的结构及工作原理。最简单的扩散式燃烧器是在一根铜管或钢管上钻一排或交叉布置两排火孔。燃气在一定压力下进入管内，经火孔流出，依靠燃气分子的扩散与空气混合而燃烧，形成扩散火焰。

自然引风式扩散燃烧器依靠抽力，扩散供给空气。自然引风式扩散燃烧器具有结构简单，制造方便；燃烧稳定，不会回火；点火容易，调节方便；可利用低压燃气；不需要鼓风；燃烧强度低，火焰长，需要较大的燃烧值；容易产生不完全燃烧；由于过剩空气系数较大，燃烧温度低等特点。

自然引风式扩散燃烧器可根据加热工艺和燃烧的需要做成多种形式。

1）涡管式燃烧器。如图 6-17 （a）所示，其特点是压力分布较均匀，火焰高度比较整齐。这种燃烧器加工简便，适用于具有圆形炉膛的小型锅炉。

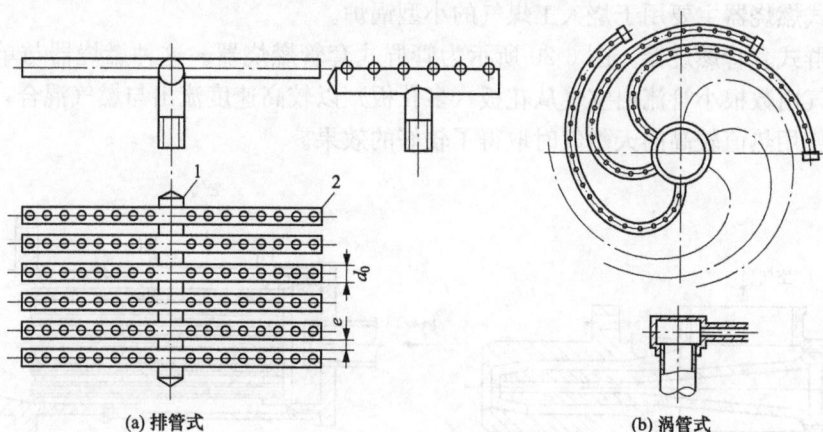

(a) 排管式　　　　　　　　　　　　　　　　(b) 涡管式

图 6-17　扩散燃烧器
1—排管；2—集气管

2）管式燃烧器。管式燃烧器可有单管式和多管式，多管式燃烧器结构见图 6-17（b），这种燃烧器由若干根小火管焊接在一根集气管上而组成。为了使燃烧所需的空气畅通到每个火孔，要求排管间的净距 $e=(0.6\sim1.0)D$。火管所组成方形头部大小一般比燃烧室的长宽至少各小于 2 倍火管外径。

3）冲焰式燃烧器。图 6-18 所示为冲焰式扩散燃烧器。它采用两个扩散火焰相撞的方法来加强气流扰动，增进燃气与空气之间湍动混合，提高燃烧稳定性和燃烧强化过程。两股火焰的喷射夹角 $\theta=50°\sim70°$，两根火管的中心距离约为火管外径的 2 倍。为使燃气均匀地分布在各火孔上，火孔总面积必须小于进气管截面积。

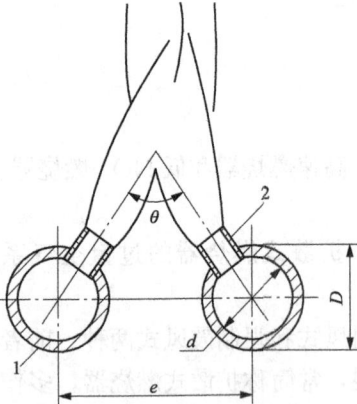

图 6-18　冲焰式燃烧器
1—分配管；2—管状火孔

自然引风扩散式燃烧器适用于温度要求不高、温度均匀、火焰稳定的场合，也可以充当临时性的加热设备。

（2）鼓风式扩散燃烧器。在鼓风式燃烧器中，燃气燃烧所需要的全部空气均由鼓风机一次供给，但燃烧前燃气与空气并不实现完全预混，因此燃烧过程并不属于预混燃烧，而为扩散燃烧。

鼓风式扩散燃烧器具有结构紧凑，占地面积小；燃烧稳定，不会回火；可根据需要组织燃气与空气的混合，满足各种工艺需要；可以预热空气，有利于提高燃烧温度和节省耗气量等优点。同时，鼓风式扩散燃烧器因需要鼓风，所以要消耗电能，且本身不具备燃气与空气比例的自动调节特性，需要配置自动比例调节装置。

（3）套管式燃烧器。套管式燃烧器由大管和小管相套而成，燃气从中间一根或数根小管子中流出，空气从大管子与小管子的夹套中流出，燃气与空气混合进入火道燃烧。

单套管燃烧器如图 6-19 所示。这种燃烧器的特点是结构简单，制作容易，气流阻力小，所需空气燃气压力低，一般为 800～1500Pa，燃烧稳定，不会回火。但其缺点是燃气与空气混合较差，热负荷不宜过大，否则火焰很长，需要较大的燃烧空间和较高的过量空气系数。因此单套管式燃烧器主要用于烧人工煤气的小型锅炉。

（4）管群式套管燃烧器。图 6-20 所示为管群式套管燃烧器。这种燃烧器与单管燃烧器不同的是燃气由数根小管流出空气从花板（多孔板）以较高速度流出与燃气混合，改善了混合情况，在使用热值较高的天然气时取得了较好的效果。

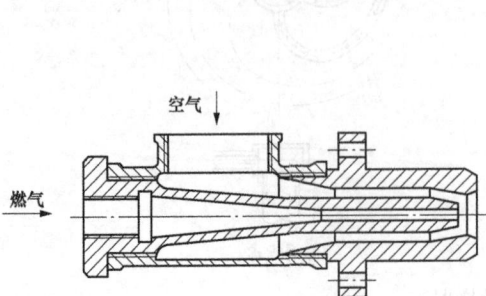

图 6-19　单套管燃烧器

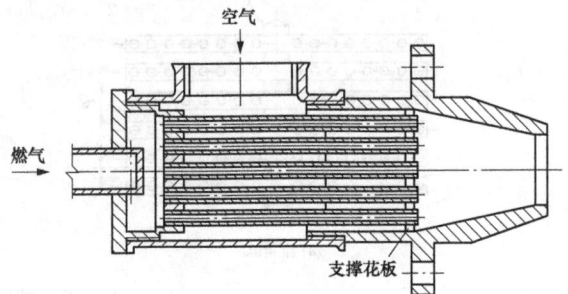

图 6-20　管群式套管燃烧器

（5）旋流式燃烧器。旋流式燃烧器的特点是燃烧器本身带有旋流器，空气在旋流器的作用下产生旋转，而燃气从分流器的喷孔（或缝）中流出。旋流式燃烧器广泛地应用于工业锅炉中。它可在不改动供风系统的情况下，方便地插入煤粉或燃油装置，组成多种燃料复合燃烧器。

根据旋流器的结构及供气方式，旋流式燃烧器可以分为以下几种：

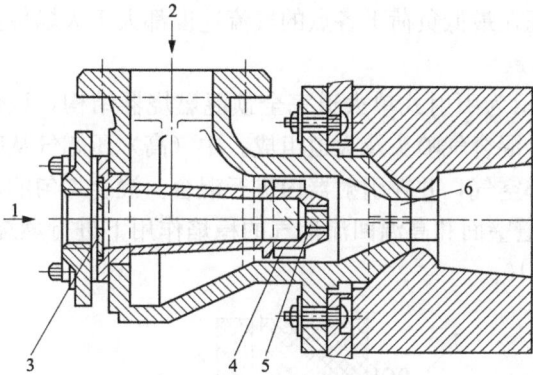

图 6-21　导流叶片式旋流燃烧器

1—燃气进口；2—空气进口；3—节流圈；
4—导流叶片；5—燃气旋流器；6—喷口

1）导流叶片式旋流燃烧器。如图 6-21 所示，在燃气通道中安装有雏形内旋流通道，使燃气从内筒的旋槽内喷出时带有旋转，空气则在流经套筒夹套内的导流叶片式旋流器时获得旋转。两者在喷出后边旋转，边混合，使混合大大加快，燃烧得到强化。这种燃烧器在燃用天然气时压力较高，约为 3000Pa，经鼓风的空气压力约为 2000Pa。当燃用清洗过的焦炉煤气、发生炉煤气或混合煤气时，燃气压力较低，约为 800Pa。此时在燃气的中心通道管中不再设旋流器，而只用直管，以减小流动阻力，而空气通道中仍设旋流器。

这种燃烧器在钢铁厂的加热炉上有着广泛的应用。

2）中心进气蜗壳式旋流燃烧器。如图 6-22 所示，空气经蜗壳后形成旋转气流，而燃气则经由中心燃气环管的许多小孔呈细流垂直喷入空气流中，两者强烈混合后进入火道燃烧，当燃用天然气时，压力为 15 000Pa，空气阻力约为 850Pa，过量空气系数约为 1.1。

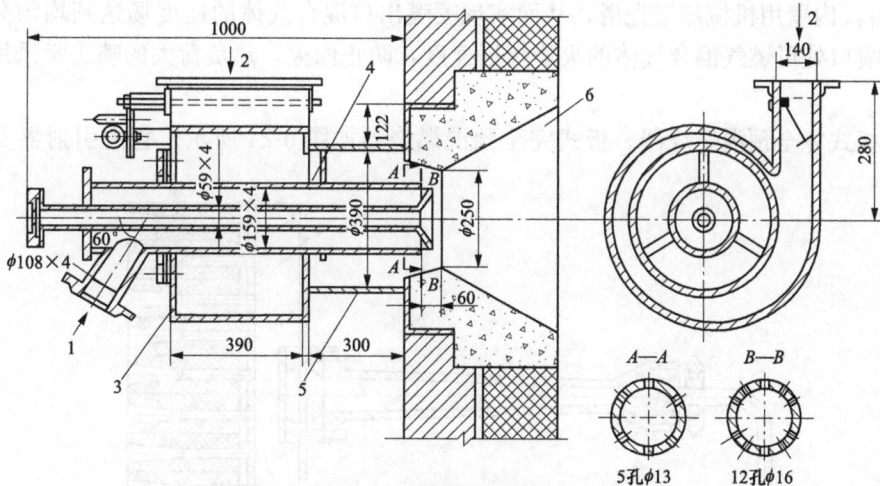

图 6-22　中心进气蜗壳式旋流燃烧器（单位：mm）

1—燃气进口；2—空气进口；3—蜗壳；4—燃气分配管；5—圆柱形空气通道；6—火道

3. 完全预混式燃烧器

完全预混式燃烧器由混合装置及头部两部分组成。根据燃烧器头部结构的不同，完全预混式燃烧器可分三种：有火道头部结构、无火道头部结构和用金属网或陶瓷板稳焰器做成的头部结构。

按燃气压力分有低压及中（高）压两种，按燃气和空气的混合方式分有加压混合和引射混合两种。

完全预混式燃烧火焰传播速度很快，火焰稳定性较差，很容易发生回火。为了防止回火，必须尽可能使气流的速度场均匀，以保证在最低负荷下各点的气流速度都大于火焰传播速度。

（1）单火道完全预混燃烧器。图 6-23 所示为引射式单火道完全预混燃烧器结构，该燃烧器由引射器、燃气喷嘴、碗形进风调风器、混合气喷头及火道组成。中（高）压燃气从喷嘴喷出，依靠本身的能量吸入燃烧所需的全部空气，并在引射器内进行混合。混合均匀的燃气-空气混合物经喷头进入火道，在炽热的火道壁面和高温回流烟气的稳焰作用下进行燃烧。完全预混燃烧的过量空气系数为 $\alpha = 1.05 \sim 1.10$。

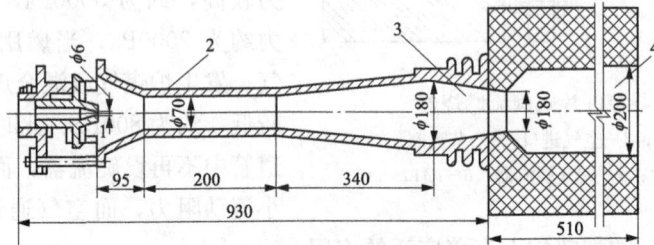

图 6-23　引射式单火道完全预混燃烧器（单位：mm）

1—燃气喷口；2—引射器；3—混合器喷头；4—火道

混合气喷头是保证燃烧器稳定工作、防止回火的主要部件。喷头常做成渐缩形，收缩角为 25°左右，内壁用机械加工光滑，从而实现喷嘴出口混合气体的速度场达到均匀分布。为了满足小喷口处可燃气混合气体的火焰传播速度，防止回火，热负荷大的喷头常采用空气或水冷却。

（2）板式完全预混燃烧器。板式完全预混燃烧器如图 6-24 所示。它由引射器及头部组

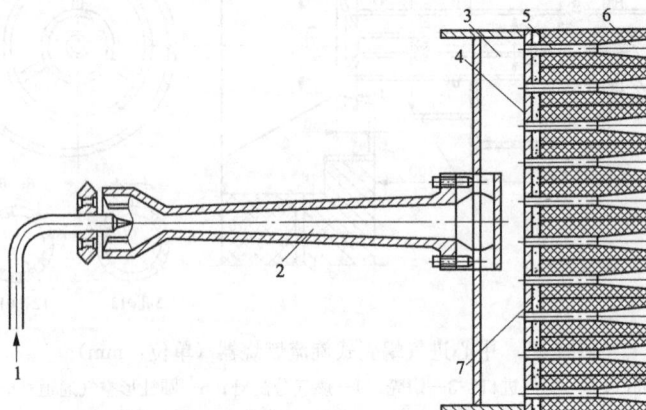

图 6-24　板式完全预混燃烧器

1—混合气体；2—引射管；3—气体分配室；4—壳体；5—连通管；6—火道

成，头部设有气体分配室与火道。混合气体从引射管进入气体分配室，然后经连通管进入火道进行燃烧。本燃烧器的特点是分配室由密闭的金属壳体组成，壳体与陶瓷燃烧道是通过喷管连接的，这种结构形式在喷嘴堵塞或燃气压力突然下降而引起回火导致分配室爆炸时，可以保证陶瓷不受破坏。燃烧器点燃后 20～30min 火道表面温度可达 700～1000℃高温，这就保证了在燃烧道长度范围内进行完全燃烧。

6.2　常见故障诊断及解决方案

锅炉运行中可能出现异常事故。一旦发生事故，会导致设备和厂房的损坏，危及人身安全，造成重大损失。因此，锅炉运行人员必须熟知锅炉可能发生事故的各种征兆、现象、原因和处理方法，才能及时发现并作出准确的判断，正确无误地进行处理，确保人身与设备的安全。下面介绍锅炉一些常见事故的一般处理方法。

6.2.1　锅炉的回火及脱火

1. 回火、脱火的原因

气体燃料燃烧时有一定的速度，当气体燃料在空气中的浓度处于燃烧极限浓度范围内，而且可燃气体在燃烧器出口的流速低于燃烧速度时，火焰就会向燃料来源的方向传播而产生回火。炉温越高，火焰传播速度越快，越易产生回火。回火将烧损燃烧器，严重时还会在燃气管道内发生燃气爆炸。反之，若可燃气体在燃烧器出口的流速高于燃烧速度时，会使着火点远离燃烧器而产生脱火。低负荷运行时炉温偏低，更易产生脱火。脱火将使燃烧不稳定，严重时可能导致单只燃烧器或炉膛熄火。

气体燃料的速度是由压力转换来的，气压的调节主要是通过燃烧的调整来进行，通常通过调整燃料量和送风量调节。如果燃气管道压力突然变化，或调压站的调压阀、锅炉的燃气调节阀的特性不佳，使入炉燃气压力忽高忽低，以及风量调节不当等，都可能造成燃烧器出口气流的不稳定，引起回火或脱火。

2. 回火、脱火的处理及预防

防止出现回火、脱火主要应控制燃气的压力保持在规定的数值内。为预防回火可能产生的事故，在燃气管道上应装有阻火器（回火器）。当压力过低而未能及时发现时，阻火器可使火焰自动熄灭。当发生回火或脱火故障时，应迅速查明原因并及时处理。首先应检查燃气压力是否正常，若压力过低，应对整个燃气管道进行检查；若锅炉房总供气管道压力降低，先检查调压站的进气压力，进气压力降低时应联系供气站提高供气压力；若进气压力正常，则应检查调压阀是否有故障并及时排除，同时可切换投入备用调压阀，并开启旁通阀；若采取上述措施仍无效，则应检查整个燃气管道中是否有泄漏，应关闭的阀门（如排空阀）是否未关等情况，并设法消除和纠正。若仅炉前燃气管道压力降低，则应检查该段管道上的各阀门是否正常，开度是否合适，是否出现泄漏现象。当燃气压力无法恢复到正常值时，应减少投运的燃烧器数目，降负荷运行，至停止锅炉运行。

6.2.2　锅炉的熄火

1. 熄火的现象

炉膛内变黑，由看火孔看不到火焰；炉膛燃烧声音消失；火焰监视器发出灭火信号；气温气压急剧下降，水位先下降后上升等均为熄火现象。因辅机事故而引起熄火，如引风机鼓风机电源中断，则还有事故信号发出；如因燃料供应中断，锅炉燃油或燃气压力则降到零。

如果是单只燃烧器熄火，还可能出现炉膛火焰中心偏斜，熄灭燃烧器的风压发生变化；如因燃料供应中断，则熄灭燃烧器的油压或气压指示可能下降为零，而其他运行燃烧器的燃油、燃气压力升高。

2. 熄火的原因

可能引起燃油锅炉熄火的原因：油泵故障、吸入管露出油面、滤油器或供油管堵塞、电磁阀误动作或运行人员误操作等引起供油中断。

可能引起燃气锅炉熄火的原因：燃气压力突然升高引起脱火、电动阀误动作使燃气供应中断、燃气成分变化太大、含湿量过高等。

此外，鼓风机、引风机发生故障，负荷过低、炉膛负压过大、漏风过多风量过大等，使得炉膛温度太低，也可以造成锅炉熄火。锅炉运行中炉膛和烟风道处于微负压状态，因此锅炉熄火时就会有空气漏入炉膛和烟道中，增加了烟气带走的热损失。锅炉漏风造成炉膛温度降低，锅炉出力下降；排烟热损失增加、锅炉热效率降低，浪费燃料。

3. 熄火的处理

锅炉熄火后，应特别注意防止炉膛爆炸，必须立即切断该炉的燃料供应，关闭供气（供油和回油）的电磁阀门，然后关闭各运行燃烧器的燃料供应阀门。操作时动作要快，以免燃料继续或者恢复供应时，引起炉膛爆炸。同时，查明锅炉熄火原因，排除发现的故障，做好再启动的准备工作。

启动前，应加强锅炉通风，进行吹扫，吹扫时间大于 5min，再按操作规程进行点火。点火时，严禁直接向高温炉膛送燃料而不采用点火设备进行点火，以防止造成锅炉爆炸。

若是因风机故障造成熄火时，应迅速关闭燃料供应管路上各阀门，要特别注意由于阀门关闭不严密造成燃料的泄漏。同时，按照紧急停炉的处理方法对炉膛和烟道进行通风和吹扫。在风机恢复运行后，再按步骤进行点火。

若是单只燃烧器熄火，只需关闭该燃烧器的燃料供应阀门，关小燃烧器的风门，查明并排除故障后，再按点火程序重新点火。

4. 锅炉熄火的预防

对于燃油锅炉，应尽量减少燃油运输储存及装卸各环节中进水的可能性，即使进入，也能及时排出。油罐应有脱水设施并定期脱水。在任何情况下，都应保证供油的安全。如：几台同时运行的油泵应有各自的电源；油泵应有备用电源，并在电源出现故障时自动投入；滤油器定期冲洗；油的加热必须保证它的流动性；确定油罐的最低油位等。对供应油品进行验收和化验，确切掌握油种的变化。当油种的变化较大时，需要对来油品种和油罐原储存品种进行混油试验，确定能否同罐储存，防止密度和黏度相差悬殊的油品混合后分解出大量不溶物质，堵塞供油管道。

对于燃气锅炉，运行中要严密监视供气压力的变化，及时处理供气压力出现的异常情况，保证供气压力处于正常范围。要经常了解检验燃气的成分，当燃气成分变化较大时，对锅炉运行采取必要的调整措施。

6.2.3 锅炉回火、脱火和熄火的燃烧调整

蒸汽压力过高，首先应分段检查整个燃气管道上的各调节阀门是否正常，其次检查各燃烧器的风门开度是否合适，检查风道上的总风压和各燃烧器前风压是否偏高等，锅炉各部件承受的内压力增加，容易造成损坏或影响使用寿命。若气压过高而锅炉的安全阀又不动作时，极易发生爆炸事故。气压升高会引起安全阀动作，使蒸汽从安全阀逸出，造成的热损失较大，且影响安全阀的密闭性能。

蒸汽压力过低会使输出蒸汽焓值减少，气耗量增加，经济性降低。蒸汽若是用于发电会由于蒸汽量的增大使汽轮机的推力轴瓦烧毁。

因此，中、低压锅炉一般要求锅炉蒸汽压力控制在额定气压±0.05MPa 的范围内。气压变化的原因主要是锅炉的蒸发量与用户所需的蒸汽流量不相等。当蒸发量小于蒸汽流量时气压下降；反之则上升。若两者相等时，压力保持不变，压力的波动反映了锅炉负荷与用户热负荷之间的平衡关系。蒸发量的大小取决于锅炉的燃烧状况，因此气压的变化反映了锅炉负荷与燃烧之间的平衡关系。

通常，锅炉运行中气压的变化是由于外界负荷变化后未能及时调整燃烧而引起。若在外界负荷不变的情况下燃烧工况的任何变化，如燃料量的变化，风量的变化等都会影响炉内放热量的变化，从而引起气压的变化。此外，锅炉受热面及汽水管道内流动阻力增加（如管内结垢）也会造成气压的下降。

气压的调节主要是通过燃烧的调整来进行，通常调整燃料量和送风量。当气压趋于上升时，适量地减少燃料量和送风量，就能减弱燃烧，从而锅炉蒸发量减少，蒸汽压力可以维持不变；当气压趋于下降时，适量地增加燃料量和送风量，就能强化燃烧，从而锅炉蒸发量增加蒸汽压力也可以维持不变。

1. 烟道二次燃烧

（1）烟道二次燃烧的现象。在过热器或尾部烟道发生二次燃烧时，炉膛负压和烟道负压剧烈波动甚至变为正压，严重时，烟道防爆门破裂；再燃烧区的烟气温度剧升，其后烟道各处的温度亦随之上升，热风温度不正常地升高；在烟道密封不严密处和引风机轴封等处向外冒烟或喷出火星，烟囱冒黑烟。

（2）烟道二次燃烧的原因。炉膛或烟道内积存有没有完全燃烧的可燃物质，当温度逐渐升高并有足够氧量的条件下，这些可燃物质再次发生着火燃烧的现象，即为烟道二次燃烧。

一般情况下，主要的可燃物是炭黑。燃油时，如果雾化质量不好，油滴较大，或者配风不良，燃烧恶化，会生成大量的炭黑；燃气时，含碳氢化合物较多的天然气采用无焰燃烧时，在着火前天然气与空气的预先混合不均匀，则天然气中的甲烷和烃类化合物进入高温区时缺氧部分的燃气受热分解，以炭黑的形式析出碳素。炭黑是固体炭粒，它的燃烧要比气体或油雾困难，在低温、缺氧条件下不易在炉膛内燃尽，因此会在烟道受热面上沉积。

正常运行时，由于烟道的烟气流速很高，散热和烟气中剩余氧气的扩散条件好，可燃物氧化产生的热量很快被烟气带走，温度达不到着火点，因此不容易产生二次燃烧。当停炉后的几小时内，所有的炉门和挡板紧闭，烟道内烟气接近停滞，散热和流通条件差，可燃物因氧化而温度逐渐升高，而且空气很容易从不严密处漏入烟道，当具备自燃条件时，在烟道产生二次燃烧。所以，大多数的烟道二次燃烧发生在停炉后的数小时之内。

　　此外，在锅炉启动或极低负荷运行时，由于油喷嘴雾化质量差、燃料与空气混合不良及烟道内速度场不均匀等原因，在烟道个别散热条件差的地方也可能引起自燃。油质燃料的燃烧需要经过雾化的过程，在燃烧过程中容易产生炭黑，形成不完全燃烧。因此，燃油锅炉发生烟道二次燃烧的可能性比燃气锅炉要大。

　　（3）烟道二次燃烧的能效分析。烟道二次燃烧是由于炉膛或烟道内积存了没有完全燃烧的可燃物质，即机械不完全燃烧热损失主要是燃料中的碳未完全燃烧引起的。在燃油锅炉的烟气中，油灰中碳粒子有两个来源：一是油滴燃烧后剩下来的焦粒，它的直径可以达到几十个微米甚至更大；另一个来源是油气热分解形成的炭黑，它是很细的直径只有 $0.01 \sim 0.15 \mu m$。

　　一般是用烟色来监督烟气中炭黑的含量。如果由于雾化不好，烟气中出现了很多直径较大的焦粒，在同样的烟色下，碳未完全燃烧热损失却可能达到比较大的数值。当燃油雾化质量不好时，碳粒变粗，而且当采用的喷嘴油滴平均直径较粗时，碳粒的平均直径也较粗，这时碳的未完全燃烧热损失显著增加。

　　当锅炉发生烟道二次燃烧时，排烟中未完全燃烧或燃尽的可燃气体（如 CO、H_2、CH_4 等）带走了送入锅炉输入热的份额，造成气体未完全燃烧热损失增大。

　　在实际运行中，不少锅炉运行中此项损失往往可接近于零。但是在燃烧不良的情况下，化学不完全燃烧热损失也可能很高，甚至达到 10%。而且和燃煤、燃油锅炉不同，燃气锅炉即使化学不完全燃烧热损失数值很大，往往也不冒黑烟，所以直观上较难判断燃烧是否恶化。正因为如此，在运行中要着重关注这项热损失。

　　（4）烟道二次燃烧的处理及预防。当发生烟道二次燃烧的现象后，应立即切断燃料和空气的供应，严禁启动引风机通风。必须严密关闭烟风系统各处的挡板和炉膛，烟道各孔、门，防止空气漏入；但省煤器须通水冷却，或开启省煤器再循环门，以保护省煤器。同时投入蒸汽灭火装置，燃油锅炉也可利用油喷嘴的冲洗蒸汽进行灭火。当排烟温度接近喷入的蒸汽温度，并已稳定 1h 以上，才可打开检查门检查。确认二次燃烧已完全扑灭后，启动引风机抽出烟道中的烟气和蒸汽通风 $5 \sim 10 min$ 后方可重新点火。

　　如果锅炉运行中发现有烟道二次燃烧现象，经调整后仍然无效，当排烟温度超过 250℃ 时应立即停炉，以防止引风机叶轮强度降低而发生严重变形，最后导致叶轮从轴上脱落，飞入烟道，造成巨大损失。

　　由于烟道中存在可燃物是发生二次燃烧的物质基础。因此，防止二次燃烧应提高油喷嘴的雾化质量，加强燃气或油雾与空气混合，合理配风，调整好燃烧工况，尽量减少不完全燃烧产物进入烟道并防止在受热面上的沉积。如果发现对流受热面上的积灰加剧时，要及时进行吹灰，特别是停炉前要彻底除灰。锅炉运行时空气过量系数不要过高，停炉后 10 h 内应严密关闭各门、孔和烟、风道挡板，防止空气漏入。停炉后要加强尾部检查，发现异常情况，及时采取处理措施。在尾部安装的灭火装置应有足够的消防能力。

　　2. 锅炉的汽温调节

　　一般中小型工业锅炉没有上述的气温调节装置，只能从烟气侧通过改变火焰中心的高低或增减风量等手段达到调节气温的目的：如气温下降时加大送风量则烟气量增大，气温会上升；或者增大引风量使炉膛负压增加，火焰中心位置上移，过热蒸气温度也会上升。但是，这两种方法都会给锅炉的经济运行带来不利的影响。风量增大，火焰中心提高会使排烟温度升高，排烟热损失增加；风量的增减直接影响燃烧工况的好坏和稳定性，从而影响锅炉的热效率。若操作不当，还有可能引起燃烧器的脱火，甚至熄火。因此，工业锅炉调节气温时应注意避免风量的突然增减，并将不利影响降到最低程度。

各种不同的锅炉都可以通过燃烧调整的方法来调节过热气温。若运行中锅炉的气压气温超过规定的允许值则已属于事故及危险范围，必须采取紧急措施，如调整锅炉负荷，对空排气，严重时将停止锅炉运行。

第7章 层 燃 炉

【本章导读】

层燃炉采取层状燃烧的方式，燃烧稳定性好、点火容易，在小型化工生产单位作为基础供热锅炉，在中大型化工企业作为启动锅炉。层燃燃烧又称火床燃烧、层状燃烧，是将燃料以一定厚度分布在炉排上进行燃烧的一种方式，仅适用于固体燃料，对颗粒的大小要求不高。层状燃烧能适应不同煤种，只要空气与煤层混合良好，并且有足够的燃烧空间和一定的燃烧温度，就能达到理想的燃烧效果。层燃燃烧又可分为固定炉排燃烧（手烧炉排）、倾斜炉排燃烧及链条炉排燃烧三种。

由于在现今的燃煤锅炉中，绝大部分为传统链条炉排锅炉和简易固定炉算手烧锅炉，本章着重对固定炉排炉、链条炉的结构及其运行调整进行介绍。

7.1 层燃炉燃烧原理

层燃炉的特点是有一个金属栅格——炉排（通常称之为炉算子），燃料在炉排上形成均匀的、有一定厚度的燃料层进行燃烧。层燃燃烧有时也称为"火床"燃烧，层燃炉也习惯性地被称为火床炉。"火床"二字形象地表述了这种燃烧方式的特点。

层燃炉的燃烧过程划分为预热干燥阶段、挥发分析出并着火阶段、燃烧阶段和燃尽阶段。

在层燃炉的工作过程中，一般要进行如下三种操作：加煤、除渣和拨火。所谓拨火就是拨动火床，其目的在于平整和松碎燃料层，使火床的通风均衡、流畅，并能除去燃料颗粒外部包裹的灰层，从而使燃料迅速而完全地燃烧。

1. 层燃炉的热负荷

表征火床炉工作热强度的指标有炉排面可见热负荷和炉膛容积可见热负荷。

（1）炉排面可见热负荷。由于火床炉中绝大部分燃料是在炉排上燃烧的，或者说，炉排面积是保证火床燃烧的根本条件，所以可以用"炉排面可见热负荷"q_{lp}来表示燃烧的强烈程度。炉排面可见热负荷是炉排单位面积在单位时间内燃烧燃料所放出的热量，单位为kW/m^3。

$$q_{lp} = \frac{BQ_{net,ar}}{A_{lp}} \tag{7-1}$$

式中 B——单位时间内进入炉膛的燃烧量；

A_{lp}——炉排的有效面积；

$Q_{net,ar}$——燃料收到基低位发热量。

对于某一种炉子型式，燃烧某一种燃料，炉排面可见热负荷有一个合理的限值。过分地提高炉排面热负荷，一味追求过小的炉排面积，必然会使空气流经燃料层时的速度过高，并使燃料的燃烧时间过短，前者会导致飞走的未燃煤量增大，后者则引起燃烧的不完全。

（2）炉膛容积可见热负荷。虽然火床炉中的绝大部分燃料是在火床上燃烧的，但仍有一部分可燃物是在炉膛容积中燃烧掉的。因此与炉排面热负荷相对应，还有一个炉膛容积可见热负荷，单位为 kW/m³。

$$q_V = \frac{B Q_{\text{net,ar}}}{V_1} \tag{7-2}$$

式中　V_1——炉膛容积。

炉膛容积热负荷表示了在单位炉膛容积和单位时间内的燃烧放热量。显然，过分提高炉膛容积热负荷，同样也会急剧增大不完全燃烧热损失，因而也应有一个合理的限值。不过，在火床炉中，炉膛容积热负荷的限值范围是比较宽的，例如，具有燃尽室的锅炉，其燃烧室的容积热负荷就可以提高；而对于小型的火管锅炉来说，由于其炉膛容积的利用率可提高，q_V 值可取得更大些。火床炉的实际 q_V 值相差很大，因此，炉膛容积在一定程度上是由炉膛的结构布置来确定的。这样一来，炉膛容积可见热负荷 q_V 作为一个指标就显得有些勉强了。一般说来，推荐的 q_V 值主要是作为炉膛设计参考用的，而且主要是对水管锅炉而言。

特别说明，火床炉的热负荷都冠以"可见"二字，这是因为在火床炉中要分别测出燃料在火床上和炉膛容积中的燃烧放热量是非常困难的，所以在炉排面和容积热负荷中，都是有条件地把燃料燃烧的全部热量作为比较基础，而以"可见"二字来区别于其他。在实际使用过程中，也可以不加"可见"二字，因为这是不言而喻的。

2. 炉排片的工作特性

炉排是火床炉的最主要的工作部件。为了保证炉排能有效而可靠地工作，组成炉排的炉排片必须满足通风和冷却的要求。

表征炉排片工作特性的指标主要有炉排通风截面比和炉排片冷却度。

（1）炉排通风截面比。这是炉排的一个重要的工作特性指标。它等同于炉排面上通风孔（或缝）的总面积与整个炉排面积的比值，即

$$f_{\text{tf}} = \frac{\text{炉排面上各通风孔（缝）截面积之和}}{\text{炉排的总面积}} \times 100\% \tag{7-3}$$

图 7-1 所示为通风截面比不同时空气射流的扩散情况。减小炉排通风截面往往需要增大通风缝（孔）的间距以减少通风缝（孔）的数量，这会使各空气射流边界线交汇点上移，而这些交点所组成的平面是燃烧层中的高温区所在。由此可见，减小炉排通风截面比能使燃烧层中的高温层远离炉排面，而使炉排片本身的温度降低，从而改善了它的工作条件。但试验表明，每一空气射流所达到的燃尽边界几乎是位于射流边界线稍外的一条垂直线，因此，当两通风缝（孔）的间距超过燃尽边界线之间的宽度时，就会出现通风"死区"而导致燃烧严重恶化，这就是说炉排通风截面比过小是不经济，甚至是不可行的。减小通风缝（孔）的数量和尺寸，能减少炉排的漏煤面积，还能提高空气射流的进口速度而使煤粒不易漏落。另外，减小炉排通风截面，会增大炉排的通风阻力。这可提高火床沿着炉排横向的通风均匀性，但却增大了送风能耗。这对于自然通风的炉子是难以实现的。所以，炉排通风截面比是一个影响大、涉及因素多且颇为敏感的炉排特性指标。它必须根据所用煤种、炉排型式、通风方式等情况来加以选择。例如，在燃用低挥发分的煤种（如无烟煤）时，由于这类煤主要在火床中放出热量，火床温度高，炉排片处于不利的工作条件，因此选用较小的炉排通风截

面比是十分必要的。对于依靠自然通风的炉子，为了减小火床的通风阻力，不得不将炉排通风截面比增加到 20%～25%。此时由于燃料层阻力比炉排阻力大得多，火床中容易出现"火口"和风量分配不均匀，这就需要提高加煤和拨火的操作质量。在现代机械送风的火床炉中，炉排的通风截面比选得较小，f_{tf} 在 7%～10% 以下，因而大大地提高了风量分配的均匀性。目前，即使燃用高挥发分燃料，也采用通风截面比较小的炉排。这样有利于调节燃烧，保持较低的过量空气系数，漏煤损失也较小。

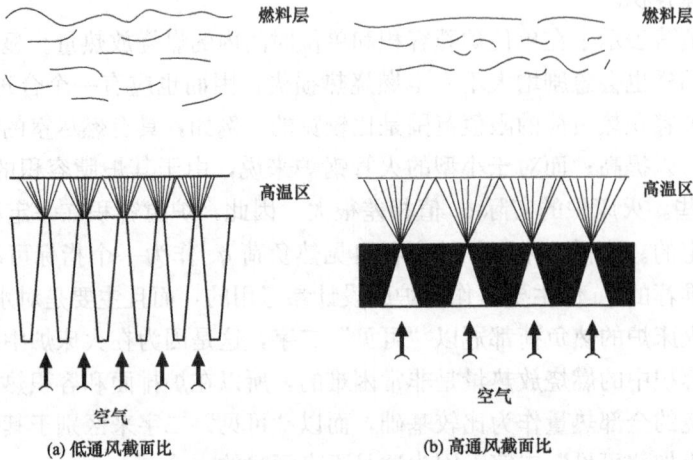

图 7-1　通风截面比不同时空气射流的扩散情况

　　（2）炉排片冷却度。冷却度是炉排片工作可靠性的指标。炉排片是一种高温工作部件，它的工作条件很差。尽管炉排片和正在燃烧的燃料间一般都有一层灰渣，形成所谓的"灰渣垫"，可以遮蔽来自燃烧层的一部分热量，但炉排面的工作温度仍较高，可达 600～700℃。特别是在燃用非黏结性煤时，或燃用灰分过少的煤（A_{ar}<5%～10%）时，不易形成"灰渣垫"，此时炉排面的温度更高，可能高达 850～950℃。实际工作中，炉排面主要依靠通过炉排片缝隙间的空气流来进行冷却。所以，应该保证炉排片具有一定的高度，以使其有足够的侧面积被空气冲刷冷却。空气冷却炉排片的程度用冷却度 ω 表示。冷却度 ω 是被空气冲刷的炉排片侧面积与同燃料层接触的炉排片表面积之比，即

$$\omega = \frac{2 \times 炉排片高度}{炉排片宽度} \tag{7-4}$$

　　由于炉排片侧面积的冷却效果随其高度的增加而降低，因此炉排片冷却度 ω 是一个比较粗略的指标。对于不同的炉排型式，其炉排片所处的冷却环境不同，因而所需要的炉排片冷却度也有所不同。

7.2　层燃炉分类及结构特点

　　按照燃料层相对于炉排的运动方式的不同，层燃炉可分为三类：
　　（1）燃料层不移动的固定火床炉，即固定炉排，如手烧炉等。
　　（2）燃料层沿炉排面移动的炉子，即往复炉排，如倾斜推饲炉和振动炉排炉。
　　（3）燃料层随炉排面一起移动的炉子，即链条炉，如链条炉和抛煤机链条炉。

由于手烧炉和链条炉较为常见，而往复炉排不是很常见，本文主要介绍手烧炉和链条炉，对于往复炉排，读者可以查找相关资料大致了解。

7.2.1　固定炉排

这里以手烧炉为例。手烧炉又称人工炉或固定炉，是工业炉中最简单的一种层状燃烧设备，因其运行过程中加煤、拨火、除渣等均由人力完成而得名。

手烧炉设备简单，操作技术要求低；燃煤无需特地破碎加工，其着火条件较好；炉内储存了大量燃料，蓄热条件良好，燃烧稳定，因此煤种适应性广（可以无限制着火）；锅炉房布置简单，运行耗电少。

但是，手烧炉也存在着如下缺点：燃料与空气混合较差，燃烧速度慢，效率不高；劳动强度大，燃烧过程有周期性，燃料的挥发分越多，周期性产生的后果越严重，因此手烧炉燃用高挥发分的烟煤是不合理的，为了克服周期性燃烧特点，在运行操作上应增多加煤次数，每次加煤量少的办法，以保证燃烧充分，即"少、勤、匀、快"的操作特点。另外，由于炉膛深度和宽度要受人力操作的限制而不能太大，即锅炉容量较小，蒸发量一般在 1t/h 以下。

1. 水平炉排炉

人工加煤水平炉排炉结构如图 7-2 所示。

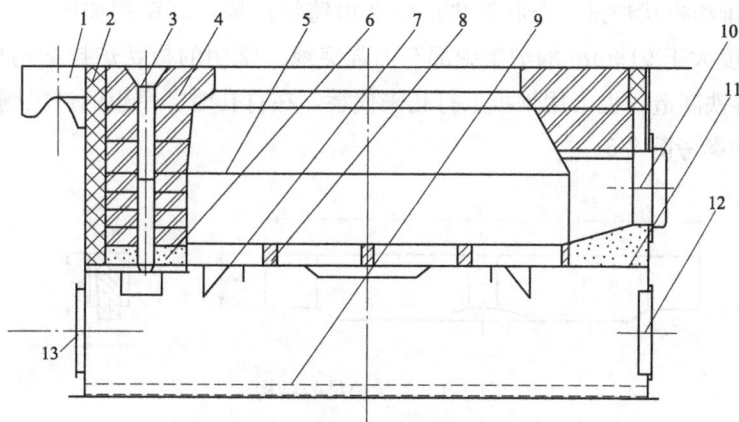

图 7-2　人工加煤水平炉排炉结构

1—吊耳；2—保温层；3—炉体落灰装置；4—炉拱；5—炉膛；6—水冷套；7—炉排；
8—炉排支撑；9—灰坑；10—加煤门（炉门）；11—炉门护铁；12—清灰门；13—进风门

（1）炉膛。煤层上部的空间称为炉膛，炉膛的容积和几何尺寸参考链条炉的设计计算。

水平炉排的炉膛周围，原先一般由 2～2.5 块砖厚的直立砖墙构成，墙内侧由耐火砖砌成，外层由普通红砖砌成。当燃烧灰熔点较低的煤或炉膛温度较高时，在靠近炉排处的炉墙内侧，应设置冷却装置，但此种结构的炉膛由于耐火砖不隔热性使其外表面温度较高，散热较多，从而影响锅炉的效率，故建议采用耐火砖加保温材料的结构。

冷却装置可采用铸铁制成，也可以用钢板焊接而成，还可以用钢管制造，但必须密封，不能使其中的冷却水灌进炉墙内。采用风冷却则无此要求，但风冷却效果不明显。

（2）炉排。炉排的作用是支撑煤层、通风和排渣。为防止灰渣堵塞，炉排上的小孔可做成上小下大的锥形截面。

炉排上所有缝隙和小孔的面积，称为炉排通风面积（又称有效面积或活动面积），炉排的总面积和通风面积与炉型及煤质有关，其计算方法参考链条炉排。

炉排设计和选用时还必须考虑炉排的冷却性能，特别是燃用低灰分、高发热质煤时，冷却性能用下式表示：

$$k = \frac{s}{2h} \tag{7-5}$$

式中　k——炉排的冷却性能，其越小越好；

　　　s、h——炉排的受热宽度和冷却面高度，s 越大，h 越小，则炉排的冷却性能越好。

此外，炉排的通风阻力要小，制造要求要高，漏煤要少，金属耗量要小。

固定炉排装置可分为条状炉排装置和板状炉排装置。条状炉排装置由条状炉条（其通风截面比为 20%～40%）和炉排支撑构成。其结构简单，便于更换，但是固体未完全燃烧热损失较大，通风不均匀，故一般适宜于燃烧大块含灰分少而挥发分较高的煤种，如褐煤、烟煤等。板状炉排装置又称蜂窝炉排装置（其通风截面比为 8%～20%），这种炉排较条状炉排通风均匀，而且固体未完全燃烧热损失小，适宜于烧结焦性不大，多灰及含挥发分较少的碎煤，如无烟煤、贫煤等。下面是常用的几种炉排结构形式及尺寸，可供设计选用和参考。

1）条状炉排和板状炉排。条状炉排的炉条由铸铁制成，其结构如图 7-3 所示，尺寸见表 7-1，其中长度大于 918mm 的炉条中部有加强突缘。常用的板状炉排结构见图 7-4 所示，炉排一般采用铸铁制造，也可用钢板上打孔来代替，在打孔时，钢板的进风侧必须倒角（一般为 45°），结构参考图 7-5。

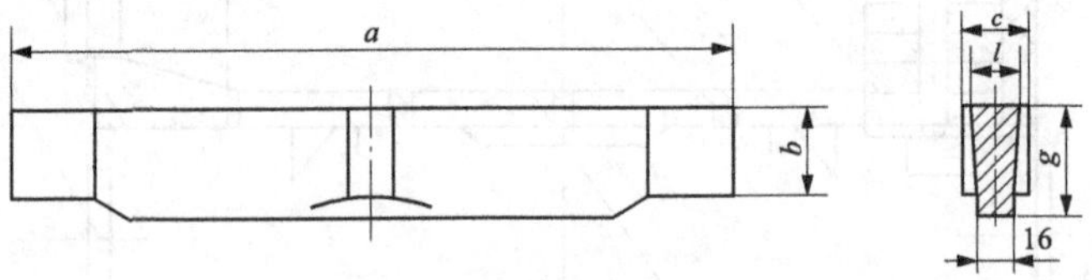

图 7-3　条状炉排的结构

表 7-1　　　　　　　　　　　　　　条状炉排尺寸

尺寸（mm）					通风面积		质量（kg）
a	b	c	g	l	%	m²/根	
338	40	30	50	22	18	0.002 2	2.5
454	40	30	50	22	20	0.003 0	3.0
570	40	30	60	22	22	0.004 1	4.5
686	40	32	60	24	22	0.005 1	6.5
802	50	32	70	24	22	0.006 2	9
918	50	34	80	26	23	0.007 5	11.5
1034	50	34	90	26	23	0.008 6	14.5
1150	60	34	90	26	23	0.009 7	16
1266	60	34	100	26	24	0.010 9	20
1382	60	34	100	26	24	0.012 0	22

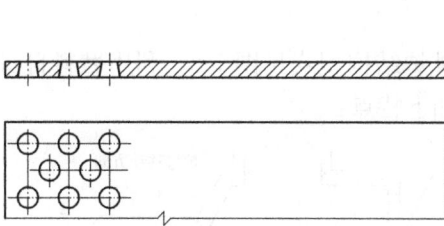

图 7-4　水平板状炉排

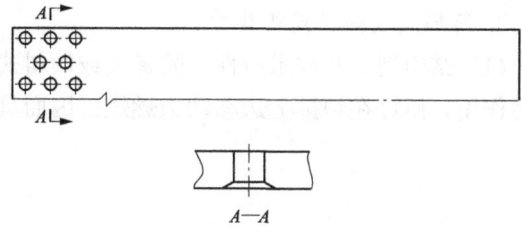

图 7-5　水平板状炉排（钢板质）

2）炉排支撑。炉排支撑一般由铸铁制成，但也有用工字型钢和槽钢制造的，用于支撑条状炉条，其两端砌筑在炉墙内，结构见图 7-6，尺寸见表 7-2。

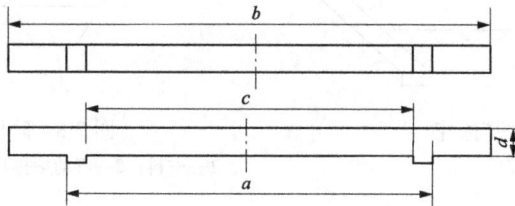

图 7-6　炉排支撑（铸铁质）

表 7-2　　　　　　　　　　　炉排支撑尺寸（铸铁质）

尺寸（mm）				质量（kg）	尺寸（mm）				质量（kg）
a	b	c	d		a	b	c	d	
464	655	445	60	18	1044	1235	1035	90	50
580	770	570	70	20	1276	1465	1265	90	58
696	885	685	70	22	1392	1580	1380	100	70
812	1000	800	36		1508	1700	1700	100	75
928	1120	920	80	40					

3）炉排的布置。常用的条状炉排在炉膛中的布置应根据炉型和炉膛结构尺寸确定。一般有单排式、双排式及三排式。

（3）灰坑及出渣方式。炉排下部的空间称为灰坑，其用途是积存灰渣并使空气沿炉排平面均匀分布。其结构应根据炉型要求、出渣方式确定。一般灰坑高度不应小于 400mm。

出渣方式应考虑操作简便并有利于改善劳动强度。对燃烧量不太大的炉子一般用人工除渣，燃烧量大的炉子应采用机械除渣，以降低劳动强度。机械除渣一般采用锅炉行业中的除渣专用设备。

（4）加煤门。为便于操作和加煤均匀，当炉排宽度小于 1.2m 时，采用一个加煤门。加煤门一般就是炉门，可以根据燃烧物来确定炉门的大小。门框下边缘的高度一般为 600～750mm，以适宜抛煤。同时门槛距炉排装置上边缘的高度还受煤层高度的影响，一般取 150～200mm。炉门护铁一般采用铸铁材质，也有用耐火浇注料浇注的。其中图 7-7 的炉门护铁采用铸铁制造。

2. 阶梯式或倾斜式炉排炉

（1）结构型式及技术特性。阶梯式或倾斜式炉排炉结构型式见图 7-8，利用燃料自身的重力作用，使煤在炉排上边移动边燃烧。因而具有如下特点：

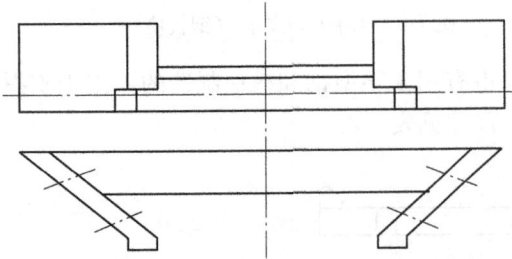

图 7-7　铸铁制炉门护铁

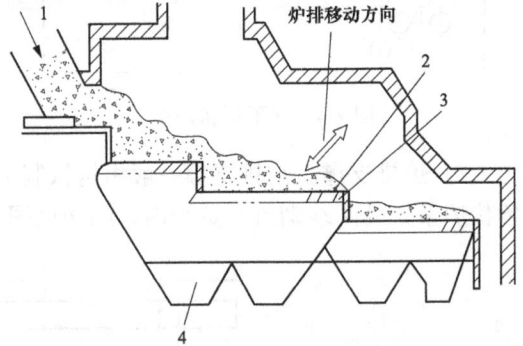

图 7-8　阶梯式炉排炉结构

1—进料；2—可动炉排片；3—固定炉排片；4—空气

1）燃料在炉排上有一定的停留时间，这样可以使新加入的煤得到充分的预热和干燥，易于着火，故适宜于燃烧水分及灰分较高的劣质煤。另外，由于炉排的结构能保证煤末不易漏下，故可以燃烧黏性小的碎煤末。

2）调节炉排的倾斜角可以改变燃烧工况。在阶梯式炉排（或倾斜式炉排）设计时，炉排的倾斜角主要由燃料的自然休止角（一般为 43°~45°）所决定。当倾斜角等于燃料的自然休止角时，则全炉排的燃料层厚度相等；当炉排的倾斜角小于燃料的自然休止角时，则在全炉排上（由上而下）将产生上厚下薄的燃料带。此时，炉排下部进入的空气量相对较多（穿透下部燃料所需的空气压力相对较小），空气与燃料混合得较完全，燃料可以得到完全的燃烧；当炉排的倾斜角大于燃料的自然休止角时，则在全炉排上产生上薄下厚的燃料带。此时，炉排下部进入的空气量相对较少，空气完全燃烧所需要的空气量不足，可能会产生半水煤气。为防止烧毁炉排，一般炉排的倾斜角不宜太大。尤其是燃用烟煤时，因其热值太高更易烧毁炉排。

经过大量的数据分析，炉排设计选取的倾斜角数据为：阶梯式炉排倾斜角 $a = 40°~45°$；倾斜式炉排倾斜角 $a = 30°~36°$。

（2）炉排。国内常用的阶梯式和倾斜式炉排的结构见图 7-9，炉排一般由铸铁制成。

阶梯式炉排通常采用煤斗加煤，但是推煤、拨火和除渣仍要靠人力，因此不能从根本上减小劳动强度。

（3）手烧炉的燃烧特点。手烧炉的燃料层分布、燃料层温度以及气体成分如图 7-10 所示。空气从炉排下部进入炉膛，首先接触到具有一定温度的炉排，起到冷却炉排的作用；同时空气本身受到加热，然后穿过灰渣层，空气温度继续提高，接着与灼热的焦炭相遇，空气中的氧与碳化合成二氧化碳，同时放出大量热量，这一层称为氧化层。燃烧生成的二氧化碳继续上升，与上面灼热的焦炭发生还原反应，生成一氧化碳，这一层称为还原层。还原层生成一氧化碳仍是可燃气体，与煤中的挥发分共同升到炉膛空间继续燃烧。在还原层上部是刚投入的新煤。

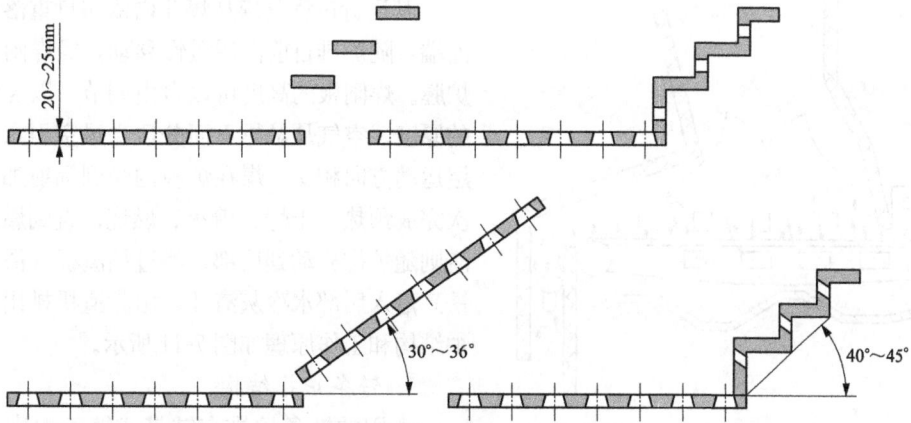

图 7-9 倾斜式和阶梯式炉排结构

实际上,燃料分层的界限并不像图 7-10 所示的那样明显。当空气量充足时,还原层很薄,产生的一氧化碳很少,炉膛空间主要是煤中挥发分的燃烧。当空气量不足时,氧化层不能使碳与氧很好化合,生成的一氧化碳较多。当炉膛空间空气量严重不足时,一氧化碳不能继续燃烧,挥发出来的碳氢化合物就在高温缺氧的条件下进行热分解,生成大量炭黑,由烟囱排出后造成对大气的污染,同时也增加了热损失和降低了锅炉效率。为使一氧化碳和析出的挥发分燃尽,炉室内应供应二次风。

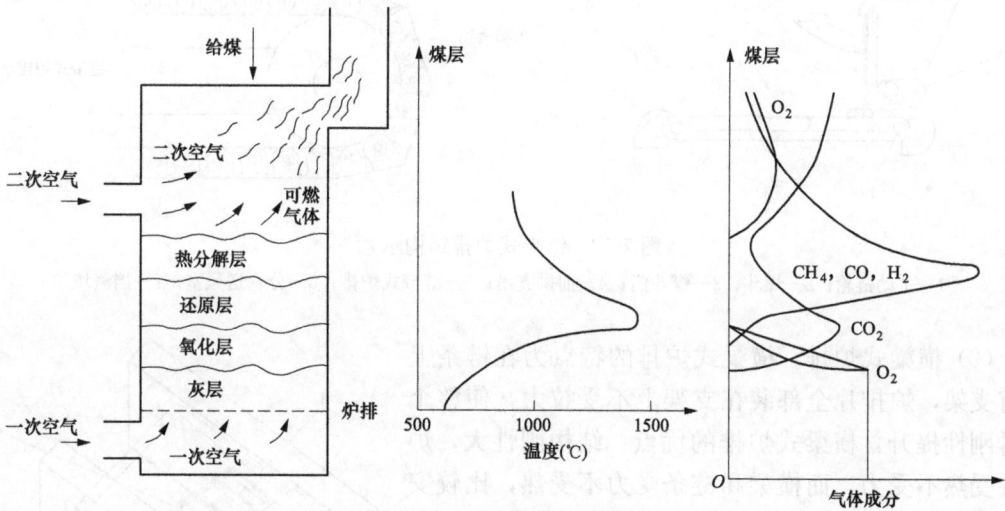

图 7-10 手烧炉燃烧特点

7.2.2 链条炉

链条炉是发展技术较为成熟的一种层燃炉,其机械化程度较高,是工业锅炉中使用较为广泛的一种炉型燃烧设备,因炉排类似于链条式履带而得名。链条炉的工作原理是通过减速机带动链条炉排转动,使煤从前方着火,到锅炉尾部燃尽,可以有效提高燃烧效率,并且提高炉排片寿命。

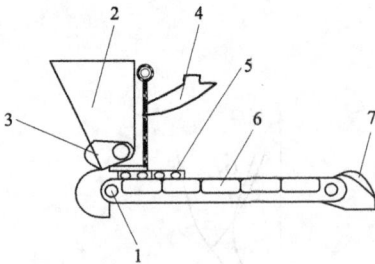

图 7-11　链条炉结构和工作原理示意

1—煤斗；2—炉排；3—主动链轮；4—分段送风仓；

5—看火口及检查门；6—渣斗；7—灰斗

其运行过程是煤从煤斗内依靠自重落到炉排前端，随炉排自前向后缓慢移动，经煤闸板进入炉膛。煤闸板的高度可以自由调节，以控制煤层的厚度。空气从炉排下面分区送风室引入，与煤层运动方向相交。煤在炉膛内受到辐射加热，依次完成预热、干燥、着火、燃烧，直到燃尽。灰渣则随炉排移动到后部，经过挡渣板（俗称老鹰铁）落入后部水冷灰渣斗，由除渣机排出，链条炉结构和工作原理如图 7-11 所示。

1. 链条炉排结构

常用的链条炉排有链带式链条炉排、横梁式链条炉排、鳞片式链条炉排。

（1）链带式炉排。链带式链条炉排俗称轻型炉排或小型炉排，常小于 10t/h。链带式炉排的优点：比其他链条炉排金属耗量低，结构简单，制造、安装和运行都比较方便；缺点：炉排片用圆钢串联，必须保证加工和装配质量，否则容易折断，而且不便于检修和更换；长时间运行后，由于炉排片互相磨损严重，使炉排间隙增大，漏煤损失增多。其结构如图 7-12 所示。

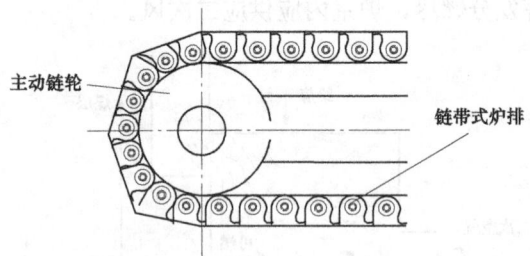

图 7-12　链带式炉排结构示意

1—主动链轮；2—煤斗；3—煤斗门；4—前拱支吊；5—链带式炉排；6—分仓送风室；7—挡渣块

（2）横梁式炉排。横梁式炉排的特点为在链条上装有支架，炉排片全部装在支架上不受拉力，使整个炉排刚性提升，横梁式炉排的优点：结构刚性大，炉排片受热不受力，而横梁和链条受力不受热，比较安全耐用，炉排面积可以较大，阻力小而风量分布均匀，运行中漏煤、漏风量少；缺点：结构笨重，金属耗量多，约是链带式炉排的 2~7 倍，制造和安装要求高，受热不均时，横梁易出现扭曲、跑偏等故障。其结构如图 7-13 所示。

（3）鳞片式炉排。鳞片式炉排每根链条用铆栓将若干个由大环、小环、垫圈、衬管等元件组成的链条串在一起，炉排片通过夹板组装在链条上，前后交叠，

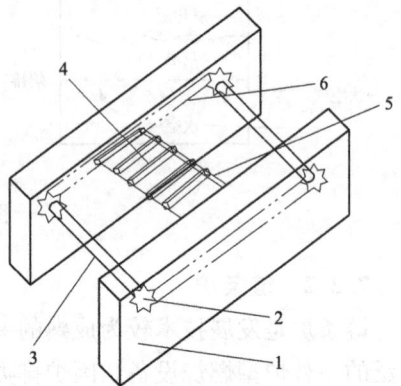

图 7-13　横梁式炉排结构示意

1—炉排墙板；2—轴承；3—轴；

4—炉排片；5—横梁支架；6—链条

相互紧贴，呈鱼鳞状，当炉排片行至尾部向下转入空程以后，便依靠自重依次翻转过来，倒挂在夹板上，能自动清除灰渣，并获得冷却。各相邻链条之间，用拉杆与套管相连，使链条之间的距离保持不变。鳞片式炉排的优点：煤层与整个炉排面接触，而链条不直接受热，运行安全可靠，炉排间隙甚小，漏煤很少，炉排片较薄，冷却条件好，能够不停炉更换，由于链条为柔性结构，当主动轴上链轮的齿形略有参差时，能自行调整其松紧度，保持啮合良好；缺点：结构复杂、金属耗量大，该炉排比链带式炉排约高 30%；当炉排较宽时，炉排片容易脱落或卡住。其结构如图 7-14 所示。

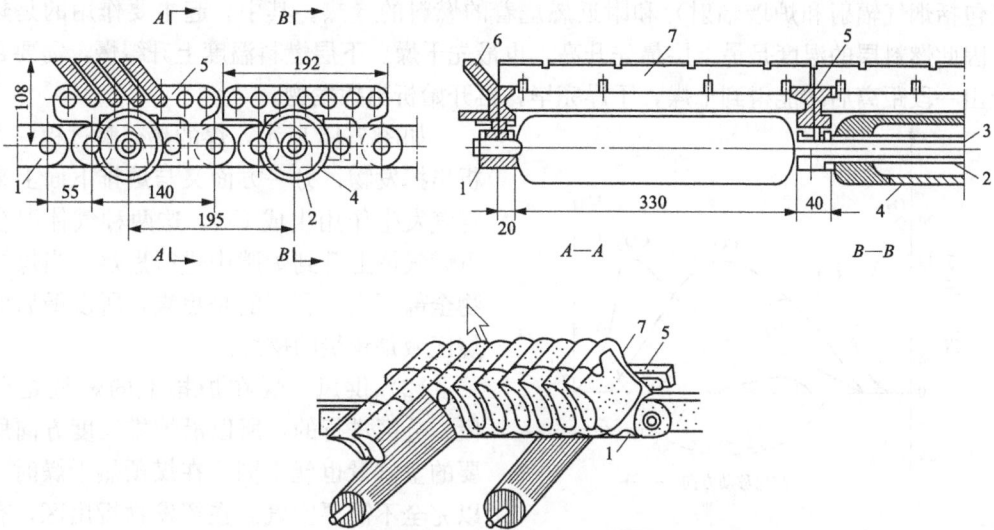

图 7-14 鳞片式炉排示意（单位：mm）

1—链条；2—节距套管；3—拉杆；4—铸铁滚筒；5—炉排中间夹板（手枪板）；6—侧密封夹板（边夹板）；7—炉排片

2. 链条炉排的传动装置

目前生产的链条炉排通常都是前轴带动的，而机械抛煤链条炉排是倒转的。

炉排面积决定选用变速装置的大小，二者之关系可见表 7-3。工作面积小于 $45m^2$ 的炉排，采用一副炉排，配一套传动装置；大于 $45m^2$ 的炉排，一般采用双炉排，配两套传动装置。

表 7-3　　　　变速装置的选用与炉排面积的关系

炉排面积 $S(m^2)$	5~10	10~17	17~30	30~45
变速箱传递的扭矩 $M_k(N \cdot m)$	5845	14 700	39 230	73 550
主动轴转速变化范围 $n(r/min)$	0.056~0.34	0.056~0.34	0.047~0.284	0.047~0.284
电动机功率 $P(kW)$	1.5	1.5	3	3

当采用变速比固定的齿轮箱时，通常选择四至八挡不同的速比，此时最低的速度相当于炉排移动线速度为 $8.33 \times 10^{-4} m/s$，而最高一挡的速度是 $6.667 \times 10^{-3} m/s$。当需要将炉排上的燃料层全部排除时（如锅炉运行发生故障时）才使用最高速度。对于采用无级调速电动机的传动装置，其传动速比也参照上述炉排速度进行设计。

3. 链条炉的燃烧和供风

(1)燃烧。煤从装在炉前的煤斗中借其本身的质量落到炉排面上，链条炉排由电动机经过变速传动装置带动连续转动，燃料随着炉排面由前向后移动逐渐进入炉内，使燃料逐步经过烘干、着火、燃烧和燃尽等各个阶段，最后形成灰渣由后部落入灰渣斗中。这样，就实现了链条炉的加煤和除灰的机械化。

燃料进入炉内，在一定的距离内完成预热，在预热阶段先是干燥，然后分解挥发物。预热以后是着火燃烧和燃尽阶段。燃料预热阶段所吸收的热量来源于两方面：炉膛中的热辐射（包括烟气辐射和炉墙辐射）和附近燃烧着的燃料的导热。其中，起主要作用的是热辐射。因此燃料层的温度是最上层最先升高，也最先干燥。下层燃料温度上升缓慢，需要在炉排走出一段距离后才能得到干燥，干燥完毕，再开始析出挥发物。

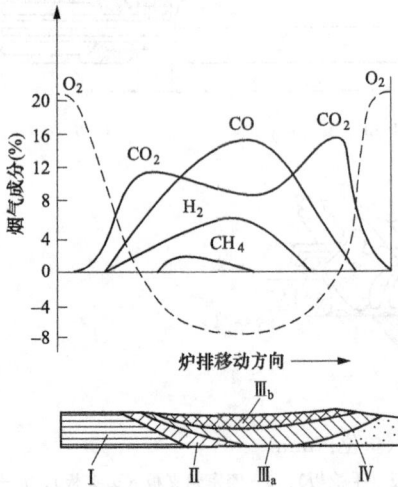

图 7-15 链条炉排上方烟气成分分布
Ⅰ—燃料预热干燥区段；Ⅱ—挥发分析出及燃烧区段；
Ⅲₐ—焦炭氧化区段；Ⅲᵦ—焦炭还原区段；Ⅳ—灰渣燃尽区段

如图 7-15 所示，煤的热分解过程一方面析出挥发物，另一方面又与炉排下面上来的空气发生作用生成 CO，这两种气体混合成可燃气体上升到炉膛中进行燃烧。当煤挥发物全部析出，剩下的是焦炭，所以最后的燃烧区域是焦炭的燃烧。

(2)供风。煤在炉排上的燃烧是分阶段、分区进行的，所以沿炉排长度方向所需要的空气量也就不同。在煤预热干燥时，可以完全不需要空气。在挥发物析出区，有一部分可燃气体已经开始着火，所以要供给一部分空气，使不断析出的可燃气体着火燃烧。挥发物燃烧和焦炭燃烧区域是整个燃烧过程的主要部分，因此需要送入大量的空气以供燃烧。最后是灰渣的形成区，燃烧基本结束，不需要多少空气，主要是炉排冷却需要送风。

由此可见，应根据需要来适当调节各风室中的风量，所以在链条炉中沿炉排长度方向的送风是不均匀的。如果不分风室送风，其结果必然是燃烧需要的空气量与进入的空气量不相适应。沿炉排长度方向火床层阻力不断减小，满室送风就使越向炉排后端风量越大，导致炉排两端空气太多，中间却空气不足。最终结果是不但增加了固体未完全燃烧热损失和气体未完全燃烧热损失，还有很大一部分热量被未利用的空气带走，增加了排烟热损失，大大降低了锅炉的热效率。

由链条炉的燃烧过程可知：炉排下应采用分段送风，以满足燃料在燃烧过程中不同阶段（烘干、着火、燃烧和燃尽）的需要。各个风室中都应装设隔板，同时每个风室应配有单独调节风量的装置。

炉排内部一次风分段送入，炉排长度上分成若干个不同大小的风室。每个风室单独接进风管，进入的一次风因扩散而降低速度，能均匀地分布、充满风室，进风管内有蝶形门，可以调节风室风压。当炉排宽度小于 2670mm 时，采用单面进风，此时进风管布置在炉排传动装置一边，当宽度大于 2670mm 时，采用两面进风。风室出灰装置采用移动落灰门，摇动落灰门的连杆，灰就落在下面炉链上，炉链在下部导轨上滑动，导轨有缺口，遇到缺口处，炉条垂直，灰就漏到灰斗内。落灰门摇动装置是通过进风管固定安装在风管外面，其布置与进风管一致，即单面进风时，单面拉动出灰，两面进风时，两面拉动出灰。

为了平时检查检修炉条的运行情况，正面设有几扇大的风门。自然通风时，可以开启风门和风室落灰门。进风管上设有检查门，必要时可以通过此门进入风室进行检查检修工作。

4. 炉拱布置

炉拱的主要作用是储蓄热量，调整燃烧中心，提高炉膛温度，加速新煤着火，其次是延长烟气流程，促进燃料充分燃烧。炉拱有前拱、中拱和后拱三种，其中经常使用的是前拱和后拱，中拱多用于锅炉改造中当供应的煤质较差时作为改善燃烧条件的补充措施。

（1）前拱。前拱位于炉排上方的前炉墙下部，一般由引燃拱和混合拱两部分组成。引燃拱的位置较低，靠近煤闸板，一般距炉排面为 300～400mm，主要作用是吸收高温烟气中的热量，再反射到炉排前部，加速新煤的着火燃烧。混合拱的位置较高，主要作用是促进烟气和空气良好混合，延长烟气流程使其充分燃烧。常见的几种前拱结构形状如图 7-16 所示。

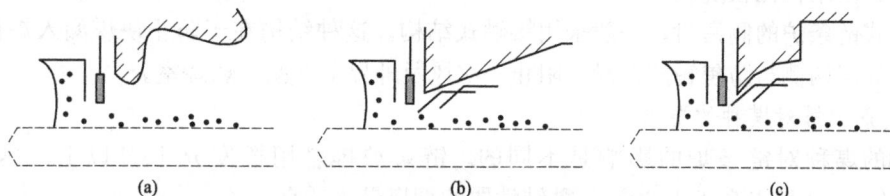

图 7-16 常见的几种前拱结构示意

图 7-16 （a）所示的前拱，由小斜形引燃拱和低而长的混合拱组成，起遮盖作用，可减少炉排前部两侧的水冷壁管吸热，保持炉膛前部有较高的温度，以利于新煤烘干和着火。

图 7-16 （b）所示的前拱，由倾斜型引燃拱和较高的水平混合拱组成，能有效地将热量反射到新煤上，改善燃烧条件。

图 7-16 （c）所示的前拱，由抛物线型引燃拱和较高的水平混合拱组成，可将热量集中反射到新煤上，即起到聚集的作用，使燃烧条件更好。但这种拱的曲线复杂，砌筑和悬挂困难，表面不可能光洁，不容易受到理想的反射效果，所以实际应用不多。

（2）中拱。中拱位于炉排的中上方，如图 7-17 所示。中拱的作用是将主燃烧区的高温烟气引导到炉膛前部，促使新煤迅速着火。同时，可以储蓄热量，保证主燃烧区的煤充分燃烧。

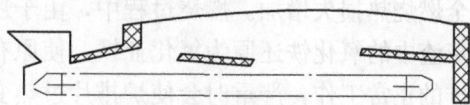

图 7-17 链条炉中拱布置示意

中拱通常呈前高后低倾斜布置，倾角为 12°左右。倾角越大，从主燃区导入着火区的烟气量越多，越有利于煤的引燃。倾角过大时，则中拱前部出口端过高，使烟气流速降低，不利于传热。中拱后部出口端的高度应尽可能地低，中拱的长度以能遮盖主燃烧区为宜。

（3）后拱。后拱位于炉排上方的后炉墙下部，后拱的作用是将燃尽区的高温烟气和过剩的空气引导到炉膛中部和前部，以延长烟气流程，保证主燃烧区所需要的热量以及促进新煤引燃，同时提高炉排后部温度，使灰渣中的固定炭燃尽。后拱倾角越小，覆盖面越大，可以使炉床中部、后部保持高温。当后拱向前输送大量高温烟气和煤粒时，如果和前拱配合良好，可以在前拱下形成一个旋转的高温火球，使烟气充分混合、煤粒在燃烧区强化燃烧，提高了炉膛温度，降低飞灰损失。

5. 配风

炉排的配风装置主要有分风仓和大风仓小风室两种，目的主要是达到沿炉排行走方向分段送风，沿炉排宽度方向均匀配风。

分风室侧进风存在炉排横向风量不均匀的问题，严重时还会出现单边起黑龙、跑红火的现象，因此通常用节流挡板等方法来消除。

一次风的压力用炉排进风管内的调节门来控制，第一风室为 100～200Pa，最后一个风室为 200～300Pa，其余中间风室为 600～800Pa（此数字仅供参考），运行时应按实际情况进行调整。在调节风压时，应注意不要急剧地降低和停止向燃烧强烈区域的送风。

6. 链条炉排的侧密封

链条炉排的两侧与固定的支架之间的密封，即侧密封。

侧密封不好的话，空气就从边缘处直接窜入炉室，影响正常燃烧。侧密封种类很多，常用的有迷宫式和接触式侧密封。迷宫式侧密封密封性较差，但运行较可靠；接触式侧密封密封性良好，但结构比较复杂。

鳞片式链条炉的侧密封，一般采用接触式结构。这种结构在于防止块煤漏入炉排两侧。同时依靠煤层两侧与防焦箱的接触，阻止一次风及外界空气漏入燃烧室。

7. 链条炉排对煤种的要求

不同的煤种对链条炉的影响是不同的。链条炉排燃用挥发分 15％ 以上、热值大于 4500kcal/kg、灰熔点高于 1260℃、黏结性弱的烟煤最为适宜。

一般水分、灰分增加，挥发分减少对燃料的引燃和燃烧都是不利的。

水分：煤中适当的水分可使碎屑和块煤粘在一起，使漏煤和飞灰减少。另外，水分蒸发可使煤层疏松，加大煤粒间的间隙，通风阻力随之减小，有利于通风，起到了强化燃烧的作用。不利的一面是不利于煤的着火，还会使烟气体积增加，使排烟热损失增加。对于在细粉较多且易黏结的高发热值的煤中掺入适量的水分，不但有利于燃烧，提高锅炉效率，还可减轻煤层的结焦。

灰分：煤中灰分的增加会使可燃成分减少，发热量降低，不利于煤的着火和燃烧。过多的灰渣会阻碍焦炭与空气的接触，也就是阻碍了焦炭的燃烧，增加了燃烧时间，最后导致未完全燃烧热损失增加。燃烧过程中，由于还原作用而产生大量的还原气，主要是 CO，它能将灰渣中的氧化铁还原为氧化亚铁，使原有的灰熔点降低，这样很容易在炉排上结焦，影响炉排的正常工作，严重时会使炉排片过热变形和烧坏。反之，灰分太少，灰渣层太薄，也可能使炉排片过热。

挥发物：一般来说，挥发物含量越高，越容易着火和燃烧。挥发物含量低，着火困难，那么在炉排长度有限的情况下，燃烧和燃尽的时间就相对减少，固体未完全燃烧热损失就增加。挥发物含量高时，对于炉膛容积热负荷较高的锅炉，由于炉膛容积相对较小，易增加气体未完全燃烧热损失。

热值：热值较低时，锅炉的出力和效率都会降低。当燃用热值较低的煤的时候，燃煤量就要加大，炉排走速或煤层厚度就要相应提高，这将不利于燃料的着火和燃尽。

黏结性强的煤：黏结性强的煤在炉内受到高温辐射，表面软化熔融，形成板状结焦，使通风不畅，严重时还会导致燃烧无法连续进行。

煤的颗粒度：粒度不一的煤粒，容易堆得结实，水蒸气不易散发出来，热量也不容易传到煤层深处，着火就困难。并且，火床层的阻力增加易产生火口。

7.3 锅炉运行调整

7.3.1 燃烧调整

1. 煤层厚度

图 7-18 所示为层燃炉煤层厚度方向上气体成分的变化。

在氧化区中，炭的燃烧除了产生 CO_2 以外，还产生少量的 CO。在氧化带末端，氧化浓度已趋于零，CO_2 浓度达到最大，而且燃烧温度也最高。实验表明氧化带的厚度大约等于煤块尺寸的 3～4 倍。当煤层厚度大于氧化带厚度时，在氧化带之上将出现一个还原带，CO_2 被 C 还原成 CO。这一还原反应是吸热反应，所以随着 CO 浓度的增大，气体温度逐渐下降。

根据煤层厚度的不同，所得到的燃烧反应及其产物也不同，因此出现了两种不同的层状燃烧法，即"薄煤层"燃烧法和"厚煤层"燃烧法。薄煤层燃烧法的煤层较薄，对于烟煤只有 100～150mm，在煤层中不产生还原反应。厚煤层燃烧

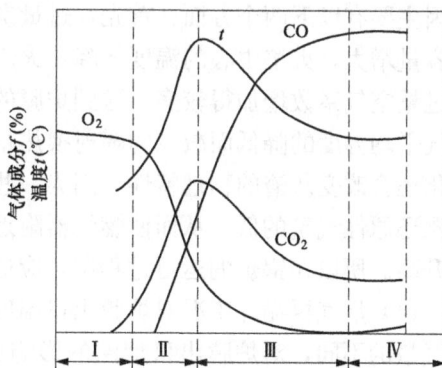

图 7-18 层燃炉煤层厚度方向气体成分变化
Ⅰ—灰渣区；Ⅱ—氧化区；
Ⅲ—还原区；Ⅳ—新燃料区

法也称为半煤气燃烧法，煤层较厚，烟煤为 200～400mm，目的是使部分燃烧产物得到还原，使燃烧产物中含有一些 CO，改善炉膛温度分布。总的来说，层燃炉应保持较薄的煤层，剧烈燃烧的煤层厚度应接近氧化层高度，使燃烧完全，烟气中不致产生过多的 CO。

加强通风可以强化燃烧，但是氧化层的高度却基本不变。这是因为煤层中的燃烧属于扩散燃烧，加强通风后，进入煤层的 O_2 量增加，但是由于空气和煤粒之间的相对速度加快，O_2 扩散到焦炭表面的速度加快了，所以随风量的增加，碳和氧的反应也以同样的速度增加，增加的 O_2 在氧化层中消耗，氧化层厚度不变。所以在需要提高锅炉负荷时，首先应加强通风，使煤的燃烧速率加快，同时应当勤添煤，并保持煤层厚度基本不变。

对于链条炉来说，一般遵循以下原则：

对高挥发分煤，采用薄煤层、快送煤的方式，以减少煤层上方气体成分沿炉排长度分布的不均匀性；

对低挥发分煤，采用厚煤层、慢送煤的方式，以避免产生前部断火、后部跑火的现象；

对高水分及高灰分的劣质煤，采用厚煤层、慢送煤的方式，后部燃尽良好。

2. 炉膛出口烟气温度

通过控制影响锅炉出口烟气温度的运行因素来控制出口烟温。

(1) 受热面的结渣和积灰程度的变化对炉膛出口烟温的影响。这种现象是无法避免的，尤其是过粗的煤粉颗粒加剧了结焦的程度，恶化了炉内的传热过程。造成炉膛出口烟温的上升。还有一次风温的变化，使得燃烧区的温度升高，受热面结渣，不仅影响受热面的传热，还引起炉膛出口烟温的升高，更严重的是可能破坏燃烧器。

（2）锅炉负荷的变化对炉膛出口烟温的影响。在运行过程中锅炉负荷的变化会引起燃料消耗量的变化，从而炉膛内的温度场的形态和数值也将随之变化，则会引起炉膛内辐射换热量的变化。但是，炉膛内辐射换热量的变化幅度并不等于燃料量的变化幅度。根据实验，锅炉负荷从半负荷状态变化到额定负荷时，负荷增加到 100%，炉膛内火焰平均增加约为 200℃，炉膛内的辐射换热量增加 70% 左右。这说明，炉膛内辐射换热量的变化率小于负荷的变化率。所以，锅炉负荷增加时，炉膛的出口烟温升高。

（3）过量空气系数的变化对炉膛出口烟温的影响。过量空气系数的影响是非常显著的，原因主要有以下两个方面：首先，过量空气系数的增加，使得炉膛内吸热介质增多，烟气的热容量增大，火焰中心的温度下降，火焰中心的位置上移，从而使得炉膛出口烟温升高，如果过量空气系数增加得较多，送到炉膛的空气被加热到火焰的温度所吸收的热量大于炉膛内烟气平均温度的降低而减少的辐射换热量，那么炉膛出口烟温下降。其次，过量空气系数的变化还会改变灰渣的物理特性，因为一些煤种的灰熔点与烟气的气氛有关，氧化性气氛的熔点比还原性气氛的低，从而使燃烧器附近的受热面结渣现象更加严重，则会使炉膛的出口烟温升高。所以在锅炉的运行过程中，应适当的保持负压，减少锅炉的漏风。

（4）烟气再循环工况对炉膛出口温度的影响。再循环烟气送入炉膛的位置不同，再循环烟气量的不同，对炉膛出口烟温的影响也不同，所以，可以用来作为调节锅炉蒸汽参数的手段。

7.3.2　负荷调整

1. 炉排速度

炉排速度一般可在 2~25m/h 范围内调整，使煤在炉膛内燃烧的时间不低于 30min。对着火点高的煤，炉排速度稍慢；对挥发物多的煤，则炉排速度稍快。

2. 合理配风

对链条炉而言，配风是一个十分重要的问题。合理的配风能改善燃烧工况，减少排烟热损失、气体未完全燃烧热损失以及固体未完全燃烧热损失，提高燃烧的经济性和运行的连续性及可靠性。若配风不好，不仅会增大以上各项热损失，还可能出现着火和燃烧困难，火床面结渣等情况。合理配风包括沿炉排长度的分段送风和沿炉排宽度的均匀送风。

影响配风比例的因素很多，还受现场测定精度的限制。切实可行的办法：先根据各燃烧区段的工作特点，全面分析不同配风比例对燃烧经济性及安全性的影响，然后从中得出比较合理的原则性配风方案，再由运行人员据此进行调试，最后确定出最佳的配风比例。

（1）尽早配风法。如图 7-19（b）所示，在燃烧前期（前后拱期的炉排区段）大量送风，以达到燃烧迅速强烈的目的。其缺点在于对于优质煤，因炉排前部燃烧过猛，烟气体积剧增，致使后拱内的烟气流出不畅而形成烟气在后拱出口处的堵塞。为避免出现正压不得不大幅度减小后拱区内的送风，导致高温炉排因骤然减风而结渣，堵塞风孔，影响燃烧的继续进行，大大缩短了炉排的有效长度。而渣层下的未燃焦炭也使固体未完全燃烧热损失猛增到难以接受的程度。对于劣质煤，由于过分集中的前期燃烧造成后拱内火床层的可燃质急剧减少，使之无法形成强燃区，从而导致燃尽区的温度过低，焦炭燃烧困难。此外，前、后拱间火床区段的大量送风，使形成的大量飞灰直飞而出，不像后拱内的飞灰，靠转弯时的惯性力而甩向炉排头部进一步燃尽。因而，飞灰的未燃尽碳损失也较大。

（2）强风后吹法。如图 7-19（c）所示。强风后吹法是指在最后一两个风室大量鼓风，使之形成强燃区。目的是让大量被风吹起的高温碳粒，在出后拱拐弯甩向炉前，散落在新燃料上形成覆盖层，为引燃区提供高温热源，改善着火条件。

强风后吹法是以引燃为核心的配风法，多用于难燃烧的煤。其缺点是送风过于集中，燃烧强度很高，易使火床严重结渣，增加运行的困难。此外，由于碳粒覆盖层较厚，影响了高温炉墙及上层热碳粒对新燃料层的加热，使预热、干燥过程拖得很长，降低了炉排的有效长度。

（3）推迟配风法。如图 7-19（d）所示。即对燃烧前期的炉排层少量通风甚至不通风，仅靠相邻风室的漏风保持燃烧，以使部分燃煤气化，从而消耗掉来自炉排后部的过量空气。对后拱下燃烧中期的炉排层则加强送风，形成一个强燃区，以便对前、后两头起促燃作用。对尾部燃尽区送风量可大幅度减少，避免空气过多而增加排烟损失。

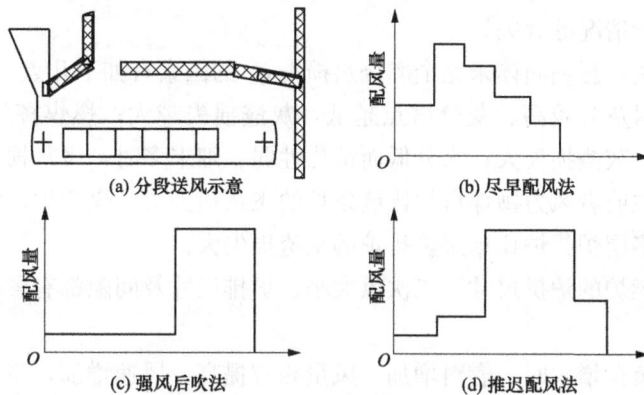

图 7-19 原则性配风方案

推迟配风法比以上两种配风法都比较优越。其最大的优点是"烧中间、促两头"，既促进了炉排头部燃料的着火和燃烧，又保证了尾部灰渣的进一步燃尽，还满足了中部旺盛燃烧区的空气需要，减少了不完全燃烧热损失。而且拱间区段的燃烧强度也可降低，使拱区出口处的烟气不易发生壅塞现象。此外，前部煤的气化区域的存在，也能有效地吸收来自后拱的过量空气，最终使总的过量空气系数较大幅度地减小，降低排烟热损失。

应该指出，推迟配风法的应用，必须和良好的炉拱设计相结合，即应以引燃及混合性能良好的拱形为前提，只有这样，才能取得最好的使用效果。

7.4 能效分析及故障诊断

7.4.1 能效分析及提效措施

1. 排烟热损失

由于技术经济条件限制，烟气在排入大气的温度要远远高于进入锅炉的空气温度，这部分被排烟带走的热量称为排烟热损失。排烟热损失是锅炉热损失比较大的一项，一般装有省煤器的水管锅炉在 6%～12%，而不装省煤器的在 20% 以上。其影响因素主要是排烟温度与排烟体积。

排烟温度的影响：排烟温度越高，热损失越大，但是排烟温度过低，在技术上、经济上都是不合理的。排烟温度降低，将导致烟气与空气的传热温度降低，增加金属耗量；对于含硫的燃料，如果排烟温度低于酸露点，将引起尾部受热面腐蚀。供热锅炉的排烟温度一般控制为 150～200℃。

排烟体积的影响：排烟体积与过量空气系数、漏风量以及燃料所包含水分的多少有关。漏风严重将导致过量空气系数增加，相应的烟气量增大；水分高也会导致排烟体积增加。但是应该注意，减少过量空气系数可以降低排烟损失，但会导致固体、化学不完全燃烧热损失。因此要合理选择，使三项损失之和最小为最佳。

2. 固体未完全燃烧热损失

固体未完全燃烧热损失 q_4 是因为进入炉膛的燃料有一部分没有参与燃烧或没有燃尽而被排出炉外造成的，是燃用固体燃料的锅炉热损失中的一个主要项目，与燃料种类、燃烧方式、炉膛结构、运行情况等有关。

对于层燃炉来说，影响固体未完全燃烧热损失 q_4 的因素有如下几点：

燃料特性：燃料灰分越高、灰分熔点越低，灰渣损失越大；燃煤挥发分低而结焦性强时，容易形成熔渣，灰渣损失大；水分低而结焦性弱、细末多时，飞灰损失大。

燃烧方式：机械或者风力抛煤机炉比链条炉的飞灰损失大；煤粉炉、沸腾炉的飞灰损失均远大于层燃炉；多层炉排炉比单层炉排炉的灰渣损失大。

锅炉结构：层燃炉的炉拱尺寸、二次风大小、炉排尺寸及间隙都有影响，炉排间隙大则漏煤损失严重。

运行工况：当负荷增大时，燃料增加，风量相应提高，风速增加，飞灰损失加大；层燃炉的煤层厚度、链条炉炉排温度及风量分配等均会对 q_4 有影响；过量空气系数太低则 q_4 会增加，空气系数稍微增加，q_4 也会有所降低。

3. 气体未完全燃烧热损失

气体未完全燃烧热损失 q_3 指的是由于一部分可燃性气体（氢气、甲烷、一氧化碳等）尚未燃烧就随烟气排出所造成的损失。其主要与锅炉结构、燃料特性、燃烧过程组织以及操作水平有关。

对于层燃炉来说，从操作水平上看，如果煤层过厚将在煤层表面形成还原区域，那么一氧化碳等还原性气体增加，从而增大 q_3 损失；当负荷增加时，可燃气体在炉内停留时间减少，也使 q_3 增加。

除此之外，还有其他因素的影响：

炉膛结构的影响：如果炉膛高度不够或者容积太小，会造成烟气流程过短，使部分可燃气体未能燃尽就离开炉膛；如果水冷壁过多过密将造成炉膛温度降低，也会增大损失。

燃料特性的影响：挥发分较高的燃料，q_3 损失要稍大一些。

燃料过程组织的影响：主要指过量空气系数的大小、二次风的大小以及引入位置、炉内气流的混合扰动情况等；过量空气系数过小或者过大的时候，q_3 损失都会增加。

7.4.2　常见故障诊断及解决方案

1. 炉排卡住

炉排卡住的原因包括：活动间隙太小；行程过大，活动炉排片与固定炉排片顶死；活动炉排卡住，不活动；铁件落入间隙内卡住；推拉轴与偏心拉杆不在同一直线上。

上述原因相应的处理方法：调整间隙，使间隙适当；控制活动炉排片的行程；调直活动炉排梁；清理杂件；调整推拉轴与偏心拉杆在死点位置成一直线。

2. 煤斗着火

煤斗着火的原因包括：煤斗中煤层厚，向下压力大，在推煤板往复运动时，两端间隙处容易漏煤。有时烟气窜入煤斗，引起煤斗着火。

上述原因相应的处理方法：加装挡板，减少漏煤、窜烟。

第8章 室燃炉

【本章导读】

以煤粉制备水煤浆为主要原料的化工企业,由于需要设置专用制粉系统,因此,多以煤粉燃烧的室燃炉燃烧提供热量和一部分电力。除此以外,一些以电为主要能源的硅基化工、电石生产等化工企业也采用室燃炉的方式。在室燃炉中实现煤的化学能转换成蒸汽的热能时,进行着四个相互关联的工作过程,即煤粉制备过程、燃烧过程、通风过程和过热蒸汽的生产过程。相应地,可将室燃炉划分为这样几个系统:制粉和燃烧系统、烟风系统、汽水系统。煤粉制备过程是在煤粉制备系统内进行的。由于室燃炉以煤粉作为燃料,通常也称之为煤粉锅炉。煤粉制备过程的任务是将初步破碎后送入锅炉房的原煤磨制成符合锅炉燃烧要求的细小煤粉颗粒,供锅炉燃烧。燃烧过程在炉膛内进行,其任务是使燃料燃烧放出热量,产生高温火焰和烟气。为了使燃烧过程稳定持续地进行,必须连续提供燃烧需要的助燃氧气和将燃烧产生的烟气及时引出锅炉,这就是由锅炉的烟风系统来完成的通风过程。汽水系统的主要任务是通过各换热设备将高温火焰和烟气的热量传递给锅炉内的工质。

本章将重点介绍室燃炉的锅炉系统与炉型,并介绍几种主要炉型的燃烧方式,包括直流燃烧炉、旋流燃烧炉和 W 形火焰燃烧炉等,并介绍了影响锅炉热效率的主要原因和应对措施。

8.1 锅炉系统与炉型

8.1.1 锅炉系统

图 8-1 所示为一台煤粉锅炉主要设备的示意。以下按该示意说明电厂锅炉的构成及工作过程。由煤仓落下的原煤经给煤机 11 送入磨煤机 12 磨制成煤粉。在煤粉磨制过程中需要热空气对煤进行加热和干燥。送风机 14 将冷空气送入锅炉尾部的空气预热器 5 被烟气加热。从空气预热器出来的热空气一部分经排粉风机 13 送入磨煤机中,对煤进行加热和干燥,同时这部分热空气也是输送煤粉的介质。从磨煤机排出的煤粉和空气的混合物经煤粉燃烧器 8 进入炉膛 1 燃烧。由空气预热器来的另一部分热空气直接经燃烧器进入炉膛参与燃烧反应。

锅炉的炉膛具有较大的空间,煤粉在此空间内进行悬浮燃烧。煤粉燃烧放出热量,燃烧火焰中心具有 1500℃ 或更高的温度。炉膛周围布置大量水冷壁管,炉膛上部布置着顶棚过热器及屏式过热器等受热面。水冷壁和顶棚过热器等是炉膛的辐射受热面,其受热面管内有水和蒸汽流过,既能吸收炉膛的辐射热,使火焰温度降低,又能保护炉墙不被烧坏。为了防止熔化的灰渣黏结在烟道内的受热面上,烟气向上流动到达炉膛上部出口处时,其温度要低于煤灰的熔点。

高温烟气经炉膛上部出口离开炉膛进入水平烟道,然后再向下流动进入垂直烟道。在锅炉本体的烟道内布置有过热器 2、再热器 3、省煤器 4 和空气预热器 5 等受热面。烟气在流过这些受热面时以对流换热为主的方式将热量传递给工质，这些受热面称为对流受热面。过热器和再热器主要布置于烟气温度较高的区域，称为高温受热面。而省煤器和空气预热器布置在烟气温度较低的尾部烟道中，故称为低温受热面或尾部受热面。烟气流经一系列对流受热面时，不断放出热量而逐渐冷却下来，离开空气预热器的烟气（即锅炉排烟）温度已相当低，通常为 $110\sim160℃$。

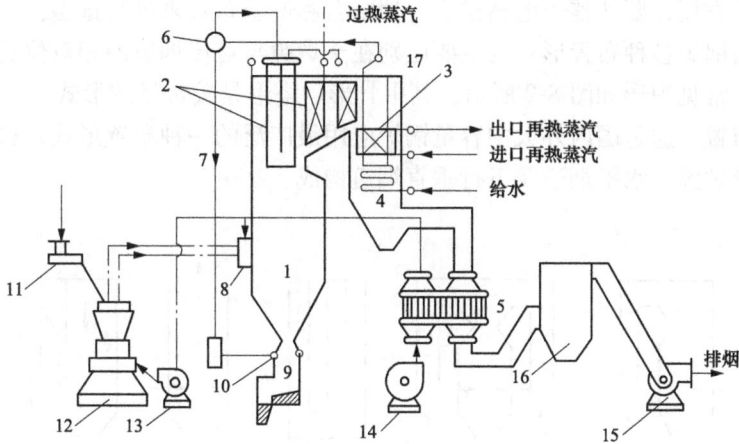

图 8-1　煤粉锅炉及辅助设备示意

1—炉膛及水冷壁；2—过热器；3—再热器；4—省煤器；5—空气预热器；6—汽包；7—下降管；
8—燃烧器；9—排渣装置；10—水冷壁下联箱；11—给煤机；12—磨煤机；13—排粉机；
14—送风机；15—引风机；16—除尘器；17—省煤器出口联箱

由于煤中含有灰分，煤粉燃烧所生成的较大灰粒沉降至炉膛底部的冷灰斗中，逐渐冷却和凝固，并落入排渣装置 9，形成固态排渣。大量较细的灰粒随烟气流动一起离开锅炉。为了防止环境污染，锅炉的排烟首先流经除尘器 16，使绝大部分飞灰被捕捉下来。最后，只有少量细微灰粒随烟气通过引风机 15 由烟囱排入大气。

送入锅炉的水称为给水。由送入的给水到送出的过热蒸汽，中间要经过一系列加热过程。首先把给水加热到饱和温度，其次是饱和水的蒸发（相变），最后是饱和蒸汽的过热。给水经省煤器加热后进入汽包锅炉（以汽包锅炉为例）的汽包 6，经下降管 7 引入水冷壁下联箱 10 再分配给各水冷壁管。水在水冷壁中继续吸收炉内高温烟气的辐射热达到饱和状态，并使部分水蒸发变成饱和蒸汽。水冷壁又称为锅炉的蒸发受热面。汽水混合物向上流动并进入汽包。在汽包中通过汽水分离装置进行汽水分离，分离出来的饱和蒸汽进入过热器吸热变成过热蒸汽。由过热器出来的过热蒸汽通过主蒸汽管道进入汽轮机做功。为了提高机组的循环效率，对高压机组大都采用蒸汽再热，即在汽轮机高压缸做完部分功的过热蒸汽被送回锅炉进行再加热。这种对过热蒸汽进行再加热的锅炉设备称为再热器，或称二次过热器。

当送入锅炉的给水含有杂质时，其杂质浓度随着锅水的汽化而升高，严重时甚至在受热面上结成垢后使传热恶化。因此给水要进行预处理。由汽包送出的蒸汽可能因带有含杂质的锅水而被污染。高压蒸汽还能直接溶解一些杂质。当蒸汽进入汽轮机后，随着膨胀做功过程的进行，蒸汽压力下降，所含杂质会部分沉积在汽轮机的通流部分，影响汽轮机的出力、效率和工作安全。因此，我们不仅要求锅炉能供给一定压力和温度的蒸汽，还要求蒸汽具有一定的洁净度。

8.1.2　炉型结构

1. 锅炉整体外形布置

锅炉整体外形有多种布置型式，使之适应不同的燃料、容量与参数。锅炉的整体外形选择应考虑到：工作可靠；锅炉本体及厂房建设和连接烟风管道等金属材料消耗少，成本低；检修及运行操作方便；要从整个电站设备合理配合和便于布置来进行选型。

大容量电站锅炉各种布置形式的主要区别在于炉膛与对流烟道的相对位置不同，对流烟道的数量不同，常见炉形如图 8-2 所示。其中Ⅱ形、塔形是较常见的形式。

（1）Ⅱ形布置。这是国内外大中容量锅炉应用最广泛的一种布置形式，这种形式锅炉整体由垂直的柱形炉膛、水平烟道及下行垂直烟道构成。

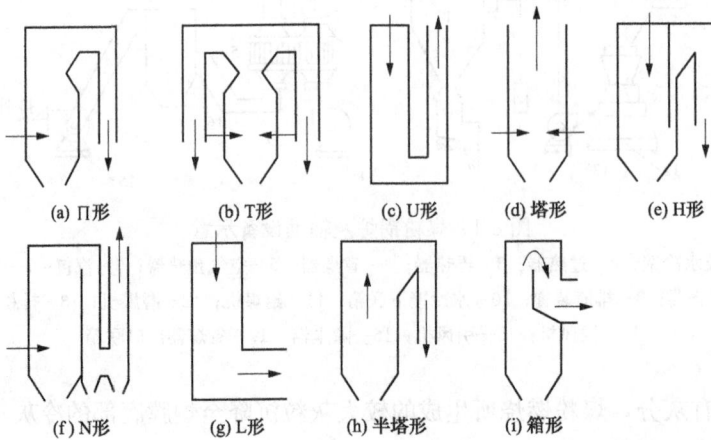

图 8-2　锅炉本体布置示意

它的优点：受热面布置方便，工质适应向上流动，受热面易于布置成逆流形式，加强对流传热。锅炉高度较低，安装起吊方便。排烟口在底层，送、引风机等动力设备可安置在地面。尾部对流烟道气流向下，易于吹灰，检修尾部受热面方便。锅炉本体及与汽轮机连接管道系统消耗的金属适中。

它的缺点：占地较大，有水平过渡烟道，使锅炉构架复杂，转向室内烟气速度场温度场分布不均，换热效能很低，无法充分利用；烟道转弯易引起飞灰对受热面的局部磨损；锅炉容量增大时，尤其 200 MW 以上锅炉，燃烧器不易布置，前墙可能布置不下，前后墙布置使管道复杂。

针对以上缺点，在传统Ⅱ形布置的基础上有了一些变形，如无水平烟道型。这种形式结构紧凑，密封性好，包墙管系统简单，有利于受热面采用悬吊布置，我国以前在 200MW 以下燃煤锅炉上有较多采用，国外主要用于大型燃油或燃气锅炉。

（2）塔形布置。这是一种单烟道或单流程锅炉，适用于燃烧油、气或低灰分固体燃料。其特点是烟气一直向上流动，对流受热面全部布置在炉膛上方的烟道中。

它的优点：占地少，烟道短，烟气流速可以取得较高，使整个锅炉体积缩小，减少了金属的消耗；烟气不改变流动方向，对流受热面冲刷均匀，磨损减轻；受热面全部水平布置，易于疏水。

它的缺点：送、引风机及除尘器布置于顶部，增加了锅炉构架的负荷，设备的安装和检修复杂；过热器、再热器布置很高，蒸汽管道较长；炉膛和对流烟道的截面需配合恰当。

为了克服上述缺点，将塔形布置做少许变动，形成半塔形布置。其特点：将空气预热器、除尘器、送、引风机等布置在地面，用垂直布置的空烟道连接上部的省煤器和下部的空气预热器。这种布置保留了全塔形布置的优点，国外多用来烧高灰劣质煤。

2. 影响锅炉整体布置的因素

锅炉的整体布置是锅炉设计中一个重要的环节，锅炉的整体布置是指锅炉炉膛和其中的辐射受热面、对流烟道和其中的对流受热面的布置。锅炉整体布置不仅受蒸汽参数、容量、燃料性质的影响，而且要考虑到整个电厂布置的合理性，各种汽水管道、烟风煤粉管道的合理布局。

(1) 蒸汽参数对受热面布置的影响。蒸汽参数的变化对于锅炉本体各个受热面间吸热量分配有很大的影响，吸热量分配比例的不同，将直接影响受热面的布置。工质在各个受热面吸收的总热量，按热力学可分为加热吸热量、蒸发吸热量和过热吸热量。不同参数下工质吸热量的分配见表 8-1。

表 8-1　　　　　　　　　　　　锅炉中工质吸热量分配比例

参数			总焓增	吸热量分配比例（%）		
汽压（MPa）	汽温（℃）	给水温度（℃）	(kJ/kg)	Q_{jt}	Q_{zf}	Q_{qr}/Q_{zr}
1.3	350	105	2708	14.3	72.4	13.3
3.9	450	150	2697	17.6	62.6	19.8
9.9	540	215	2522	20.3	49.7	30.0
13.8	540/540	240	2777	20.5	36.2	29.6/13.7
16.8	540/540	265	2645	22.5	28.1	34.3/15.1

在锅炉各受热面中，工质加热吸热主要靠省煤器完成，蒸发吸热主要靠水冷壁完成，而过热吸热则由过热器和再热器完成。当参数提高，工质加热吸热量与过热吸热量（包括再热蒸汽的吸热量）增加，蒸发吸热量则减少。对于不同参数的锅炉，其受热面布置考虑的问题也不尽相同。

对低参数小容量锅炉，受热面中以蒸发受热面为主。水冷壁和锅炉管束是蒸发受热面，仅在尾部装有面积不大的铸铁省煤器预热给水，过热器一般布置在锅炉管束与炉膛出口之间的烟道中。

对于中参数锅炉，工质蒸发吸热量与炉内辐射受热面的吸热量大致相近，除炉内布置水冷壁及炉膛出口有几排凝渣管束外，无须再像低压锅炉那样大量布置对流管束。因此，中压锅炉大都采用单汽包结构，工质的预热由省煤器完成。当炉内辐射受热面的吸热量不能满足蒸发吸热量的要求时，可使省煤器部分沸腾。这种锅炉通常采用Ⅱ形布置，在水平烟道布置过热器，尾部垂直烟道布置省煤器与空气预热器。

对于高参数锅炉，工质加热和过热吸热量比例增大，蒸发吸热量比例减小，有必要将一部分过热器受热面移入炉膛，因此除对流过热器外，往往需要布置顶棚过热器和在炉膛出口布置替代凝渣管束的屏式过热器。此外，随着蒸汽参数的提高，工质加热吸热量的比例增加和蒸发吸热量的比例减少，一部分加热的吸热量可以由水冷壁负担，所以，在高参数以上的锅炉中省煤器通常是非沸腾式的，水冷壁的一部分实际上起了省煤器的作用。随着锅炉参数提高、容量增大，炉膛宽度（尾部烟道宽度）也相对减小，这就会影响到尾部受热面的布置。为使尾部受热面的工质流速不因尾部烟道宽度的相对减小而增大，在设计高参数锅炉时尾部省煤器和空气预热器均采用双级布置。

对超高参数带有中间再热的锅炉，由于工质蒸发所需热量进一步减少，过热（包括再热）吸热量进一步增加，有必要将更多过热器受热面放入炉膛中。在炉膛中除了布置顶棚过热器和出口屏式过热器外，又在炉膛上部装设了前屏过热器，在水平烟道及垂直烟道布置再热器。

对于亚临界带中间再热的锅炉，随着过热吸热的比例进一步增加，过热器与再热器的增加将更为明显。在减少水冷壁蒸发受热面的同时，将一部分再热器也移入炉膛，设置墙式再热器。300MW 及以上大容量锅炉，普遍采用回转式空气预热器。

超临界锅炉由于不能进行汽水分离，只能采用直流锅炉，加热吸热量比例约占 30%，其余为过热吸热量。

（2）燃料性质对受热面布置的影响。燃料性质对锅炉热力工况以及对受热面的布置有很大的影响。就固体燃料——煤而言，煤的发热量、挥发分、水分、灰分、硫分及着火点等性质，对受热面布置均有影响。

燃料发热量较低，则燃料的消耗量较多，理论燃烧温度降低，炉膛出口烟温可能变化。因此影响了炉内辐射传热与对流传热的比例，锅炉各部分的受热面积也随之改变。

煤水分较大，将引起炉内燃烧温度下降、烟气量增加，炉内辐射吸热量减少，对流吸热量增加。同时，水分多的煤需要较高的热空气温度，也即需要布置更多的空气预热器受热面。

煤的挥发分较低，不易着火和燃尽，应在燃烧区布置卫燃带，并且，炉内火炬长度应保证大一些，使炉膛呈瘦高形。挥发分低的煤也要求热空气温度高一些，即空气预热器受热面多些。为保证燃料燃尽，低挥发分的煤还要求较大的过量空气系数，这同样会使炉内燃烧温度降低和烟气量增加，从而改变辐射换热与对流换热的比例。

煤的灰分直接影响对流受热面的磨损，灰分多，应选择较低的烟气流速，相应改变受热面的尺寸和结构，并在易受磨损的局部管段或弯头处加装防磨件。但烟气流速太低时又会使受热面积灰，影响受热面传热，因此要选择适当的烟气流速并设置有效的吹灰装置。

灰渣的熔融性对炉膛的设计有很大的影响。当灰的变形及软化温度不高时，容易引起炉膛内或其出口处密集对流受热面的结渣。为避免发生以上情况，通常需要控制炉膛出口烟气温度低于煤灰的变形温度 DT 以下 50~100℃。炉膛出口烟温的选择会影响辐射换热与对流换热的比例，也影响受热面的布置和结构尺寸。

煤中硫分主要影响烟气露点，硫分不同应选取不同的排烟温度和低温受热面结构。但是，实际上对于多硫燃料，用提高排烟温度来解决低温腐蚀是不合算的。有时选择较低的排烟温度，而采取其他措施来对付低温腐蚀，如设置暖风器或采用耐腐蚀的材料（玻璃预热器及陶瓷元件）。这样，对受热面布置影响就较少，或仅使它影响末级受热面的结构。

（3）锅炉容量。锅炉容量增大时炉膛容积和炉膛内表面积也随之增大，但炉膛内表面积增加较少。这是因为内表面积与边长的二次方有关系，而容积与边长成三次方关系。所以，锅炉容量越大，能布置水冷壁的内表面积相对越少。大容量锅炉为了限制炉膛出口烟温，必须在炉膛内布置足够的辐射面积。因此，为解决炉膛内表面积不够的矛盾，除了在壁面布置水冷壁等辐射受热面外，还布置了一定量的屏式受热面。

8.2　直 流 燃 烧 炉

室燃炉是指燃料以粉状（固体燃料，例如煤粉）、雾状（液体燃料，例如油）或气态（气体燃料，例如天然气）随同空气喷入炉膛（燃烧室）进行悬浮燃烧的锅炉。

燃烧器的型式很多，按照出口气流流动特点，可以分为直流燃烧器和旋流燃烧器。直流燃烧器出口射流是不旋转的直流射流和直流射流组，旋流燃烧器的出口射流是一边旋转，一边向前做旋转运动，下边就具体介绍直流燃烧器和旋流燃烧器。

8.2.1　直流射流的特性

煤粉气流以一定速度，从直流燃烧器的喷口直接射入炽热烟气的炉膛。由于炉膛相对很大，而且气流从喷口射出后一般都处于湍流状态，因此，可认为从单个喷口射出的煤粉气流是直流湍流自由射流。

直流湍流自由射流特性如图 8-3 所示。由图可知，射流刚从喷口喷出时，在整个截面上流速均匀并等于初速射流离开喷口后，周围静止的气流被卷吸到射流中随射流一起运动，射流的截面逐渐扩大，流量增加，而其流速却逐渐衰减。在射流中心尚未被周围气体混入的地方，仍然保持初速度，这个保持初速为 ω_0 的三角形区域称为等速核心区。在喷口出口处与等速核心区结束点所在的截面之间的区段称为射流的初始段。射流初始段以后的区段成为射流主体段或基本段。射流主体段内轴线上的流速 ω_m 是低于初速 ω_0 的，并沿着流动方向逐渐衰减。

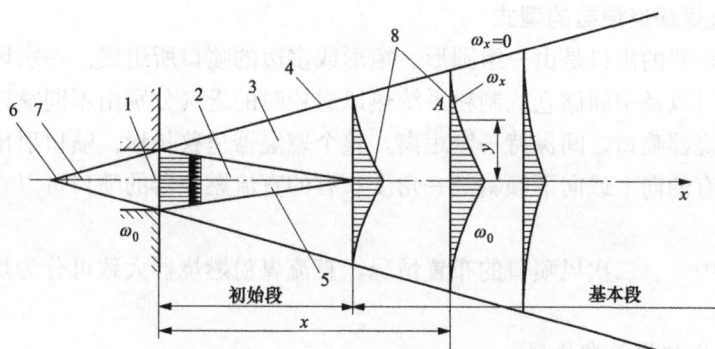

图 8-3　直流湍流自由射流的结构特性及速度分布
1—喷口；2—射流等速核心区；3—射流边界层；4—射流的外边界；5—射流内边界；
6—射流源点；7—扩展角；8—速度分布

射流主体段内轴线上流速沿流动方向的变化规律与喷口的形状有关。

对于圆形喷口，射流主体段轴线相对速度 ω_m/ω_0 可按式（8-1）计算：

$$\frac{\omega_m}{\omega_0} = \frac{0.96}{\dfrac{ax}{R_0} + 0.29} \tag{8-1}$$

式中　ω_0——射流初速，m/s；

　　　R_0——喷口的半径，m；

　　　x——所求截面距口出口的距离，m；

　　　a——湍流系数，$a=0.07\sim0.08$。

对于矩形喷口，射流主体段轴线相对速度 ω_m/ω_0 可按式（8-2）计算：

$$\frac{\omega_m}{\omega_0}=\frac{1.2}{\sqrt{\dfrac{ax}{b_0}+0.29}}\tag{8-2}$$

式中　a——湍流系数，$a=0.1\sim0.12$；

　　　b_0——喷口短边一半的尺寸，m。

直流射流只有轴向速度和径向速度，射流是不旋转的。直流射流的射程比旋转射流的长。射程与喷口尺寸和射流初速有关。喷口尺寸越大初速越高，即初始动量越大，射程越长。射程长表示射流衰减慢，在烟气介质中贯穿能力强，对后期混合有利。显然，集中大喷口比分散的多个小喷口的射流射程长。

射流卷吸烟气的能力直接影响燃料的着火过程。当喷口流通截面不变时，将一个大喷口分成多个小喷口，由于射流周界面增大，卷吸烟气量也增加。对于矩形截面的喷口，当初速与喷口流通面积不变时，随喷口高宽比的增大，射流周界面增大，卷吸能力也增大。射流卷吸周围烟气后流量增加，流速自然会衰减下来。卷吸能力越强速度衰减越快，射程就越短。炉膛并非无限大的空间，在炉内微小的扰动，也会导致射流偏离原有轴线方向发生偏转。射流抗偏转的能力称为射流的刚性。射流的动量越大，刚性越强，越不易偏转。对矩形截面喷口，喷口的高宽比越小，刚性越好。在炉内几股射流平行或交叉时，一般是刚性大的射流吸引刚性小的射流，并使其偏转。

8.2.2　直流煤粉燃烧器的型式

直流煤粉燃烧器的出口是由一组圆形、矩形或多边的喷口所组成。一次风煤粉气流、燃烧所需要的二次风以及中间储仓式制粉系统热风送粉时的乏气分别由不同喷口以直流射流形式喷进炉膛。燃烧器喷口之间保持一定距离，整个燃烧器呈狭长形。喷口射出的直流射流多为水平方向，也有的向上或向下倾斜某一角度；有的直流燃烧器的喷口可以在运行时上下摆动一定角度。

根据燃烧器中一、二次风喷口的布置情况，直流煤粉燃烧器大致可分为均等配风和分级配风两种型式。

1. 均等配风直流煤粉燃烧器

均等配风方式是指一、二次风喷口相间布置，即在两个一次风喷口之间均等布置一个或两个二次风喷口，或者在每个一次风喷口的背火侧均等布置二次风喷口。在均等配风方式中，由于一、二次风喷口间距相对较近，一、二次风自喷口流出后能很快得到混合，使煤粉气流着火后不致由于空气跟不上而影响燃烧，故一般适用于燃烧烟煤和褐煤，所以又称为烟煤-褐煤型直流煤粉燃烧器。典型的均等配风直流煤粉燃烧器喷口布置方式如图 8-4 所示。

图 8-4（a）所示为燃烧烟煤的直流煤粉燃烧器。烟煤挥发分较高，容易着火和燃烧。因此，燃烧烟煤时要求一次风中的煤粉着火后，应尽快和二次风混合以保证进一步燃烧所需的氧气。在每个一次风喷口的上下方都有二次风喷口，而且喷口间距也较小。燃烧器最高层为

上二次风喷口，其作用除供应上排煤粉燃烧器所需空气外，还可提供炉内未燃尽的煤粉继续燃烧所需空气。燃烧器最底层为下二次风喷口，其作用除供应下排煤粉燃烧器所需空气外，还能把煤粉气流中析出的粗煤粉托住，使其燃烧，从而减少机械不完全燃烧热损失。

图 8-4（c）和（d）所示为燃烧褐煤的直流煤粉燃烧器。褐煤挥发分高、灰分大、灰熔点低、煤龄短的褐煤水分较高。干燥的褐煤煤粉很容易着火，也易在炉膛内形成结渣。因此，燃烧褐煤的炉膛的温度应尽可能保持低一些，火焰中心的温度在 $1100\sim1200℃$ 的范围内，以避免产生局部高温而引起结渣。为了能降低炉膛内的燃烧温度，一、二次风喷口间隔布置，并将一次风喷口的距离适当拉开，大容量的燃烧器应采用分组布置，使煤粉不过于集中喷入炉膛，以分散火焰。为了使煤粉着火后能和二次风迅速混合，常在一次风喷口内安装十字形排列的二次风小管，称之为十字风。其作用：冷却一次风喷口，以免喷口受热变形或烧损。将一个喷口分割成为四个小喷口，也可减少煤粉和气流速度分布的不均匀程度。

图 8-4（b）所示为侧二次风燃烧器，是均等配风燃烧器的一种特殊形式。其一次风喷口集中布置，而且布置在向火侧（内侧），而将二次风布置在一次风的背火侧（外侧）。其作用如下：一次风布置在燃烧器的向火侧，这样有利于煤粉气流卷吸高温烟气和接受炉膛空间的辐射热，同时也有利于接受邻角燃烧器火炬的加热，从而改善煤粉着火；二次风布置在背火侧，可以防止煤粉火炬贴墙和粗煤粉离析，并可在水冷壁区域保持氧化性气氛，不致使灰熔点降低。这些都有助于避免水冷壁结渣。此外，这种并排布置降低了整组燃烧器的高宽比，可以增强气流的穿透能力，这样有利于燃烧的稳定和安全。这种燃烧器适用于既难着火又易结渣的贫煤和劣质烟煤。

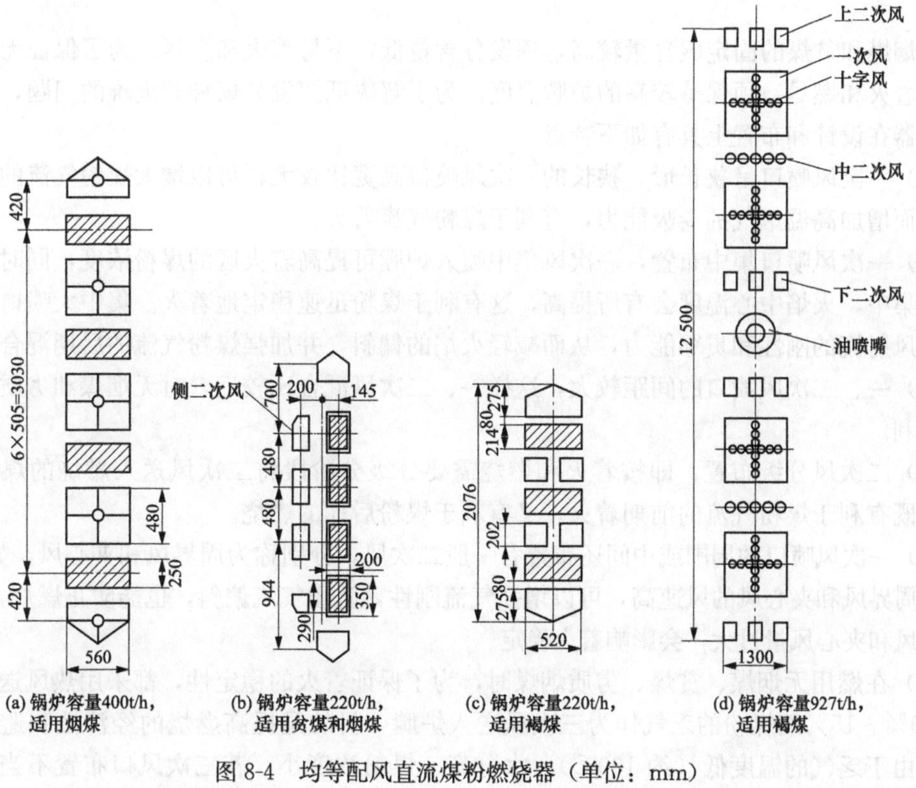

图 8-4　均等配风直流煤粉燃烧器（单位：mm）

2. 分级配风直流煤粉燃烧器

分级配风方式是指把燃烧所需要的二次风分级分阶段地送入燃烧的煤粉气流中，即将一次风喷口集中布置在一起，而二次风喷口分层布置，且一、二次风喷口保持较大的距离，以便控制一、二次风的混合时间，这对于无烟煤的着火和燃烧是有利的。故此种燃烧器适用于无烟煤、贫煤和劣质烟煤，所以又称为无烟煤型直流煤粉燃烧器。

典型的分级配风直流煤粉燃烧器喷口布置方式如图8-5所示。

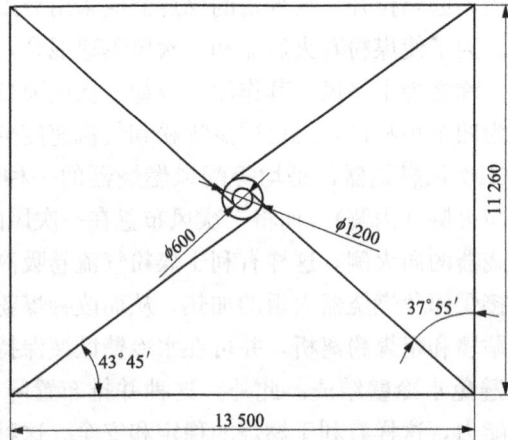

图8-5　分级配风直流煤粉燃烧器喷口布置（单位：mm）

无烟煤和贫煤的固定碳含量较高，挥发分含量低，不易着火和燃尽。为了保证无烟煤和贫煤的着火和燃尽，须保持较高的炉膛温度。为了解决低挥发分煤种着火难的问题，直流煤粉燃烧器在设计和布置上具有如下特点：

（1）一次风喷口呈狭长形，狭长的一次风喷口高宽比较大，可以增大煤粉气流的着火周界，从而增加高温烟气的卷吸能力，有利于煤粉气流着火。

（2）一次风喷口集中布置，一次风集中喷入炉膛可提高着火区的煤粉浓度，同时煤粉燃烧放热集中，火焰中心温度会有所提高，这有利于煤粉迅速稳定地着火。集中大喷口还可增强一次风射流的刚性和贯穿能力，从而减轻火焰的偏斜，并加强煤粉气流的后期混合。

（3）一、二次风喷口的间距较大，这样一、二次风混合比较迟，对无烟煤和劣质烟煤的着火有利。

（4）二次风分级布置，即按着火和燃烧需要分级分阶段将二次风送入燃烧的煤粉气流中，这既有利于煤粉气流的前期着火，又有利于煤粉后期的燃烧。

（5）一次风喷口的周围或中间还布置有一股二次风，分别称为周界风和夹心风，如图8-5所示。周界风和夹心风的风速高，可以增强气流刚性，防止气流偏斜，也能防止燃烧器烧坏。但周界风和夹心风量过大，会影响着火稳定。

（6）在燃用无烟煤、贫煤、劣质烟煤时，为了保证着火的稳定性，都采用热风送粉，而含有10%～15%细煤粉的乏气作为三次风送入炉膛，目的是提高燃烧的经济性和避免污染环境。由于乏气的温度低（约100℃）、水分高、煤粉浓度小，若三次风口布置不当，将会影响主煤粉气流的着火燃烧。因此，一般将三次风口布置在燃烧器上方。三次风口应有一定的下倾角（7°～15°），以增加三次风在炉内停留时间，有利于三次风中少量煤粉的燃尽。此外，三次风的风速高达 50～60m/s，使其能穿透高温烟气进入炉膛中心，这有利于加强炉内气流的扰动和混合，又有利于三次风中细粉的燃尽。

8.2.3 切圆燃烧方式

直流燃烧器布置在炉膛四角时，其出口气流的几何轴线射向炉膛中心的一个假想切圆，这种燃烧方式称为切圆燃烧方式。切圆燃烧方式在我国电站锅炉中应用很广泛。

1. 切圆燃烧方式的燃烧器布置

直流燃烧器的切圆燃烧方式通常有以下几种布置形式：

（1）单切圆布置，即四角燃烧器一、二次风口的几何轴线相切于炉膛中心同一个圆，见图 8-6（a）。

（2）两角对冲，两角相切或一次风对冲，二次风切圆，见图 8-6（b）。

（3）双切圆布置，即四角一、二次风口各自切于不同直径的圆或对角燃烧器各自切于不同直径的圆，见图 8-6（c）。

（4）八向或六向切圆布置，见图 8-6（d），如采用风扇磨煤机时，就可将磨煤机沿炉膛四周布置。

（5）双炉膛切圆布置，见图 8-6（e），通常两炉膛内气流旋转方向相反，大容量锅炉有时采用这种布置。

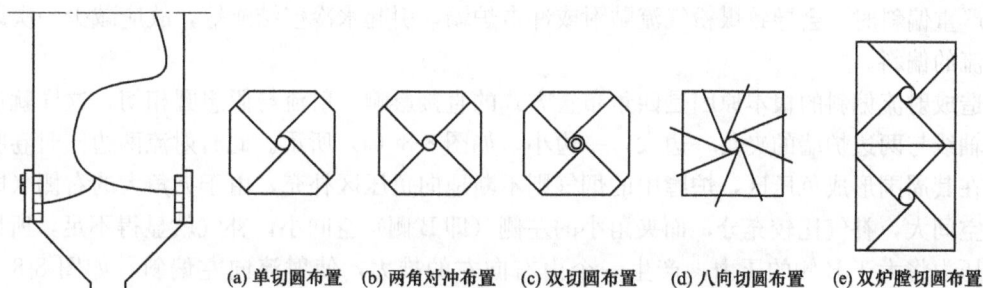

(a) 单切圆布置　(b) 两角对冲布置　(c) 双切圆布置　(d) 八向切圆布置　(e) 双炉膛切圆布置

图 8-6　切圆燃烧锅炉直流煤粉燃烧器的布置方式

直流燃烧器还可以有其他布置方式，如正、反切圆布置等，这些布置方式各有一定的设计考虑和特点，每一种布置方式的出发点都是为了获得良好的炉内空气动力特性，从改善煤粉气流的着火燃烧和防止火焰偏斜的角度考虑的。在我国大容量锅炉中，四角切圆燃烧方式应用比较广泛，故主要介绍该种布置方式的锅炉。

2. 空气动力特性

四角布置切圆燃烧的炉内空气动力特性如图 8-7 所示。四角布置的直流燃烧器射出的四股气流在炉膛中心形成一个稳定的强烈旋转火炬，在离心力的作用下，气流向四周

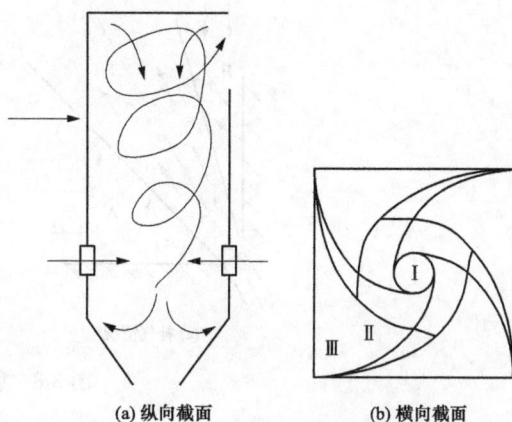

(a) 纵向截面　　　(b) 横向截面

图 8-7　切圆燃烧的炉内空气动力特性

Ⅰ—无风区；Ⅱ—强风区；Ⅲ—弱风区

扩展，炉膛中心形成真空，即无风区；无风区的外面是气流强烈旋转的强风区；最外围是弱风区。气流在引风机抽力的作用下上升，在炉膛中形成了一个螺旋上升的气流。

切圆燃烧的炉内空气动力特性对煤粉的着火和燃烧都有很大的影响。从着火角度来看，从每一角的燃烧器喷出的煤粉气流，都受到来自上游邻角正在剧烈燃烧的高温火焰的冲击和加热，使之能很快着火燃烧，并以此再去点燃下游邻角的新煤粉气流，相邻的煤粉气流能互相引燃；旋转气流使炉膛中心的无风区形成负压，这样部分高温烟气由上向下回流到火焰根部，再加上每股煤粉气流本身还能卷吸部分高温烟气和接收炉膛辐射热，因此，直流燃烧器四角布置切圆燃烧的着火条件是十分理想的。从燃烧角度来看，直流射流的射程长，在炉膛烟气中的贯穿能力强，着火后的煤粉火炬强烈旋转，使炉内的温度、氧浓度更均匀，加强了煤粉与空气的后期混合，也加速了煤粉的燃烧，所以煤粉气流的燃烧条件也是理想的。从燃尽的角度来看，气流螺旋上升，不仅改善了火焰在炉内充满度，均匀了炉内的热负荷，而且延长了煤粉在炉内的停留时间，这对煤粉的燃尽也是很有利的。由于切圆燃烧方式创造了良好的着火、燃烧和燃尽条件，因而对煤种的适应性广，故得到了广泛的应用。

3. 射流偏斜

在燃烧过程中，从燃烧器喷门射出的气流并不能保持沿喷口几何轴线方向前进，实际会出现一定程度的偏斜，气流会偏向炉墙一侧，使实际气流的切圆直径总是大于假想切圆直径。由于一次风煤粉气流动量最小、刚性最差，因此，一次风煤粉气流的偏斜也最厉害。当发生严重偏斜时，会导致煤粉气流贴附或冲击炉墙，引起水冷壁结渣等，故应减少一次风煤粉气流的偏斜。

造成射流偏斜的根本原因是四角布置方式的直接影响。射流与假想圆相切，这样就造成射流轴线与两边炉墙的夹角一边大，一边小，如图 8-8（a）所示。此时射流两边同时卷吸烟气，在其周围形成负压区，炉膛中的烟气则不断地向负压区补充，由于夹角大的右侧（即 A侧）空间大，补气比较充分，而夹角小的左侧（即 B 侧）空间小，补气就显得不足，所以 A侧的压力将大于 B 侧的压力，产生一个由右向左的推力，使射流向左偏斜，如图 8-8（b）所示，这就是射流产生偏斜的直接原因。

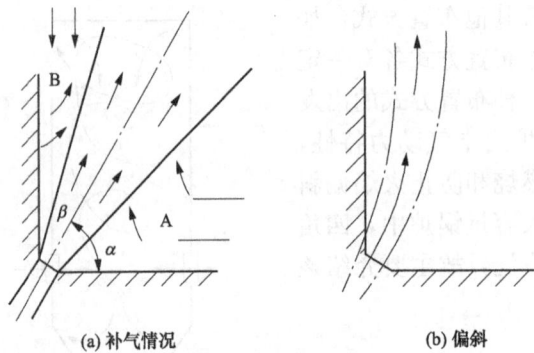

(a) 补气情况　　　　　　(b) 偏斜

图 8-8　射流偏斜

影响射流偏斜的主要因素如下：

（1）假想切圆直径。国内外的试验和运行证实，炉内实际切圆直径，远比设计的假想切

圆直径大得多，如图 8-9 所示。较大的切圆可使邻角
火炬的高温烟气更易于到达下角射流的根部，有利于
煤粉气流的着火，同时切圆直径大，炉内旋转气流的
旋转强度也大，扰动更强烈，使燃烧后期混合加强，
有利于燃尽；但切圆直径增加，将使两侧补气差异增
大，一次风射流更易发生偏斜。故设计的假想切圆直
径选择应兼顾上述两个方面，一般假想切圆直径和炉
膛宽度之比为 0.05～0.12。采用正方形炉膛或炉膛宽
深比小于 1.1 的炉膛时，补气条件差异造成的影响可
以忽略。

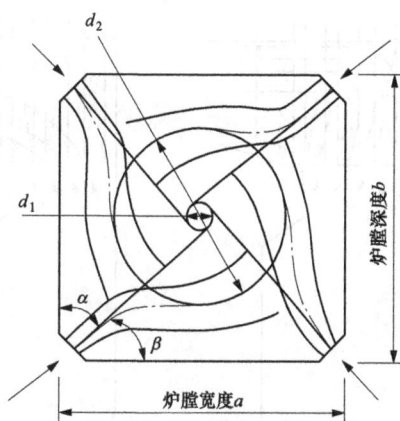

图 8-9 假想切圆直径与实际切圆直径
α、β—射流与两侧炉墙的夹角；d_1—假想切圆直径；d_2—实际切圆直径

（2）上游邻角射流的横向推力与射流刚性。切圆
燃烧的炉膛中，上游邻角射流对下游射流产生一定的
横向推力，推动气流强烈旋转，同时也迫使下游射流
向炉墙一侧偏斜。推力的大小决定于上游射流的总动
量，其中主要是二次风的动量。因此，增加一次风的动量或减小二次风的动量（即降低二次
风与一次风的动量比），可减轻一次风偏斜。一次风动量越大，射流刚性越强，一次风射流
抵抗偏斜的能力越强，射流的偏斜也就越小。

（3）燃烧器的结构特性。燃烧器的高宽比或一次风喷口的高宽比越大，整组射流的刚性
及一次风射流的刚性就越低，一次风射流的偏斜就越严重。

4. 烟气在炉膛出口的残余旋转

切圆燃烧方式的锅炉，炉内气流旋转上升，产生的旋转动量矩较大，同时，因为高温火
焰的黏度很大，到达炉膛出口处就会存在较大残余旋转。残余旋转用 δ 表示，是指炉膛出口
截面上烟气的残余旋转动量矩与断面上全部气流的旋转动量矩的比值，δ 越大，表示残余旋
转越大。

随锅炉容量的增加，炉膛出口扭转残余有增大的趋势，200、300、600MW 机组锅炉的
炉内空气动力场模化试验表明，残余旋转较大的锅炉水平烟道左右两侧平均速度之比可达
1.24、2.0 和 2.5。增加的原因：随锅炉容量增加，锅炉四角射流动量随容量成比例增加，
炉内气流的切向动量矩比锅炉的容量增长更快，炉膛高度的增长相对于容量的增长较慢，导
致炉膛气流出口扭转残余增加。

残余旋转会使炉膛出口及水平烟道的烟速和烟温分布不均匀程度加大，引起较大的热偏
差导致过热器超温或结渣。

现代大容量锅炉的炉膛上部均布置有大量屏式受热面（分隔屏过热器、后屏过热器和屏
式再热器）。对于逆时针旋转切圆燃烧锅炉，上炉膛左侧烟室内烟气流动阻力大于右侧，因
此，左侧烟气流量低于右侧流量，但左侧烟室内气流的运动机理比右侧复杂，存在一个气流
衰减、滞止和反向加速的过程，气流扰动强烈，而右侧气流运动情况简单，为平稳加速流向
水平烟道的过程。由于左侧烟囱内气流强扰动产生的对流强化效应，造成了炉膛左侧受热面
吸热多于右侧；而右侧气流的惯性速度指向炉后，其主气流只经过屏的下部区域甚至不经过
屏就直接进入了炉后，使得右侧烟室中的烟气充满程度远低于左侧烟室，左右侧烟气主流走

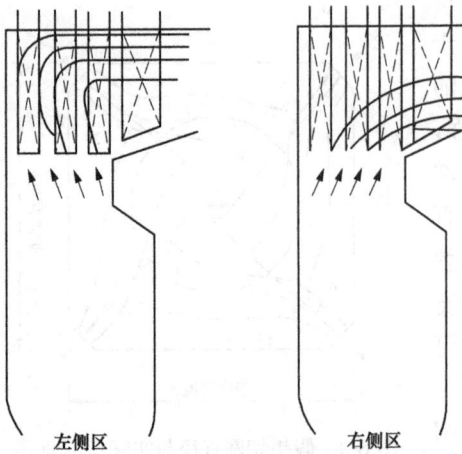

图 8-10　上炉膛中的烟气流走向示意

向示意如图 8-10 所示，这些导致了屏式受热面出口工质温升呈左高右低分布特性。

为减轻残余旋转对锅炉工作的影响，常采取以下措施。

（1）减小假想切圆直径。炉内切圆直径增大，特别是燃烧器上部切圆直径增大，会导致炉膛出口气流扭转残余增大，故减小炉内切圆直径，有利于减小扭转残余。

（2）在炉膛上部布置偏置的前分隔屏。有研究人员提出了在炉膛上部布置偏置前分隔屏的方法，以便更好地起到分割和导向炉膛出口气流的作用，同时还可消除水平烟道内烟速左右分布的不均匀。

（3）布置反切风。一次风或部分二次风、燃尽风、三次风与主体旋转气流反切，即该部分射流与主体射流以一定夹角从相反的旋转方向喷入炉膛，是消除炉膛出口气流扭转残余、降低水平烟道内左右侧烟气偏差的有效手段。

反切方案一般有如下几种：

1）部分一次风反切，其余一次风和二、三次风正切。

2）部分或全部二次风反切，一、三次风和其余二次风正切。

3）三次风反切。

4）两角对冲，另两角燃烧器相切。

选择以上各种反切方案时，必须结合燃用煤质、锅炉和燃烧器实际结构等情况，综合考虑残余扭转的减弱、飞灰可燃物损失、炉膛出口烟温、炉内燃烧和结渣等因素，优化反切方案。在工程实际中，应首先考虑一次风反切；反切风旋转动量矩过小时，对水平烟道烟气偏差改善效果不明显，而过大时又会使炉内气流整体反旋；一、二次风反切角度都不宜过大，二次风反切角过大，会影响上游高温烟气对一次风气流的点燃，而一次风反切角过大，会造成一次风气流贴墙引起水冷壁结渣和磨损，所以建议反切角度最大不应大于 $20°\sim30°$。

8.3　旋 流 燃 烧 炉

8.3.1　旋流射流的特性

旋流燃烧器是利用旋流器使气流产生旋转运动的。当旋转气流由燃烧器出口喷出后，气流在炉膛内就形成了旋转射流，如图 8-11 所示。

旋转射流的主要特点如下：

（1）旋转射流中任一点的空间速度均可分解成切向速度 ω_t、轴向速度 ω_s 和径向速度 ω_r，见图 8-11（a）、（b）、（c）。气流旋转的结果，在射流的中心部分产生一个低压区，造成了径向和轴向压力梯度。特别是轴向的反向压力梯度，将吸引中心部分的烟气沿轴向反向流动，见图 8-11（d），即在燃烧器出口附近形成和主气流流动方向相反的回流运动，因而在旋流射流的内部产生了回流区-内回流区，这是旋转射流主要特点。内回流区的尺寸和回流量随旋转射流旋转强度的增大而增大。这样旋转射流就从两个方面来卷吸周围介质,一方面靠内回流区的反向气流,另一方面也从射流外边界卷吸。燃烧过程中从内、外两侧卷吸高温烟气,对稳定煤粉气流着火起着十分重要的作用。径向压力梯度导致旋转射流内产生出复杂的径向速度分布,如图 8-11(c)所示。一般情况下,旋转射流的 ω_r 比起 ω_s、ω_t,数值要小些,对气流运动的影响也小些。

(2)由于和周围介质进行强烈的湍流交换,沿射流的运动方向,切向速度 ω_t 衰减,即旋转效应衰减很快。旋转射流中,轴向速度的衰减比切向速度 ω_s 慢些,但远比直流射流快。在同样的初始动量下,旋转射流的射程要比直流短。

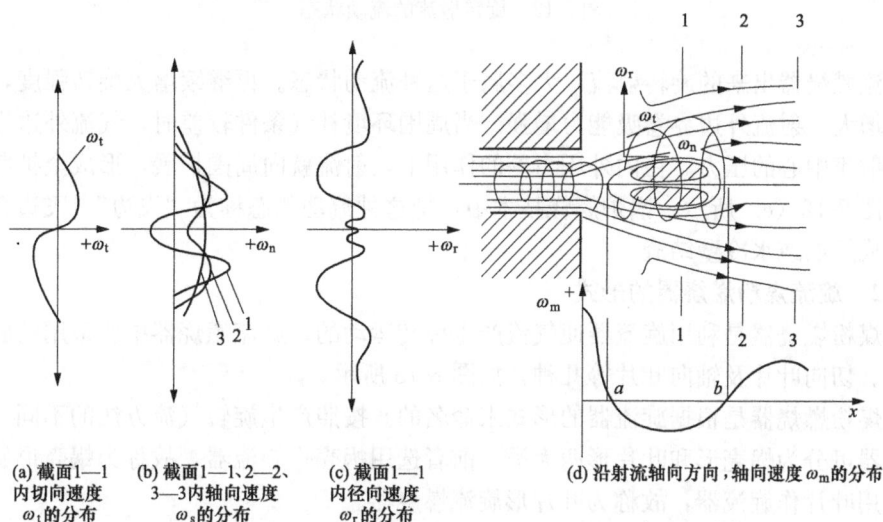

(a) 截面1—1
内切向速度
ω_t 的分布　　(b) 截面1—1、2—2、
3—3内轴向速度
ω_s 的分布　　(c) 截面1—1
内径向速度
ω_r 的分布　　(d) 沿射流轴向方向,轴向速度 ω_m 的分布

图 8-11　旋转射流

(3)旋转射流的扩展角一般比直流射流大,而且随着旋转强度的增大而增大。旋转强度 n 可用式(8-3)表示:

$$n = \frac{M}{KL} \tag{8-3}$$

式中　M——气流的切向旋转动量矩;

　　　K——气流的轴向旋转动量矩;

　　　L——燃烧器喷口的特征尺寸。

随着旋转强度 n 的不同,旋转射流有三种不同的流动状态。图 8-12 所示为旋流燃烧器中常见的环形旋转射流的流动状态。

当出口气流的旋转强度 n 小于一定数值时,射流中不可能产生内部回流区,如图 8-12(a)所示。没有内部回流流动的旋转射流称为弱旋转射流。此时整个旋转射流呈封闭状态,故又称为封闭气流。弱旋转射流的流动特性接近于直流射流。

旋转强度 n 增大到一定数值以后,并在轴向反向压力梯度作用下,于靠近射流出口的中心区形成一个轴向内回流区。回流区的尺寸和回流量均随旋转强度增大而增加。内回流对煤粉射流的着火和燃烧有极重要的作用。因为内回流将高温烟气抽吸到射流的根部,可使煤粉气流稳定着火。这种流动状态称为开放式旋转射流,如图 8-12(b)所示。锅炉燃烧设备

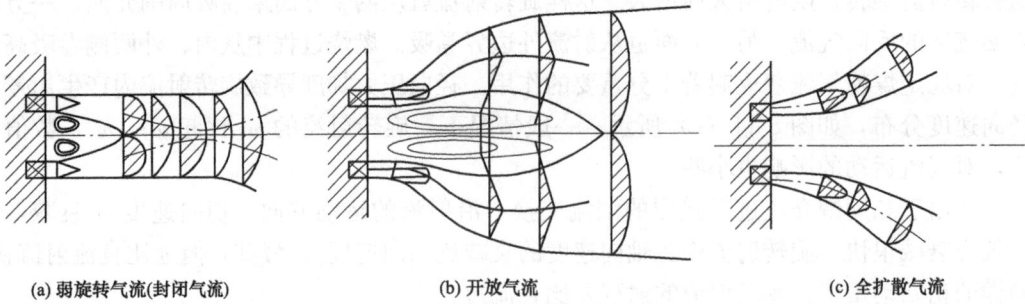

(a) 弱旋转气流(封闭气流)　　　　(b) 开放气流　　　　(c) 全扩散气流

图 8-12　旋转射流的流动状态

中，从旋流燃烧器出来的旋转射流，大多属于这种流动状态。再继续增大旋转强度，由于射流湍流度增大，射流外边界卷吸能力增强。当周围环境补气条件较差时，气流外边界的压力可能低于射流中心的压力。在内外压力差的作用下，射流就向周围扩展，形成全扩散式旋转射流，如图 8-12（c）所示。锅炉燃烧技术中，把这种流动状态称为"飞边"。飞边会使火焰贴墙，造成炉墙或水冷壁结渣。

8.3.2　旋流煤粉燃烧器的形式

旋流煤粉燃烧器是利用旋流器使气流产生旋转运动的。旋流燃烧器中所采用的旋流器主要有蜗壳、切向叶片及轴向叶片等几种，如图 8-13 所示。

旋流煤粉燃烧器是根据旋流器的形式来命名的。按照产生旋转气流方法的不同，常见的旋流燃烧器可分为蜗壳形和叶片形两大类。前者选用蜗壳作旋流器，故称为蜗壳形旋流燃烧器；后者用叶片作旋流器，故称为叶片形旋流燃烧器。

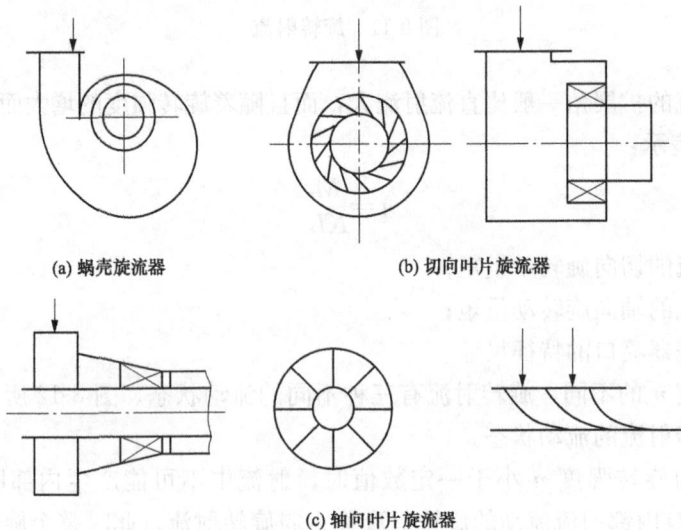

(a) 蜗壳旋流器　　　　　　　　(b) 切向叶片旋流器

(c) 轴向叶片旋流器

图 8-13　旋流装置

1. 单蜗壳形旋流煤粉燃烧器

单蜗壳形旋流煤粉燃烧器的结构如图 8-14 所示。这种燃烧器一次风为直流，二次风气流通过蜗壳旋流器产生旋转。一次风出口处装有一个蘑菇形扩流锥，扩流锥尾迹的回流区有

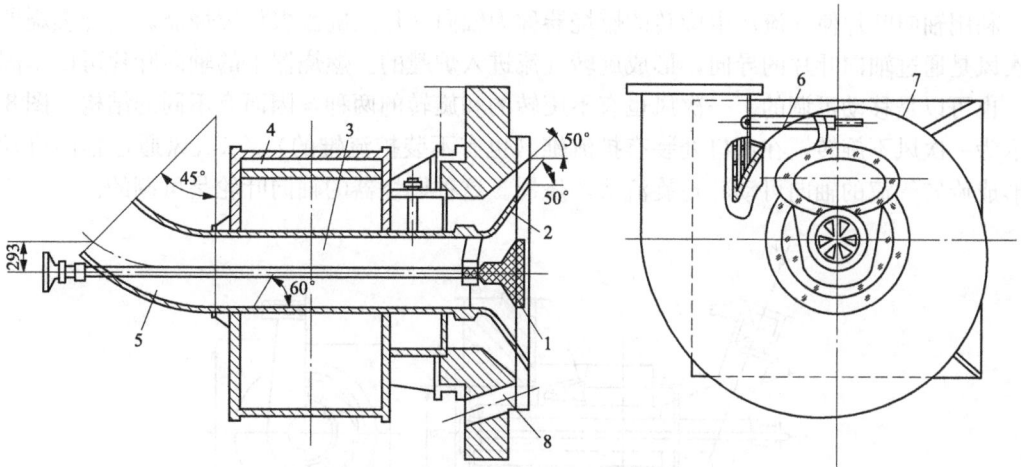

图 8-14 单蜗壳扩锥型旋流燃烧器（单位：mm）
1—扩流锥；2—一次风扩散口；3—一次风管；4—二次风蜗壳；5—一次风连接管；
6—二次风舌形挡板；7—连接法兰；8—点火喷嘴装设孔

助于煤粉气流的着火。扩流锥的位置可以伸缩，用以调节一次风的出口速度和气流扩散角的大小，但由于扩流锥处于高温中心回流区，因而常易烧坏及结渣。这种燃烧器的特点是一次风阻力小，射程远，初期混合扰动不如双蜗壳旋流燃烧器，后期扰动比双蜗壳燃烧器好。因此，对煤种适应性较双蜗壳旋流燃烧器好，可燃用挥发分较低的贫煤。

　　2. 双蜗壳旋流煤粉燃烧器

　　这种燃烧器的一、二次风均通过各自的蜗壳而形成旋转射流，两股射流的旋转方向相同，有利于气流的混合。燃烧器中心装有一根中心管，可以装置点火用的重油喷嘴，简单结构示于图 8-15 中。由于出口气流的前期混合强烈，因而多用于燃烧烟煤和褐煤，有时也用于烧贫煤。但这种燃烧器的舌形挡板调节性能差，调节幅度不大，故对燃料的适用范围不广；同时其阻力较大，特别是一次风阻力大，不宜用于直吹式制粉系统；燃烧器出口处的气流速度和煤粉浓度分布都很不均匀，所以近几年这种燃烧器的应用已逐渐减少。

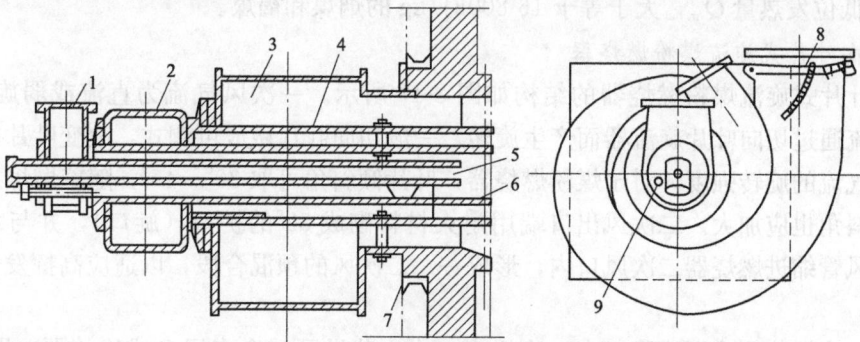

图 8-15 双蜗壳旋流燃烧器
1—中心风管；2—一次风蜗壳；3—二次风蜗壳；4—一次风通道；5—油喷嘴装设管；
6—一次风内套管；7—连接法兰；8—舌形挡板；9—火焰检测器安装管

3. 轴向叶片式旋流煤粉燃烧器

利用轴向叶片使气流产生旋转的燃烧器称为轴向叶片式旋流煤粉燃烧器。这种燃烧器的二次风是通过轴向叶片的导向，形成旋转气流进入炉膛的。燃烧器中的轴向叶片可以是固定的，也可以是移动可调的。一次风也有不旋转的和旋转的两种，因而有不同的结构。图 8-16 所示为一次风不旋转，在出口处装有扩流锥（也有不装扩流锥的），二次风通过轴向可动叶轮形成旋转气流的轴向可动叶轮旋流式燃烧器。这种燃烧器的轴向叶轮是可调的。

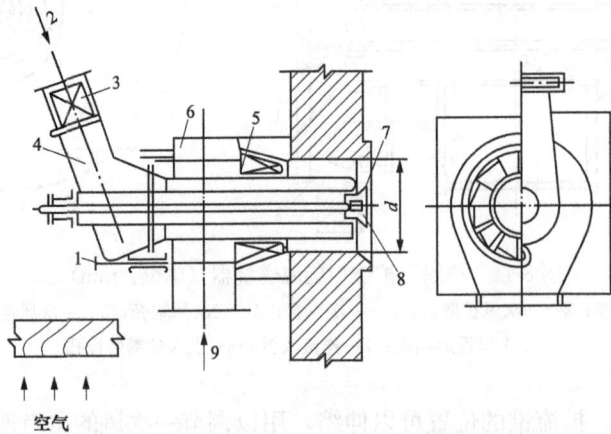

图 8-16 一次风不旋转的轴向可动叶轮旋流燃烧器
1—拉杆；2——次风进口；3——次风舌形挡板；4——次风管；5—二次风叶轮；
6—二次风壳；7—喷油嘴；8—扩流锥；9—二次风进口

沿轴向移动拉杆便可调节叶轮在二次风道中的位置。当拉杆向外拉时，叶轮向外移动，叶轮和二次风的圆锥形通道间便出现间隙，部分二次风就通过这个间隙流出，它不带旋转，是直流二次风。这股直流二次风与经叶轮流出来的旋转二次风混合，形成的旋流强度就随直流二次风和旋流二次风的比例不同而变化。因而通过调节叶轮的位置，改变间隙的大小，就可以调节二次风的旋流强度，调节比较灵活，调节性能也较好。这种燃烧器的中心回流区较小、较长，因此只适合于易着火的高挥发分燃料。在我国，主要用来燃用挥发分 V_{daf} 大于等于 25%，低位发热量 $Q_{ar.net}$ 大于等于 16 800kJ/kg 的烟煤和褐煤。

4. 切向叶片式旋流煤粉燃烧器

切向叶片式旋流煤粉燃烧器的结构如图 8-17 所示。一次风气流为直流或弱旋转射流，二次风气流通过切向叶片旋流器而产生旋转。一般切向叶片做成可调式，改变叶片的倾斜角即可调节气流的旋转强度。对于煤粉燃烧器，叶片倾斜角可取 30°～45°，随着燃煤挥发分的增加，倾斜角也应加大。二次风出口端用耐火材料砌成 52°的扩口（旋口），并与水冷壁平齐。一次风管缩进燃烧器二次风口内，形成一、二次风的预混合段，以适应高挥发分烟煤的燃烧。

为使一次风能形成回流区，在一次风出口中心装设了一个多层盘式稳焰器。图 8-18 所示为稳焰器的锥角为 75°，气流通过时可在其后形成中心回流区，固定各层锥心圈的固定板，每隔 120°装置一片，相邻锥形圈的定位板可以略有倾斜，并错开布置，使通过的一次风轻度旋转。锥形圈还有利于将已着火的煤粉送往外圈的二次风中去，以加速一、二次风的混合。

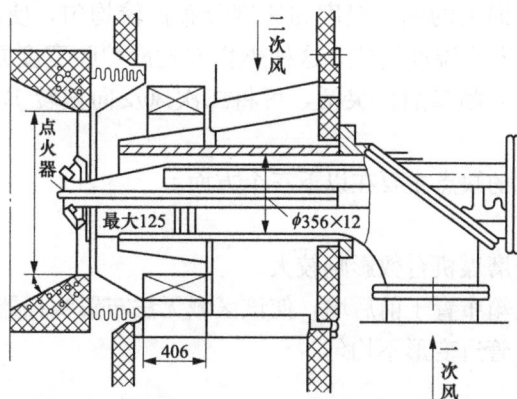

图 8-17 一次风不选装的切向可动叶轮旋流燃烧器（单位：mm）

这种稳焰器可以前后移动，以调节中心回流区的形状和大小。切向可动叶片旋流煤粉燃烧器，一般适用于燃用 V_{daf} 大于等于 25% 的烟煤和褐煤。

8.3.3 对冲燃烧方式

前后墙对冲的燃烧方式是在炉膛的前后墙分别布置多层燃烧器，煤粉通过燃烧器喷入炉膛以形成对称的 V 形火焰，前后的煤粉相汇合形成 W 形火焰，使前后火焰得到支持，以利于煤粉着火、燃尽，在炉内有较好的充满度。

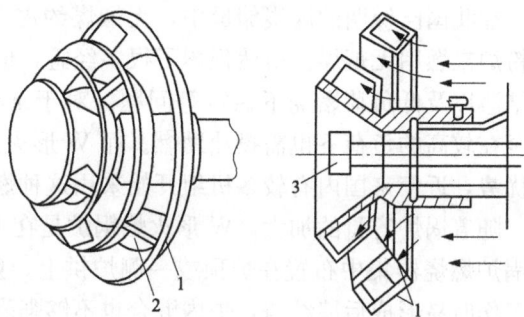

图 8-18 多层盘式稳焰器
1—锥形圈；2—定位板；3—油喷嘴

该燃烧方式当燃用劣质无烟煤时，更要求前后墙管道的风量、煤粉量有较好对称性，才能组织良好的燃烧工况，因此对冲燃烧方式的缩孔调节必须经热态调整才能使得管道风量、煤粉量达到均匀，所用的燃烧器一般选用双调风旋流低 NO_x 燃烧器，在燃烧器区域布置开式环形大风箱为燃烧器供风。

这种前后墙对冲的燃烧方式具有启动方便、煤种适应性强、良好的抗结焦抗高温腐蚀特性、燃烧稳定、NO_x 排放量低和不受机组容量限制等优点，它既可以用于燃烧优质烟煤的锅炉，也可用于燃烧贫煤、劣质烟煤等一系列燃料的锅炉。

前后墙对冲燃烧锅炉单个燃烧器具有良好的燃料、空气分布，加上独特的燃烧器喷口设计结构，能够避免燃烧器区域结渣和腐蚀，只要最外排燃烧器距侧墙的距离足够，完全能避免火焰刷墙，而切圆燃烧在炉内形成旋转的火球，炉内气流的扰动极易发生火焰刷墙，与切圆燃烧相比，对冲燃烧是以单个燃烧器为单元，组织炉内风粉气流的燃烧，当炉膛断面随锅炉容量放大时，对冲燃烧布置的锅炉仅需将炉宽方向加宽，相应的燃烧器均匀增加即可，炉膛出口烟温偏差与锅炉容量的大小无关；而切圆燃烧是以整个炉膛为中心，组织风粉气流在炉膛成型，完成煤粉的燃烧，当锅炉容量增大，炉膛尺寸会随之增大，旋转火球的动量也就越大，炉膛出口的烟温偏差因此随着锅炉容量的增加而不断增加，尽管采取了如双炉膛切圆、反切等措施，但与对冲燃烧相比，其控制烟温偏差上有先天的不足，因此，当采用对冲燃烧时，上部炉膛宽度方向上的烟气温度和速度分布比较均匀，使水冷壁出口温度偏差较小，也就有利于降低过热蒸汽温度偏差，这种燃烧方式沿炉膛宽度方向的温度场较为均匀，且单个燃烧器的调节比大，喷口启停灵活，可将二次风反向偏转 $17°$，以形成风包煤气流，减轻炉膛结渣。

前后墙对冲燃烧方式的缺点主要在以下三个方面：

（1）成本相对较高。

（2）燃烧器的布置受磨煤机台数影响较大。

（3）由于对冲燃烧风箱布置于前后墙，使该区域无法布置吹扫器，而且该区域处于一个燃烧的盲区，温度偏低，管道变形不均匀。

8.4　W 形火焰燃烧炉

在我国已探明的煤炭储量中，无烟煤约占 15%。国内电厂主要采用四角燃烧固态排渣煤粉炉来燃用无烟煤，虽然积累了很多经验，但仍存在飞灰可燃物含量高、燃料灰熔点低时易结渣以及低负荷燃烧不稳定等问题。对于某些干燥无灰基挥发分为 $3\%\sim5\%$ 的无烟煤，甚至在较高的负荷下也需投油助燃。而 W 形火焰燃烧技术在燃烧无烟煤和贫煤方面有很好的优势，近年来国内有较多机组开始采用这种燃烧方式的锅炉。

随着锅炉容量的加大，W 形火焰锅炉是在 U 形火焰锅炉的基础上发展起来的，U 形火焰锅炉燃烧器集中布置在炉顶或一侧炉拱上，射流在炉膛内形成 U 形火焰，U 形火焰锅炉在工作时易形成后墙结渣，炉内混合也不够强烈，尤其是火焰冲刷后墙这一缺陷几乎是难以避免的，故 U 形火焰锅炉应用很少，如图 8-19 所示。而 W 形火焰锅炉则通过前后二次风对冲，增强了炉内扰动并克服了火焰冲刷炉墙的缺点，W 形火焰锅炉应用越来越多。

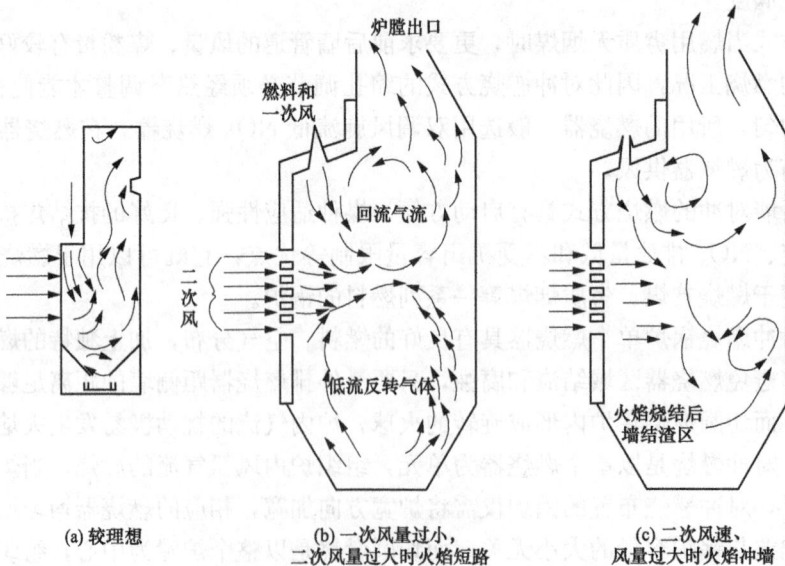

(a) 较理想　　　　　(b) 一次风量过小，　　　　　(c) 二次风速、
　　　　　　　　　二次风量过大时火焰短路　　　　风量过大时火焰冲墙

图 8-19　U 形火焰锅炉炉内气流工况示意

W 形火焰锅炉炉膛分成燃烧室和燃尽室两部分，燃烧室的炉膛深度比燃尽室大 $80\%\sim$

120％，前后墙向外扩展成炉拱，拱顶布置燃烧器，燃烧器可以是旋流型也可是直流型。煤粉气流从燃烧器垂直向下喷入燃烧室，着火后向下伸展。随着燃烧的发展，煤粉颗粒变轻，速度减慢，在距离一次风喷口数米处，并在二次风作用下火焰转弯向上流动，整个燃烧室内火焰呈 W 状，故称之为 W 形火焰锅炉，W 形火焰锅炉炉内工况如图 8-20 所示。

8.4.1 W 形火焰锅炉内的燃烧过程

通常 W 形火焰锅炉内的燃烧过程分为起始阶段、燃烧阶段和辐射冷却阶段共三个阶段。在起始阶段，燃烧处于低扰动状态，风粉混合物以约 15m/s 的低速和较小的一次风率由上而下送进炉膛，这有助于提高火焰根部温度并延长煤粉在

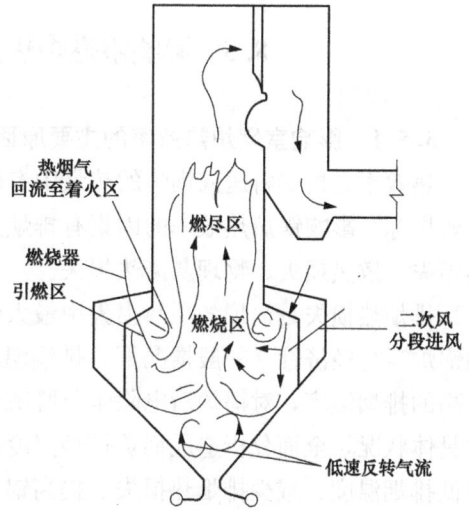

图 8-20 W 形火焰锅炉炉内工况示意

着火区内的停留时间，利于煤粉着火，燃料着火后即进入燃烧阶段，二次风沿火焰行程从前后墙高速射入，逐渐加入火焰，与一次风强烈混合燃烧。当火焰从两侧炉拱之间的喉口上升到燃尽室时，就进入辐射冷却阶段。火焰流过喉口时，有一部分高温烟气回流至燃烧器出口附近的着火区域。75％以上的燃料在燃烧室内烧掉，所以，燃尽室内除了以低扰动状态使燃料继续燃尽之外，主要功能是对受热面进行辐射放热，以冷却高温烟气。

8.4.2 W 形火焰锅炉的特点

与普通的四角切圆燃烧方式相比，W 形火焰锅炉具有下列优点：

（1）着火条件好。W 形火焰中心就在煤粉喷出口附近，并且二次风分级，易于随炉温调整，易于实现低挥发分煤和劣质煤的着火。

（2）火焰行程长。煤粉在炉内的停留达 3～4s，比其他燃烧方式有所增加，燃烧效率高。

（3）负荷调节范围大。W 形火焰锅炉可以改变煤粉浓度、风温、卫燃带的位置和数量，炉膛为半开式，拱顶减少了燃烧室高温烟气对燃尽室的热辐射，有助于维持炉内较高的温度水平，同时燃烧器本身也有一定的调节手段，故即使燃用无烟煤和贫煤时，也可使锅炉负荷降低到 40％～50％额定负荷。

（4）火焰平行于前后墙向下发展，减少了结渣的可能性。但是，若设计或运行调整不当，也会引起结渣和过热器超温。

（5）烟气在炉内做 180°转弯，可将 10％～15％的粗灰粒分离下来，减轻了对流受热面的飞灰磨损。烟气通过喉口后可做充分混合，上炉膛深度小，气流在其中又不旋转，所以炉膛出口处的烟气温度场和速度场比较均匀，减小了过热器和再热器的热偏差。

W 形火焰锅炉的主要缺点：空气与煤粉在燃烧后期混合较差，影响燃尽；对干燥无灰基挥发分低的无烟煤，低负荷运行时还不能完全停用助燃油；水冷壁和汽水管道布置复杂；燃烧器垂直向下布置，增加了风粉管道布置的困难，检修燃烧器也不方便；燃烧器和水冷壁的吊挂装置、膨胀装置及炉墙的密封，构架的设计与布置都不方便；整台锅炉的制造工作量比普通锅炉大得多，制造周期长，成本高。

8.5 影响室燃炉热效率的主要原因和应对措施

8.5.1 影响室燃炉热效率的主要原因

热效率是指燃料送入锅炉的热量中有效热量所占的百分数，它是判定锅炉经济性的一项重要指标。影响锅炉热效率的因素有排烟热损失、固体未完全燃烧热损失、化学不完全燃烧热损失、散热损失、物理灰渣热损失。

排烟热损失是锅炉各项热损失中最大的（占5%～7%）。锅炉排烟温度偏高，会严重影响锅炉运行经济性（一般情况下，排烟温度每升高10℃，排烟热损失增加0.5%～0.8%）；过高的排烟温度，对锅炉后电除尘及脱硫设备的安全运行也构成威胁。因此有必要根据设备的具体状况，全面分析造成锅炉排烟温度偏高的因素，制定出切实可行的技术措施，以达到降低排烟温度、减少排烟热损失、提高锅炉热效率的目的。降低排烟热损失包括两个方面：一是降低排烟温度，二是降低总烟气量。影响锅炉排烟温度的运行方面的因素，主要包括受热面积灰、火焰中心位置、炉膛及制粉系统漏风、一次风率、磨煤机出口温度、空气预热器进口风温、磨煤机投停等。

1. 排烟温度的影响

（1）漏风对排烟温度的影响。漏风是指炉膛漏风、制粉系统漏风，漏风是导致排烟温度升高的主要原因之一。炉膛漏风主要指炉顶密封、看火孔、人孔门及炉底密封水墙处漏风。制粉系统漏风主要指磨煤机风门、挡板处及锁气器漏风等。漏风主要与运行管理、检修状况以及锅炉设备结构等因素有关。

炉膛出口过量空气系数 α 可表示为

$$\alpha = \Delta\alpha + \Delta\alpha_1 + \Delta\alpha_2 \tag{8-4}$$

式中　$\Delta\alpha$——送风系数；

　　$\Delta\alpha_1$——炉膛漏风系数；

　　$\Delta\alpha_2$——制粉系统漏风系数。

对于正压直吹式制粉系统，密封风相当于 $\Delta\alpha_2$。由式（8-4）可知，若 α 保持不变，当漏风系数 $\sum\Delta\alpha = (\Delta\alpha_1 + \Delta\alpha_2)$ 升高时，送风系数 $\Delta\alpha$ 下降，即通过空气预热器参与换热的工质流量下降，空气流量及风速降低，从而导致空气预热器传热系数下降；同时，空气流量的减少又会使空气预热器出口风温上升，从而减少了空气预热器的传热温差（影响较前者小）。二者共同作用，空气预热器总的吸热量减小，因此排烟温度升高。此外，炉膛漏风或炉底漏风还会抬高火焰中心，提高炉膛出口烟温，相应空气预热器入口烟温也会增加，实际排烟温度升高的幅度比单纯空气流量减少造成排烟温度升高的幅度更大。

（2）制粉系统掺冷风量对排烟温度的影响。

1）冷风掺入。目前，国产锅炉机组往往在设计时认为进入炉膛的风量中，除炉膛及制粉系统漏风外，其余风量均通过空气预热器。实际上制粉系统在运行时，为了协调锅炉燃烧需要的一次风速和磨煤机风量或者煤质发生变化时，往往要掺入部分冷风，以保持一定的磨煤机出口温度。制粉系统掺冷风对排烟温度的影响与漏风一样。同一负荷下，炉膛出口氧量不变时，运行总风量为定值，制粉系统掺冷风必然导致空气预热器风量减少、传热量降低和排烟温度升高（或者比设计值高）。

2）一次风率偏高。磨煤机实际运行中，往往由于磨煤机入口风量测量不准确，或者为了给磨煤机运行安全、一次风管不堵管留足够的裕量，一次风速（一次风率）控制偏高。如某磨煤机出力为 35t/h 时的设计风量为 72t/h，实际运行中则达到 85t/h，风量相差 13t/h。在保持一定的磨煤机出口温度下，一次风量越大，则其中冷一次风量也增大，这样将会造成流经空气预热器的风量减小，从而导致排烟温度升高。

3）一次风温偏低。对于热风送粉中储式制粉系统，有时为防止烧损燃烧器喷嘴，往往人为通过掺入冷风量降低混合前一次风温，从而降低一次风粉混合物温度，导致排烟温度升高。

4）煤质变化。煤质变化特别是煤中灰分、水分变化时，会导致火焰中心发生变化引起空气预热器入口烟温升高或者一次风率增加，总风量不变时，进入空气预热器的风量减少，引起排烟温度升高。

（3）受热面积灰、堵灰引起排烟温度升高。受热面积灰是指锅炉受热面积灰、结渣及空气预热器传热元件积灰等。锅炉受热面积灰将使受热面传热系数降低，锅炉吸热量降低，烟气放热量减少，空气预热器入口烟温升高，从而导致排烟温度升高；空气预热器积灰则使空气预热器传热面积减少，也将使烟气的放热量减少，引起排烟温度升高。

（4）磨煤机投停造成排烟温度升高。对于直吹式的系统，磨煤机的投停主要是影响燃烧器的位置，投上层磨煤机停下层磨煤机则排烟温度升高（若投上层磨煤机停下层磨煤机影响到减温水量增大，则省煤器流量减少会引起排烟温度升高）；此外，多投运一台磨煤机，会导致总的一次风率增加，增加一台磨煤机的制粉系统冷风，也会引起排烟温度升高。对于中间储仓式热风送粉系统，磨煤机的投停主要影响到三次风的投切及制粉系统总的漏风率，多投运一套制粉系统，排烟温度一般会明显升高，细粉分离器的效率越低，制粉系统漏风率越大，其影响就越大。而对于中间储仓式乏气送粉系统，磨煤机投停，排烟温度可能升高，也有可能降低。

（5）空气预热器入口风温高引起排烟温度升高。

在夏天，空气预热器入口风温高，空气预热器传热温差小，烟气的放热量就少，从而使排烟温度升高；同时，制粉系统需要的热风减少，冷风增加，流过空气预热器的次风量减少，排烟温度升高。入口风温属于环境因素，是难以克服的。若增加过多的受热面，降低空气预热器入口烟温，则冬季时，排烟温度会低于露点值。

（6）受热面布置原因引起排烟温度升高。由于锅炉设计时，对炉膛沾污系数估算不准，使得受热面布置不合理，或者是由于结构不佳造成受热面吸热不足，导致空气预热器入口烟温偏高，从而使得排烟温度升高，这需要重新进行设计校核计算，必要时可采取增加省煤器管排，或将省煤器由光管式改为鳍片式，增加省煤器的吸热量，降低空气预热器入口烟温，从而降低排烟温度。

（7）通过燃烧调整确定最佳过量空气系数。炉内过量空气系数 α 过大或过小，都会对锅炉的热效率产生直接影响（即锅炉各项热损失总和发生变化）。一般来说，q_2 将随过量空气系数的增加而增大，而 q_4 却随 α 的增大而降低，因此，最合理的过量空气系数应使 q_2、q_3、q_4 之和为最小，此时的 α 被称为最佳过量空气系数。锅炉运行中所谓的低氧燃烧，就是要保持最佳过量空气系数，降低送风机和引风机的电耗，并保持较高的锅炉效率。

2. 影响固体未完全燃烧热损失的主要因素

固体未完全燃烧热损失是由飞灰和炉渣中的残碳所造成的热损失。锅炉运行中，由于部分固体燃料在炉内未燃尽就以飞灰形式随烟气排出炉外或随炉渣进入冷灰斗中，而造成固体未完全燃烧热损失。固体未完全燃烧热损失是燃煤锅炉的主要损失之一，通常仅次于排烟热损失。影响这项热损失的主要因素是炉灰量和炉灰中残碳的含量。其中，炉灰量主要与燃料中灰分含量有关，而炉灰中的残碳含量则与燃料性质、煤粉细度、燃烧方式、炉膛结构、过量空气系数、锅炉运行工况以及运行调整水平等因素有关。一般来说，固态排渣煤粉炉的 q_4 为 0.5%～5%。运行中，锅炉过量空气系数适当，炉膛温度较高时，q_4 较小，当过量空气系数降低时，一般会导致固体未完全燃烧热损失增加。总之，在炉膛结构、燃烧器形式固定后，从燃烧优化调整的角度减少固体未完全燃烧热损失，应根据煤种的变化及时做好锅炉的燃烧调整工作，保持最佳的过量空气系数和合适的煤粉细度。

（1）经济煤粉细度的调整。随着煤粉细度 R_{90} 的减小，煤粉变细、飞灰含碳量降低，对于煤粉细度存在一个经济煤粉细度。经济煤粉细度是指使锅炉的未完全燃烧热损失与制粉系统电耗之和。

经济煤粉细度的选取主要考虑以下三个因素：

1）煤的燃烧特性。一般来说，挥发分高、灰分少、发热量高的煤燃烧性能好，煤粉细度可以适当放粗。

2）燃烧方式、炉膛的热强度和炉膛的大小。旋风炉炉膛的热强度高及炉膛较大、较高时，煤粉细度可以适当放粗。

3）煤粉的均匀性系数。煤粉的均匀性较好时煤粉细度可以适当放粗。

（2）燃烧器运行方式及配风方式。燃烧器的运行方式指燃烧器各运行参数的调整（如一、二次风配比等）、燃烧器的负荷分配、磨投停组合等；配风方式指燃烧器各层辅助风的配比及相互配合。这些因素会直接或间接影响燃烧器区域温度、炉膛火焰中心位置、风粉的混合状况等，从而对飞灰可燃物含量产生一定的影响。

3. 影响气体未完全燃烧热损失的主要因素

气体未完全燃烧热损失是指排烟中残留的可燃气体，如 CO、H_2、CH_4 等放出其燃烧热而造成的损失。在煤粉炉中，q_3 一般不超过 0.5%，影响气体未完全燃烧热损失的主要因素是燃料的挥发分、炉内过量空气系数、炉膛温度、炉膛结构以及炉内空气动力场等。

一般燃料中的挥发分高，炉内可燃气体的量就多，当炉内空气动力工况不良时，就会使 q_3 增加。炉膛容积过小、高度不够、烟气在炉内流程过短时，将使一部分可燃气体来不及燃尽就离开炉膛，从而使 q_3 增大。此外，CO 在低于 800～900℃ 的温度下很难燃烧，因此当炉膛温度过低时，即使其他条件良好，q_3 也会增加。

炉内过量空气系数的大小和燃烧过程的组织，将直接影响炉内可燃气体与氧气的混合，因而它们与气体未完全燃烧热损失密切相关。若过量空气系数过小，则可燃气体将由于得不到充足的氧气而无法燃烧；若过量空气系数过大，则又会使炉内温度降低，不利于燃烧反应的进行，所有这些都会造成 q_3 的增大。因此，根据燃料性质和燃烧方式，控制合理的过量空气系数，是运行调整减少 q_3 的主要措施。

4. 影响散热损失的主要因素

锅炉运行时，炉墙、金属结构以及锅炉机组范围的烟风管道、汽水管道和联箱等的外表温度高于周围环境温度,这样就会通过自然对流和辐射向周围散热。散热损失的大小,主要取决于锅炉容量、锅炉外表面积、炉墙结构、管道保温以及周围的空气温度等。

显然,锅炉结构紧凑、外表面积小、保温完善时,q_5 较小;锅炉周围空气温度低时,q_5 较大。由于锅炉容量的增加幅度大于其外表面增加幅度,所以大容量锅炉的 q_5 较小。对于同一台锅炉来说,负荷低时 q_5 较大,这是因为炉膛面积并不随负荷的降低而减少,炉壁温度降低的幅度也比负荷降低的幅度要小。

5. 影响灰渣物理热损失因素

灰渣物理热损失指从锅炉排出的炉渣还具有相当高的温度而造成的热量损失,它的大小与燃料的灰分、炉渣占总灰量的份额、排渣方式以及炉渣温度等因素有关。q_6 的大小主要取决于排渣量和排渣温度。当燃料中的灰分高或炉渣占总灰量的比例大时,这项热损失就大。液态排渣炉,由于其排渣量和排渣温度均大于固态排渣炉,故此项热损失就要比固态排渣炉大。液态排渣炉的 q_6 必须考虑,对于固态排渣煤粉炉来说,当燃煤的折算灰分小于 10%,可以忽略灰造物理热损失,只有当燃用高灰分煤时考虑计入 q_6。

8.5.2　常见的解决方法

从以上分析可知锅炉热效率中影响其效率较大的是排烟热损失和固体未完全燃烧热损失,下面将从现场技术层面给出相关技术措施以减少锅炉在燃烧过程中的热损失。

1. 降低排烟热损失的技术措施

(1)在锅炉大、小修及日常运行中,针对锅炉本体及制粉系统进行查漏和堵漏工作。检查各个连接法兰密封、膨胀节处密封及炉本体密封,检查锁气器是否严密特别应检查炉底水封槽、炉顶密封及磨煤机冷风门能否关严;或者采用密封比较好的门、孔结构等。在运行过程中,随时关闭各看火门孔,炉膛负压及钢球磨煤机入口负压尽量控制较低。经验表明,通过漏风综合治理,一般可降低排烟温度 2~3℃。

(2)在炉膛不结焦及保证制粉系统安全的前提下,可适当提高一次风粉混合物的温度,减少冷风的掺入量。磨煤机出口温度不宜过高,主要是为了防止挥发分爆燃,对于挥发分较高的烟煤,挥发分大量析出的温度在 200℃ 以上,况且目前许多电厂实际燃用煤质比设计煤种差。因此,磨煤机出口温度的提高具有一定的潜力。

(3)设计合理的风煤比曲线。应定期测量一次风速,并校验一次风量测量系统,防止因测量误差导致磨煤机实际运行中一次风量偏大或一次风速偏高。但是一次风率也不宜控制得过低,一次风速过低易引起一次风管内积粉造成堵管或烧坏喷嘴。因此,要根据原始设计及设备的具体状况来确定磨煤机不同出力下的风煤比(直吹式)或者不同负荷下的一次风速、风压(中储式),并保证风管最低一次风的风速不低于 18m/s。

(4)目前各个电厂普遍存在煤质变差,发热量下降、灰分增加等问题。运行中,在汽温能够维持的前提下,应加强锅炉吹灰,优化吹灰方式;同时检修人员应加强日常检修与维护,确保吹灰器的正常投入,保持各受热面的清洁,将空气预热器压差控制在合理范围内。

(5)为防止空气预热器低温腐蚀,必须投入暖风器来提高排烟温度,造成辅汽损失增加。因此要根据环境温度变化的规律,综合考虑合理布置受热面及暖风器。

(6)影响排烟温度的各因素中,与锅炉燃烧调整有关的主要有漏风、掺冷风量大小、受热面积灰、磨煤机投停等,因此在运行中要加强调整,最大限度地降低排烟热损失。

(7)在调整过量空气系数时,综合考虑汽温特性,过低的过量空气系数可能会引起再热汽温偏低。

2. 降低固体未完全燃烧热损失的技术措施

(1) 进行燃烧调整试验降低固体未完全燃烧热损失，试验前入炉煤种和锅炉运行参数稳定，试验调整期间锅炉不吹灰、不启停磨煤机，分别将各台磨煤机煤粉细度调整到各个预定的水平。在每个稳定工况下，测取 q_4 损失和制粉单耗所需的相关数据，并从中确定最经济的煤粉细度。

(2) 锅炉在启停炉燃烧器投下停止或热功率下多上少，有利于延长煤粉在炉内的停留时间，降低飞灰可燃物含量；集中投运火嘴可使燃烧相对集中，燃烧器区域炉温升高，降低飞灰可燃物含量，尤其是低负荷或燃用低挥发分煤时更是如此。二次风配风采用倒宝塔方式，有利于低挥发分煤的稳定燃烧，同时兼有压住火球位置、阻止大颗粒煤一次上行、延长其停留时间等作用，从而降低飞灰含碳量。调整合适的周界风量的大小会影响到煤粉气流的着火热及火焰刚性，对飞灰可燃物含量也会产生一定的影响。

第 9 章 流 化 床 炉

【本章导读】

流化床锅炉由于具有煤种适应性广、燃烧效率高、低温清洁燃烧的特点，被广泛应用于化工企业。根据当前节能和环保的要求，流化床燃烧代表了新一代高效、低污染燃煤锅炉的发展方向。对于循环流化床锅炉来说，在化工生产中可以将其他生产环节产生的固体废弃物进行燃烧处理，且便于烟气脱硫和有效地控制氮氧化物有害气体的排放，加之燃烧热效率高、供热负荷可调性好，尤其适用于化工企业。

本章将介绍流化床锅炉的工作原理，针对常用的循环流化床锅炉介绍其给料系统、风烟系统、返料系统、汽水系统、灰渣系统、锅炉启动燃烧器等的结构和工作特性，最后介绍循环流化床锅炉常见的故障，并分析产生故障的原因和解决故障的常用方案。

9.1 流化床锅炉概述

9.1.1 流化态的概念

掌握流态化的概念对于我们理解流化床锅炉的燃烧原理以及结构有着重大意义。

1. 流态化的定义

固体颗粒在流体作用下表现出类似流体状态的现象，称为流态化现象。流体作为流化介质，一般有气体和液体两大类。当气体或液体以一定速度流过固体颗粒层，并且气体或液体对固体颗粒产生的作用力与固体颗粒所受的其他外力相平衡时，固体颗粒层会呈现出类似于流体状态的现象或者当固体颗粒群与气体或液体接触时固体颗粒群转变成类似流体状态，这种操作状态称为流态化。

2. 典型流化状态

气体穿过床层的流速将决定气固两相的流动状态，气体流速的任何增加都将导致气固接触模式的改变，使床层内一种状态或流型变换至另一种状态或流型。图 9-1 所示为不同流速下的流化状态。总体上看来，随着气体流速的提高，颗粒床层依次从固定床状态逐渐转入鼓泡流化床，随着气固扰动的进一步加剧进入湍流流化床状态，随后过渡到与鼓泡流化床流动形态差异很大的快速流态化状态，随着流速的进一步提高，气固流型转入气力输送状态。

（1）固定床。颗粒组成的床层静止于一个筛板上，气体通过筛板上的小孔进入床层，并通过颗粒间隙上行，这种床层称为固定床或填充床。在移动填充床内，固体颗粒对于壁面移动，如在循环流化床返料机构的料腿中，但无论在何种情况下，固体颗粒之间无相对运动。当气体流经固体颗粒时，它对颗粒有曳力，这样会引起气体通过床层时有压力损失，通过固定床的气体流量增大，压力损失也越大。颗粒的这种静止状态会维持到临界流化。

（2）鼓泡流化床。如果通过固定床的气体流量增加，气体压降会连续地上升，直至悬浮气速达到一个临界值最小流化风速 u_{mf} 为止。最小流化风速的定义：气体对颗粒的曳力刚好等于颗粒的重力减去浮力时的床层风速。在此状态下，颗粒似乎是"无重量"的，此时固定床转化为初始流态化状态，在该流态下，多余的气体以气泡的形式上行，床料内将产生大量气泡。气泡不断上移，小气泡聚集成较大气泡穿过料层并鼓裂，这时气（空气）-固（床料）两相有比较强烈的混合，与水被加热沸腾时的情况差不多。由于这时的床料中产生有大量的气泡，故称这时的流化状态为鼓泡床，床内呈鼓泡床流化状态的锅炉就称为鼓泡床锅炉，或者称为沸腾炉。此时通过床层的压力降近似等于床层的重量。

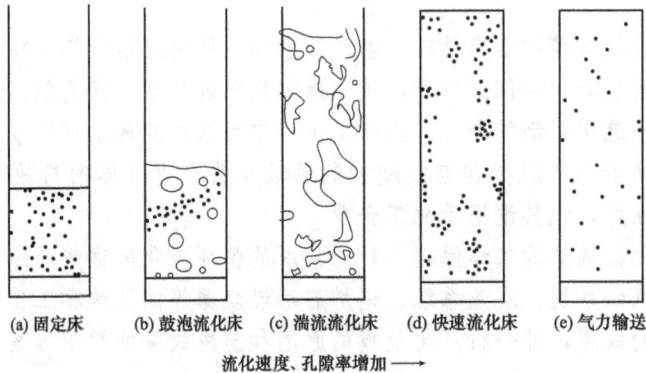

图 9-1 不同气流速度下固体颗粒床层的流动状态

（3）湍流床。当通过鼓泡流化床的气速增加到最小鼓泡速度以上时，床层会膨胀，继续增加气速最终会使床层膨胀形式产生变化，这可能是由于气泡份额增加，乳化相膨胀及分隔气泡的乳化相壁厚度减弱而引起的。在该状态下，气泡相由于快速的合并和破裂面失去了确定形状，气固混合更加剧烈，大量颗粒被抛入床层上方的悬浮空间，床层仍有表面，但已相当弥散，看不清料层界面，但床内仍存在一个密相区和稀相区，下部密相区的床料浓度比上部稀相区的浓度大得多，这种床层称之为湍流流化床。

湍流床的运行风速高于细颗粒的终端沉降速度，而低于粗颗粒的终端沉降速度，在该流态下运行时气固接触良好。循环流化床底部密相区大多运行在湍流床状态。

（4）快速流化床。快速流化床是湍流流态化和气力输送状态之间的流态，在床层中流化气速高于颗粒的终端沉降速度，由气流夹带的颗粒被分离再送回床层的下部。在典型的快速床内，可以观察到一种细长的颗粒团聚物组成的非均匀悬浮物在固体颗粒浓度非常低的上升稀相内上下运动。高速气流的切割使乳化相极易被分散为尺度较大的颗粒团，密相由连续相变成了分散相，稀相则由分散相变成了连续相。

快速流态化的主要特征：气固之间的高滑移速度、颗粒团聚物的形成和离析以及良好的混合，快速流态化的另一个物理特征是轴向和径向的固体颗粒浓度的不均匀性。另外需注意的是颗粒团或絮状物的形成对快速流化床而言并非是充分条件，但这是一个非常重要特征。

（5）气力输送。气体速度继续增大，导致固体颗粒空间浓度很稀，气固悬浮物处于气力输送状态。

9.1.2 流化速度

流化速度是指床料流化时动力流体的速度。对于循环流化床锅炉，动力流体是一次风。空气经一次风机进入空气预热器加热后，送往风室，通过布风板和风帽使床料发生流化。在进行流化床锅炉的设计和计算时，流化速度一般是指假设床内没有床料时空气通过炉膛的速

度，因此也称为空塔速度，或表观速度。流化速度用公式表示为

$$u_0 = \frac{Q}{A} \tag{9-1}$$

式中　u_0——流化速度，m/s；

　　　Q——空气成烟气体积速量，m/s；

　　　A——炉膛截面积，m²。

由于炉膛截面积 A 沿炉膛高度会有变化，而且锅炉运行中炉内温度也不尽相同，Q 也会发生变化，从广义上讲，流化床锅炉的流化速度不是一个常数。为方便起见，一般给出的流化速度是床内空气速度，假如 Q、A 不变，u_0 就是确定的。

在没有特别注明的情况下，流化速度指的是锅炉在热态时的气流速度，而在热态时，进入炉内的空气燃烧变为烟气，因此有时流化速度又称为烟气速度。流化速度是循环流化床锅炉最基本的概念。运行中控制和调整风量，实际上就控制和调整了流化速度，也就控制了炉内物料的流化状态。所以，一次风量的控制和调整是非常重要的。

流化速度 u_0、流化床空隙率 ε 和流化状态三者有一定的关系。例如，对于某种床料，当流化速度 $u_0 < 3$m/s 时，空隙率 ε 在 0.45 左右，这时的流化状态称为鼓泡床；当流化速度 $u_0 = 4 \sim 7$m/s 时，对应的空隙率为 0.65～0.75，这时的流化状态为湍流；当流化速度 $u_0 > 8$m/s 时，空隙率增大为 $\varepsilon = 0.75 \sim 0.95$，这时的流化状态称为快速床。显然，流化床空隙率随着流化速度大小的变化而变化。

1. 临界流化风速与临界流化风量

临界流化风速就是床料开始流化时的一次风风速，这时的一次风风量也就称为临界流化风量。临界流化风速和临界流化风量有如下关系：

$$G_c = \frac{u_{mf}}{A} \tag{9-2}$$

式中　G_c——临界流化风量，m³/s；

　　　u_{mf}——临界流化风速，m/s；

　　　A——通风截面积，m²。

临界流化风速和临界流化风量是循环流化床锅炉运行中一个重要的参数。对于不同物理性质的床料，其临界流化风速和临界流化风量是有差别的。其值可以通过锅炉冷态和热态试验测定，没有条件测试时，可借助经验数据查表计算获得。

2. 固体颗粒的物理特性

（1）床料。流化床锅炉启动前，铺设在布风板上一定厚度和一定粒度的固体颗粒，称作床料，也称为点火底料。床料一般由燃煤、灰渣、石灰石粉等组成，有些锅炉在床料中还掺入砂子、铁矿石等成分，甚至有的锅炉在调试或启动时仅用一定粒度的石英砂作床料。锅炉不同，床料的成分、颗粒粒径及其分布特性也有差别。静止床料层的厚度一般为 350～600mm。

（2）物料。循环流化床锅炉运行中，在炉膛及循环系统（循环灰分离器、立管、送灰器等）内燃烧或载热的固体颗粒，称为物料。它不仅包含床料成分，还包括新给入的燃料、脱硫剂、经循环灰分离器返送回来的颗粒以及燃料燃烧生成的灰渣等。循环灰分离器分离下来通过送灰器返送回炉膛的物料称为循环物料，未被捕捉分离下来的细小颗粒是飞灰，随烟气

进入尾部烟道，经炉床下部排出的大颗粒为炉渣，因此飞灰和炉渣是炉内的废料。

（3）堆积密度与颗粒密度。将固体颗粒不加任何约束地自然堆放时单位体积的质量称为颗粒的堆积密度，用 ρ_d 来表示，单位为 kg/m^3；单个颗粒的质量与其体积的比值称为颗粒密度或真实密度，用 ρ_p 表示，单位为 kg/m^3。显然，不论是固体煤颗粒还是其他物料颗粒，尽管粒径大小不同，但由于颗粒间有空隙，堆积密度总是比颗粒密度小。同一种燃料，因颗粒粒径及其分布特性不同，其堆积密度可能不同，例如，使用颗粒粒径范围比较宽的燃料时，因为小颗粒可以充填于大颗粒之间而造成堆积密度变大。不同种燃料，堆积密度有时也可能相同。

（4）空隙率。床料或物料自然堆放时，在堆积总体积为 V_m 的颗粒体中，颗粒间的空隙占总体积的份额称为空隙率，也可称为固定床空隙率，用 ε_0 表示，若空隙（或气体）与颗粒所占的体积份额分别为 V_g 和 V_p，则有

$$\varepsilon_0 = \frac{V_g}{V_m} = \frac{V_g}{V_g + V_p} = 1 - \frac{\rho_d}{\rho_p} \tag{9-3}$$

由式（9-3）可见，对于某种固体燃料颗粒或其他固体颗粒，颗粒密度一般是不变的，孔隙率随堆积密度的变化而变化，两者的变化方向相反。

另外，在颗粒浓度很高的流化床气固两相流系统中，常以床层孔隙率或流化床空隙率 ε 表示气相所占的体积 V_g 与两相流体总体积 V_m 之比。若用 $C_{v.p}$ 表示两相流体中颗粒的容积浓度，则有

$$\varepsilon_0 = \frac{V_g}{V_m} = \frac{V_m - V_p}{V_m} = 1 - C_{v.p} \tag{9-4}$$

（5）颗粒球形度。流态化工程领域涉及的固体颗粒多为不规则形状，为研究方便计，一般将颗粒形状假设为球形，并用颗粒球形度 Φ 来表征颗粒的实际形状接近球形的程度，其定义为具有与某种任意形状颗粒相同体积的球体，其表面积与该种颗粒表面积之比，即

$$\Phi = \frac{与颗粒有相同体积的球体表面积}{颗粒实际表面积} = \frac{\pi d_v^2}{S} \tag{9-5}$$

式中　d_v——等体积球的直径，mm；

　　　S——颗粒表面积，mm^2。

显然，球形颗粒的球形度 $\Phi=1$，Φ 值越大，颗粒形状越接近于球形。

颗粒球形度通常可采用实测方法获得，根据测量方法的不同，结果稍有差异。表 9-1 列出了典型非球形颗粒的球形度数据，可供参考。

表 9-1　　　　　典型非球形颗粒的球形度数据

物料	性状	Φ	物料	性状	Φ
原煤粒	大致 10mm	0.65	砂	平均值	0.75
破碎煤粉	—	0.73	硬砂	尖角状	0.65
烟道飞灰	熔融球状	0.89	硬砂	尖片状	0.43
烟道飞灰	熔融聚集状	0.89	砂	无棱角	0.83
碎玻璃屑	尖角状	0.65	砂	有棱角	0.73

3. 燃料筛分和燃料颗粒特性燃料筛分

（1）燃料筛分。进入锅炉的燃料颗粒粒径一般是不相等的。通过一系列标准筛孔尺寸的

筛子，可以测定出燃料颗粒粒径的大小和组成特性，简单地说，燃料筛分是指燃料颗粒粒径大小的分布范围。如果颗粒粒径粗细范围较大，即筛分较宽，就称作宽筛分；颗粒粒径粗细范围较小，就称作窄筛分。例如，某台循环流化床锅炉，其燃煤颗粒要求 0～13mm，允许范围较宽，所以该炉燃料筛分可称为宽筛分；而另一台锅炉，燃料粒径要求 2～6mm，颗粒粒径不允许小于 2mm 和大于 6mm，因此称为窄筛分。宽筛分和窄筛分是相对而言的，但燃料的筛分对锅炉运行的影响很大。一般来说，一旦锅炉确定，其燃料筛分也就基本确定了，而当煤种变化时其筛分也有所变化。通常，对于挥发分较高的煤，粒径允许范围较大，筛分较宽；对于挥发分较低的无烟煤、煤矸石，一般要求粒径较小，相对筛分较窄（实际上，为降低破碎电耗，一般并不要求煤矸石破碎得过细）。国内目前运行的循环流化床锅炉，其燃料粒径多要求在 0～8mm、0～13mm，特殊的要求 0～20mm，这些燃料粒径要求范围较大，均属于宽筛分。

（2）燃料颗粒特性。燃煤循环流化床锅炉，不仅对入炉煤的筛分有一定要求，还对各种粒径的煤颗粒占总量的百分比有一定要求。如某台 220t/h 循环流化床锅炉燃用劣质烟煤，粒径范围为 0～10mm，其中直径小于 1mm 的颗粒占 60%，1～8mm 的颗粒占 30%，8～10mm 的颗粒占 10%。因此，该锅炉燃料要求的粒径份额之比为 60%：30%：10%。燃料中各种粒径的颗粒占总质量的份额之比称为燃料颗粒特性，也称为燃料的粒比度。当然，还可以把燃料中各粒径占总量的百分比划分得细一些。实际上原煤经过碎煤机破碎后各粒径大小是连续的，按照粒比度在坐标图上做出的是一条连续的曲线，称为颗粒特性曲线。燃煤的颗粒特性曲线可以很直观地反映燃煤的各粒径颗粒占总量的百分比。对锅炉设计和运行来说，燃煤颗粒特性曲线比燃煤筛分、粒比度更确切，是选择制煤设备和锅炉运行的重要参数。

9.2　鼓泡床锅炉简介

固定床燃烧是将燃料均匀布在炉排上，空气以较低的速度自下而上通过燃料层使其燃烧。悬浮燃烧则是先将燃料（如煤）磨成细粉，然后用空气通过燃烧器送入炉膛，在炉膛空间中做悬浮状燃烧。流化床燃烧是介于两者之间的一种燃烧方式。在流化床燃烧中，燃料被破碎到一定粒度，燃烧所需的空气从布置在炉膛底部的布风板下送入，燃料既不固定在炉排上燃烧，也不是在炉膛空间内随气流悬浮燃烧，而是在流化床内进行一种剧烈的、杂乱无章、类似于流体沸腾运动状态的燃烧。

当风速较低时，燃料层固定不动，表现层燃的特点。当风速增加到一定值（所谓最小流化速度或初始流化速度），布风板上的燃料颗粒将被气流托起，从而使整个燃料层具有类似流体沸腾的特性，此时，除了非常细而轻的颗粒床会均匀膨胀外，一般还会有气体鼓泡这样明显的不稳定性，形成鼓泡流化床燃烧（又称沸腾燃烧）。

图 9-2 所示为鼓泡流化床燃烧系统。鼓泡流化床锅炉结构类型已有若干种，从受热面布置来说，有密相区带埋管的，有不带埋管的；流化速度有的低至 3～4m/s，有的高至 5～6m/s，为了提高鼓泡床的效率，通常会设置飞灰再燃，再燃的飞灰流量对锅炉的性能影响不大。

鼓泡流化床燃烧的主要缺点：

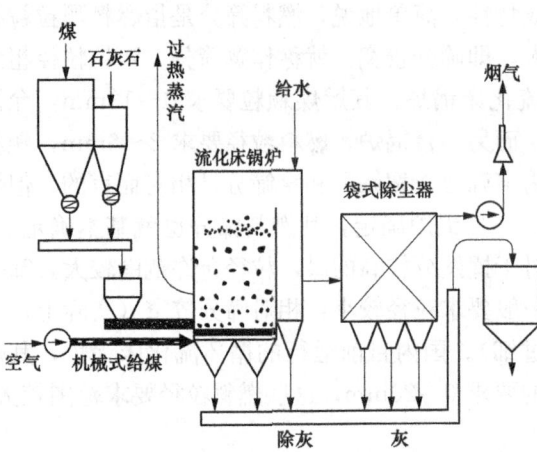

图 9-2　鼓泡流化床燃烧系统

（1）由于细燃料颗粒在上部炉膛内未经燃尽即被带出，在燃烧宽筛分燃料时燃烧效率不高，脱硫反应的钙利用率低。

（2）床内颗粒的水平方向湍动相对较慢，对入炉燃料的播散不利，影响床内燃料的均匀分布和燃烧效果，也迫使大功率燃烧系统的给煤点布置过多，不利于设备的大型化。

（3）床内埋管受热面磨损速度过快。

为了解决上述问题，20 世纪 60 年代，国外在总结和研究鼓泡流化床锅炉的基础上，开发、研制出循环流化床锅炉。

如前所述，流化床燃烧的基本原理是床料在流化状态下进行燃烧，一般粗颗粒在炉膛下部，细颗粒在炉膛上部。循环流化床锅炉与鼓泡流化床锅炉两者结构上最明显的区别在于循环流化床锅炉在炉膛上部的出口安装了循环灰分离器（多为旋风分离器），将烟气中的高温细固体颗粒分离收集起来送回炉膛，一次未燃尽而飞出炉膛的颗粒可以再次循环燃烧，从而大大提高燃尽率。通常将鼓泡流化床锅炉称为第一代流化床锅炉，循环流化床锅炉称为第二代流化床锅炉。

9.3　循环流化床锅炉简介

9.3.1　循环流化床锅炉结构

循环流化床锅炉是由锅炉本体和辅助设备组成的。锅炉本体主要包括启动燃烧器、布风装置、炉膛、气固分离器、物料回送装置以及布有受热面的烟道、汽包、下降管、水冷壁、过热器、再热器、省煤器及空气预热器等；辅助设备包括送风机、引风机、返料风机、碎煤机、给煤机、冷渣器、除尘器及烟囱等。一些循环流化床锅炉还有外置热交换器，也称外置式冷灰床。

图 9-3 所示为循环流化床锅炉系统示意。

循环流化床锅炉的工作过程如下：燃料及石灰石脱硫剂经破碎机破碎至合适粒度后，由给煤机和给料机从流化床燃烧室布风板上部给入，与燃烧室内炽热的沸腾物料混合，被加热而迅速着火燃烧；石灰石则与燃料燃烧生成的 SO_2 反应生成 $CaSO_4$，从而起到脱硫作用。燃烧室温度控制在 850℃左右。在较高气流速度作用下，燃烧充满整个炉膛，并有大量固体颗粒被携带出燃烧室，经气固分离器分离后，分离下来的物料通过物料回送装置重新返回炉膛继续参与燃烧，经分离器导出的高温烟气，在尾部烟道与对流受热面换热后，通过布袋除尘器或静电除尘器，由烟囱排出。

燃烧系统工作的同时，工质则进行着如下过程：给水经给水泵送入省煤器预热，再进入汽包，然后进入下降管、在水冷壁被加热蒸发后又回到汽包进行汽、水分离，分离出的水继续进入下降管循环，分离出的蒸汽经过热器升温后，通过主蒸汽管道送入汽轮机做功。

总的来说，炉的任务是尽可能组织高效地放热，锅的任务是尽量把炉内的热量有效地吸

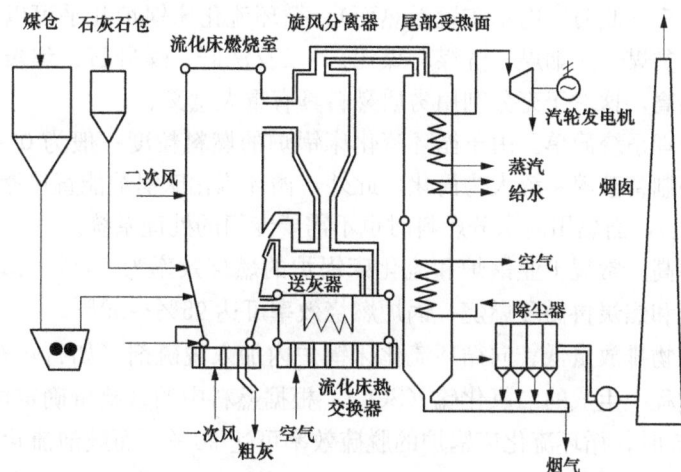

图 9-3　循环流化床锅炉系统

收,锅和炉组成了一个完整的能量转换和蒸汽生产系统。

与其他燃煤方式相比,循环流化床燃烧方式有以下特点:

(1) 燃料制备系统相对简单。循环流化床锅炉无需复杂的制粉系统,只需简单的干燥及破碎装置即可满足燃烧要求。

(2) 燃料处于流化状态下燃烧。炉内始终有大量的炽热物料处于流化状态,新加入的燃料能迅速被加热并着火燃烧。流化状态使燃料与助燃气体接触更充分,燃烧条件更好。大量热物料也是炉内传热的主要载体,能加强炉内传热。

(3) 循环流化床锅炉的燃烧温度较低,一般为 850~950℃,这个温度是石灰石脱硫反应的最佳温度。

(4) 有物料循环系统,燃料循环燃烧,使燃烧更完全。循环流化床锅炉由流化床燃烧室、物料分离器和回料阀送灰器构成了其独有的物料循环系统,这是循环流化床锅炉区别于其他锅炉的结构特点。

(5) 能实现燃烧过程中脱硫。与燃料同时给入的脱硫剂石灰石能与燃料燃烧生成的 SO_2 反应生成 $CaSO_4$,从而起到脱硫作用。这是循环流化床锅炉的最大环保优势,因为其他燃烧方式很难实现燃烧过程中的高效脱硫。

(6) 采取分段送风燃烧方式,一次风经布风板送入燃烧室,二次风在布风板上方一定高度送入。因此,在燃烧室下部的密相区为缺氧燃烧,形成还原性气氛。在二次风口上部为富氧燃烧,形成氧化性气氛,通过合理调节一、二次风比,可维持理想的燃烧效率并有效地控制 NO_x 生成量。

以上特点决定了循环流化床锅炉是一种高效、低污染的清洁燃烧设备。

9.3.2　循环流化床锅炉的优点

循环流化床锅炉具有一般常规锅炉不具备的优点。主要体现在以下几点:

(1) 燃料适应性好。由于飞灰再循环量的大小可改变床内的吸热份额,循环流化床锅炉对燃料的适应性特别好,只要燃料的热值大于把燃料本身和燃烧所需的空气加热到稳定燃烧温度所需的热量,这种燃料就能在循环流化床锅炉内稳定燃烧,不需使用辅助燃料助燃,就能达到高的燃烧效率（此时床内不布置受热面）。循环流化床锅炉几乎可以烧各种煤（如泥煤、褐煤，烟煤、贫煤、无烟煤、洗煤厂煤泥），以及洗矸、煤矸石、焦炭、油页岩、垃圾等，且燃烧效率很高，这对于充分利用劣质燃料具有重大意义。

（2）燃料预处理系统简单。由于循环流化床锅炉的燃料粒度一般为 $0\sim13mm$，与煤粉锅炉相比，燃料的制备破碎系统大为简化。此外，循环流化床锅炉能直接燃用高水分煤（水分可达到 30％以上），当燃用高水分燃料时也不需要专门的处理系统。

（3）燃烧效率高。常规工业锅炉和流化床锅炉的燃烧效率为 85％～95％。循环流化床锅炉由于采用飞灰和焦炭再循环燃烧，锅炉燃烧效率可达 95％～99％。

（4）燃烧污染物排放量低。向循环流化床锅炉内加入脱硫剂（如石灰石、白云石），可以脱去燃料燃烧过程中生成的二氧化硫（SO_2）。根据燃料中的含硫量确定加入的脱硫剂量，当钙硫比为 2～2.5 时，循环流化床锅炉的脱硫效率可达 90％，而鼓泡流化床锅炉要达到同样的脱硫效率，钙硫比需为 3～5。因此，循环流化床锅炉还可以大大提高钙的利用率。由于循环流化床锅炉采用分级燃烧，燃烧温度一般控制在 850～950℃范围之内，燃烧温度较低，因此，氮氧化物（热反应型 NO_x）的生成量显著减少。

（5）燃烧热强度大。由于飞灰再循环燃烧，循环流化床锅炉克服了常规流化床锅炉床内释热份额大、悬浮段释热份额小的缺点，燃烧热强度比常规锅炉高得多。截面热负荷可达 $3.5\sim4.5MW/m^2$，接近或高于煤粉锅炉，是鼓泡流化床锅炉的 2～4 倍，链条炉的 2～6 倍；炉膛容积热负荷为 $1.5\sim2MW/m^3$，是煤粉锅炉的 8～10 倍。燃烧热强度大的好处是可以使设备紧凑，减低金属消耗。

（6）易于实现灰渣综合利用。循环流化床锅炉燃烧温度低，灰渣不会软化和黏结，活性较好。另外，炉内加入石灰石后，灰渣成分也有变化，含有一定的 $CaSO_4$ 和未反应的 CaO。循环流化床锅炉灰渣可以用于制造水泥的掺混料或其他建筑材料的原料，有利于灰渣的综合利用。对于那些建在城市或对环保要求较高的电厂，采用循环流化床锅炉十分有利。

9.3.3　循环流化床锅炉的缺点

（1）烟-风系统阻力较高，风机用电量大。

因为循环流化床锅炉布风板及床层阻力大，而烟气系统中又增加了气固分离器的阻力，所以烟风系统阻力高。循环流化床锅炉需要的风机压头高，数量多，故用电量大，这会增加电厂的生产成本。

（2）自动控制较难实现。由于影响循环流化床锅炉燃烧状况的因素较多，各型锅炉调整方式差异较大，所以采用计算机自动控制比常规锅炉难得多。

（3）磨损问题。循环流化床锅炉的燃料粒径较大，并且炉膛内物料浓度是煤粉炉的十到几十倍，虽然采取了许多防磨措施，但在实际运行中循环流化床锅炉受热面的磨损速度仍比常规锅炉大得多。受热面磨损问题是影响锅炉长期连续运行的重要原因。

（4）对辅助设备要求较高。某些辅助设备，如冷渣器或高压风机的性能或运行问题都可能严重影响锅炉的正常安全运行。

9.3.4　给料系统

1. 煤制备系统及主要设备

流化床锅炉燃烧（成品煤或称入炉煤）粒径要比煤粉炉的粗得多（煤粉炉 $R_{90}<20\%$，

而流化床锅炉 R_{90}>90%），粒径一般为 0～25mm，因而国内目前已投运的流化床锅炉在设计和配备制煤系统时，基本上采用"破碎机＋振动筛"来代替传统、复杂的备煤系统。为了说明备煤系统对流化床锅炉的重要性，我们先从理论上弄清楚燃煤粒径大小、粒度分布对流化床锅炉的影响。

（1）流化床锅炉对燃煤粒径的要求。燃煤颗粒尺寸大小及其粒径组成对流化床锅炉的燃烧、传热、负荷调节特性等都有十分重要的影响。与常规鼓泡床锅炉相比，循环流化床锅炉对燃煤粒径的要求更加严格。循环流化床锅炉正常燃烧时，入炉煤中大于 1mm 的煤粒在炉膛下部燃烧，小于 1mm 的颗粒在炉膛上部燃烧，从燃烧室带出的细小颗粒经后面分离器收集下来后送回炉膛循环燃烧。分离器收集不下来的极细颗粒一次通过燃烧室。循环流化床锅炉燃煤经制备后，如果粗颗粒含量过高，将造成燃烧室下部燃烧份额和燃烧温度增加，燃烧室上部燃烧份额和燃烧温度降低；如果细颗粒偏多，不仅增加厂用电耗，而且使燃烧工况偏离设计值，甚至在分离器内的燃烧份额过大，引起分离器内结渣。燃煤在燃烧室内的停留时间若小于燃尽时间，将使飞灰含碳量增加，燃烧效率降低。从以上分析可知，燃煤的合理分配对流化床锅炉的安全稳定运行、提高燃烧效率是十分重要的。

粒径不同的燃煤在流化床锅炉内流化、循环这一燃烧特点，规定了入炉煤需有适应的颗粒级配及最大粒径要求。国外循环流化床锅炉对燃煤粒径的要求经历了由细变粗的认识过程。德国鲁奇公司最初要求循环流化床锅炉的入炉粒径小于等于 0.9mm，但在 270 t/h 流化床锅炉投运时，大量细粉进入高温旋风分离器内燃烧，造成旋风筒内结渣并使飞灰可燃物增加。为使锅炉正常运行，鲁奇公司对入炉煤粒径要求增大到小于等于 6mm。我国对循环流化床锅炉燃煤粒径的要求经历了由粗变细的认识过程。我国早期的循环流化床锅炉大多采用简单机械破碎设备来制备入炉燃料，粒径要求在 0～25mm，实际运行中往往在 0～50mm，导致受热面及炉墙严重磨损，锅炉出力达不到设计要求。改造后的循环流化床锅炉和新投运的循环流化床锅炉入煤粒径限制在 0～10mm 范围内，锅炉的负荷特性大为改善。

燃煤的粒径范围及级配是根据不同的煤种而确定的，还与运行操作条件有关。一般来说，高循环倍率的流化床锅炉，燃料粒径较细，低循环倍率的流化床锅炉，粒径较粗；挥发分低的煤种，粒径一般较细，高挥发分易燃的煤种，颗粒可粗一些。

欧洲大型循环流化床锅炉的燃烧颗粒级配大体为 0.1mm 以下份额小于 10%；1.0mm 以下份额小于 60%；4.0mm 以下份额小于 95%；10mm 以上份额为 0。

在实际操作中，欧美国家及我国中、低循环倍率流化床锅炉大体可按式（9-6）制备入炉颗粒，即

$$V_{daf} + A = (85 \sim 90)\%$$ (9-6)

式中 V_{daf}——燃煤干燥无灰基挥发分，%；

A——入炉颗粒中小于 1mm 的份额，%。

（2）物料破碎设备及系统。循环流化床锅炉的碎煤设备应能满足出力、粒径和级配的要求，同时要求安全可靠、维护便利、环保特性良好。一般采用钢棒滚筒磨和锤击式破碎机，主要结构见表 9-2。

表 9-2　　　　　　　　　　　　　　　钢棒滚筒磨与锤击式破碎机的对比

类型	钢棒滚筒磨	锤击式破碎机
结构外形	1、16—电动机；2、4—弹性联轴器；3—减速器；5—小齿轮座；6—小齿轮；7—大齿轮；8—出料罩；9—排料窗；10—轴承座；11—轴承；12—出料算板；13—螺旋给煤机；14—联轴器；15—减速器；17—油孔	1—粗煤进口；2—转子；3—碾磨板；4—杂物排出口；5—可调叶片分离器；6—细煤出口
转速	低转速，15～25r/min	高转速，500～1500r/min
煤种适宜范围	适宜范围广，特别适宜磨制硬质无烟煤	适宜磨制高水分褐煤和挥发分高、容易磨制的烟煤
优点	噪声小，粉尘少，结构简单，产品粒度较为均匀	构造简单，尺寸紧凑，自重较小，单位产品的功率消耗小
缺点	笨重庞大，电耗高	磨损大，连续运行时间较其他磨煤机短，维护费用较高

（3）燃料制备系统。不同型式和结构的流化床锅炉对燃料制备系统有不同的要求，燃料制备系统应能满足锅炉长期安全稳定地运行。

图 9-4 所示为循环流化床锅炉常采用的燃料破碎方案。这种采用反击式破碎机或环锤式

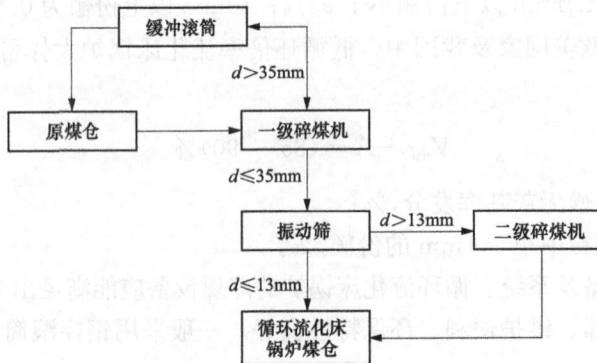

图 9-4　某 220t/h 循环流化床锅炉燃煤破碎方案

破碎机进行破碎，然后再经机械振动筛分的方案，要求入磨的原煤必须是比较干燥的。并且，考虑到目前国内尚无能稳定工作的用于分离 10mm 以下粒度燃煤的机械筛，二级碎煤机出口的燃煤采取全通过方式运行。在原煤水分较低（如 M_{ar} 小于等于 8%）、当地气候条件干燥、原煤本身较碎并经严格筛分过程的情况下，制备的燃料基本可以满足流化床锅炉的要求。在原煤水分大于 8%、当地雨水较多的情况下，则必须采用气流（热空气或热烟气）干燥和输送的燃料制备系统。

图 9-5 所示为我国研制的一种配 220t/h 流化床锅炉、采用锤击式破碎机、热风干燥、负压气力输送的燃料制备系统。

该系统将经过初碎的小于 30mm 的原煤送入系统的分选干燥管，管内的高温气流速度控制在最大允许粒径 d_{max} 的气力沉降速度，该气流可将原煤中或经破碎后燃煤中的小于 d_{max} 粒径的煤输送出去，粒径大于 d_{max} 的块煤落入碎煤机破碎。原煤进入系统后，一面分选，一面干燥，因此破碎机内不会发生湿煤黏结的问题。粒径小于 d_{max} 的成品煤在煤粒分离器及旋风分离器内被分离后进入成品仓，含有一部分细粉的乏气则作为循环流化床锅炉的二次风进入炉内。

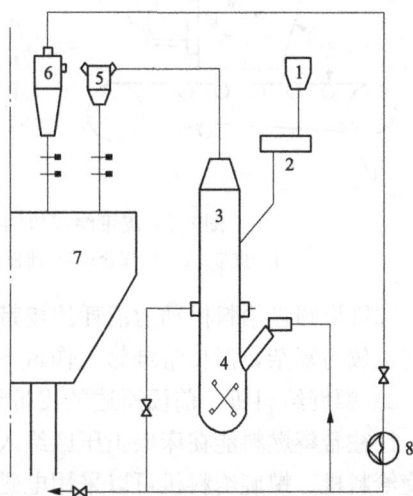

图 9-5　某 220t/h 流化床锅炉燃料制备系统
1—原煤仓；2—给煤机；3—分选干燥管；
4—锤击式碎煤机；5—一级分离器；
6—二级分离器；7—成品燃煤仓；8—排粉机

2. 给煤系统及主要设备

此处所述给料设备指的是将破碎后的煤和脱硫剂送入流化床的装置，通常包括皮带、链板、埋刮板气力输送设备以及圆盘给料机和螺旋给料机（俗称绞笼）等。

（1）给料机。

1）皮带给料机。皮带给料机结构如图 9-6 所示，皮带给料机一般采用较宽的胶带，根据锅炉容量的大小，宽度可选 400～1000mm。该结构比较简单，加料易于控制，也比较均匀。通常用插板调节胶带上料层厚度来控制加料量，也可以采用变速电动机来改变胶带运行速度以控制加料量，电动机通过变速箱将胶带运行速度控制在 0.04～0.2m/s。胶带给料机的关键在料斗，料斗一般采用钢制，在出料的一面制成垂直，另三个面与水平面的平面角 α 和 β 应较大（$\alpha > 80°$，$\beta > 70°$）。实践证明，这样可以防止煤粒在料斗中黏结，即使含水量高达 9% 也能自动连续进料，无需人工捣料。

皮带给料机的缺点是当锅炉出现正压操作或不正常运行时，下料口往往有火焰喷出，易烧坏胶带。

2）圆盘给料机。有的流化床锅炉给料系统也用如图 9-7 所示的圆盘给料机，由于圆盘直径较大，可达 2m 以上，因此料斗也较大，煤中含水量在 10% 以下能正常连续下料，且调节方便，管理简单，维修量也不大，但供料的均匀性和供料面宽度不如皮带机好。圆盘通常用钢制，有的在圆盘上加一层防磨板，如铸钢板、辉绿岩板等；也有的在圆盘上加焊钢筋，保存一层物料，防磨效果更好，这样既便于检修，又大大延长了使用寿命。圆盘转动靠下部伞形齿轮来带动，设备功率一般为 4.2～10kW，圆盘转速可在 19～36r/min。它的加料量调节可采用变速电动机调节转速，或采用刮板和料斗上的插板开启大小来调节加料量。

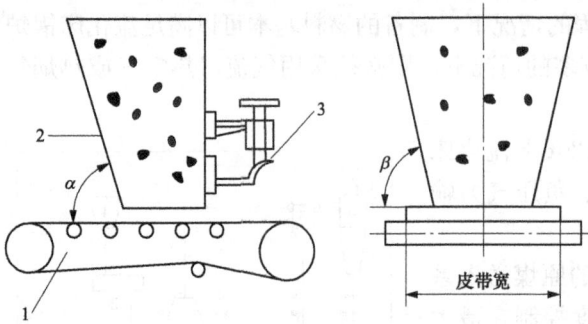

图 9-6 皮带给煤机结构
1—皮带；2—燃煤仓；3—插板调节装置

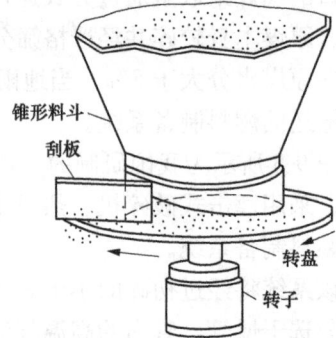

图 9-7 圆盘给料机结构

圆锥形圆盘给料机动力消耗比皮带给料机大，传动装置也比较复杂，投资较多，制造和安装也较为复杂，但日常维修工作量不大。

3）螺旋给料机。前面所述的皮带给料机通常只能用于负压给料，但从改善燃烧性能考虑，往往希望燃料能在床层正压区给入，因此常用的正压区机械给料装置是如图 9-8 所示的螺旋给料机。螺旋给料机可以采用电磁调速改变给料量，但由于螺杆端部受热，因此防止变形和磨损是其需要解决的两个主要问题。

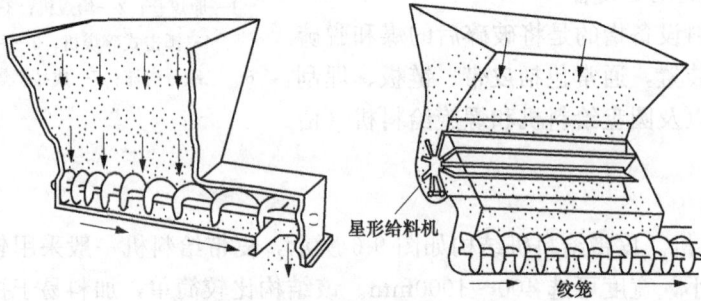

图 9-8 不同角度螺旋给料机结构

（2）给料方式。循环流化床锅炉的给料方式按给料位置来分有床上给料和床下给料两种，按给料点的压力来分可分为正压给料和负压给料。床下给料是指利用底饲喷嘴将较细的物料穿过布风板向上喷洒的给料方式，由于其系统比较复杂，所以目前应用较多的还是床上给料方式。

正压给煤还是负压给煤，是由炉内气固两相流的动力特性决定的。对于炉内呈湍流床和快速床的中、高循环倍率的锅炉而言，炉内基本处于微正压状态，负压点很高或不存在，因此采用正压给煤。负压给煤一般使用在循环倍率比较低、有比较明显的料层界面、负压点相对较低的锅炉上。负压给煤方式，由于给煤口处于负压，煤靠自身重力流入炉内，只需少量的给煤机械，所以结构简单，对给煤粒度、水分的要求均较宽。但这种给煤方式由于给煤点比较高，容易造成细小颗粒未燃尽就被烟气吹走而落不到床内。另外，给煤只是重力撒落，不易做到均匀分布在炉内。正压给煤可以避免负压给煤的不足,锅炉燃用煤从炉膛下部密相区输送进去与温度很高的物料掺混燃烧。为了使给煤顺利进入炉内并在炉内均匀分布,正压给煤都布置有播煤风,锅炉运行中应注意播煤风的使用和调整,当负荷、煤质以及燃烧颗粒、水分有较大变化时,应及时调整播煤风。

给煤点的多少和位置设计,对锅炉运行的影响不可忽视,如果给煤点太少或者布置不当,必然造成给煤在炉内分布不均,影响炉内温度的均匀分布和燃烧效率,严重时炉内局部结焦。对于 220t/h 容量以上的锅炉,更应注重给煤点的布置和设计。

3. 石灰石输送系统

石灰石输送方式主要有两种:一种是重力给料,一种是气力输送。

重力给料是将破碎后的石灰石送入一个与煤斗同一高度的石灰石斗,石灰石与煤同时从各自的斗中落入皮带给煤机,再从皮带给煤机进入落煤管送入炉膛。它的优点是系统简单,运行和维修方便。但也存在一些缺点,比如,要实现重力给料过程,就必须将在较低位置处破碎的石灰石输送到较高位置处的石灰石斗,增加了输送过程;较高位置的石灰石斗使钢架的支撑重量增加,从而增加了金属耗量;另外,作为脱硫剂的石灰石给料量应该根据 SO_2 的排放值进行和调节,所以客观上重力给料无法根据 SO_2 的排放值调节石灰石给料量,达到保证排放和经济运行的目的;再者,石灰石与煤一起进入落煤管,由于煤对含水量的要求不太高(一般要求煤的收到基水分 $M_{ar} < 12\%$),而石灰石对含水量的要求较高(一般不得高于 3%),一旦水分相对较高的煤与石灰石在落煤管中混合,就有可能造成石灰石潮湿黏结,引起落煤管不畅,并可能影响床内的石灰石焙烧和脱硫效果,因此石灰石通常采用气力输送方式。

与重力给料相比,气力输送的系统和设备比较复杂,但它克服了重力给料存在的问题。例如,它无需将煤斗置于较高的位置,炉膛给料口的位置有较大的选择余地;更重要的是,它将石灰石给料系统和给煤系统完全分开,可自由地根据 SO_2 的排放值调节石灰石给料量,从而达到保证排放和经济运行的目的。

图 9-9 所示为典型的石灰石气力输送系统。破碎后的石灰石进入石灰石斗,经料斗隔离阀进入变速重力皮带给煤机,再经过回转阀进入气力输送管路送往炉膛。石灰石风机出口装有止回阀,以防止因风机意外停机而造成石灰石回流进入风机。并且,在风机出口止回阀的管道上设有横向连接风道,以保证在单台风机运行时,整个石灰石给料系统能正常运转。

石灰石输送采用单独的石灰石风机,是因为石灰石气力输送要求的风机压头很高,约4000kPa,远高于一次风机的压头。风机进口装有滤网,运行中要保证滤网的清洁,如果滤网堵塞,会造成输送管道的压力下降而导致管路堵塞。

石灰石进入炉膛有三种方式:有独立的石灰石喷入口;在二次风喷口内装有同心圆的石灰石喷管;将石灰石输入循环灰入口管道,与循环物料一起进入炉膛。

在设置石灰石给料系统时,应注意结合锅炉容量、煤质含硫量及脱硫效率要求进行合理布置,并相应做好辅助设备和管件的优化配置。此外,在设计和施工过程中,还应注意以下问题:

(1)应具有良好的密封性能,防止物料外漏。

(2)要配置较为精确的计量和灵活的调节装置,可根据烟气中的 SO_2 排放值适时地调节石灰石加入量。

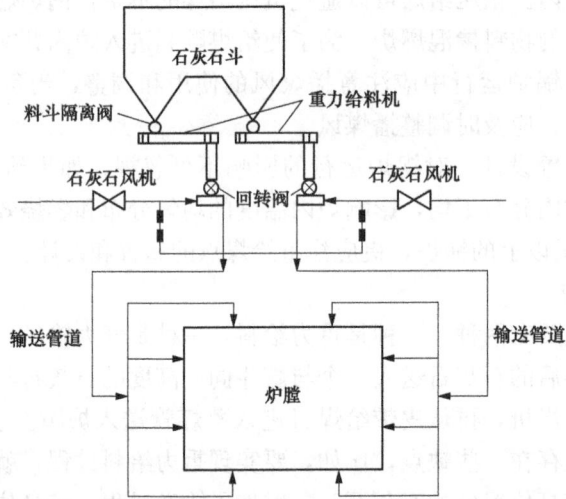

图 9-9 典型的石灰石输送系统

（3）应考虑有效的防磨措施，同时采取措施防止石灰石颗粒磨损炉内受热面。

（4）要选择合适的输送速度，并进行阻力计算和风机压头的核算。

9.3.5 燃烧系统

1. 燃烧系统的概述

（1）循环流化床锅炉燃烧系统总体布置。循环流化床锅炉的燃烧系统及设备主要包括：燃烧室（炉膛）、布风装置、物料循环系统、给料系统、烟气风系统、除渣除灰系统、点火启动装置等。其中，炉膛、循环灰分离器和飞灰回送装置（有时包括外置流化床换热器）构成物料循环回路。通常也将给料系统、烟风系统、除渣除灰系统合并称为辅助系统。

（2）基于燃烧系统的循环流化床锅炉分类。对于不同循环流化床锅炉，燃烧系统的主要区别在于循环灰分离器的位置、形式和是否布置外置流化床换热器等方面。

在大型循环流化床锅炉中，循环灰分离器的位置对整个循环流化床锅炉的结构布置和运行特性有直接影响。按分离器工作温度的不同，循环流化床锅炉可大致分成高温分离型循环流化床锅炉、中温分离型循环流化床锅炉和组合分离型循环流化床锅炉。高温分离型循环流化床锅炉目前应用最为广泛，其分离器的工作温度与燃烧室基本相同，约为 850～900℃。

按分离器型式，循环流化床锅炉可分为炉外分离和炉内分离两种类型。虽然外置流化床换热器不是循环流化床锅炉的必备部件，但布置与不布置外置流化床换热器是目前循环流化床锅炉发展的两大方向，因此在实际中也可按有无外置流化床换热器对循环流化床锅炉进行分类。

2. 燃烧室

（1）燃烧室（炉膛）结构。循环流化床锅炉燃烧室（炉膛）的结构及特性取决于其流态化状态。循环流化床锅炉的流化速度一般为 4～6m/s。采用较低流化速度的，其炉膛底部为密相区，上部是固体颗粒浓度相对较稀的稀相区；采用较高流化速度的，其特点是固体颗粒分布在炉膛的整个高度上，炉膛底部颗粒浓度不存在明显的浓相。无论是何种情况，为控制循环流化床锅炉燃烧污染物的排放，除将整个炉膛内温度控制在 850～950℃以利于脱硫剂的脱硫反应外，还往往采用分级燃烧方式，即将占全部燃烧空气比例 50%～70% 的一次风，由一次风室通过布风板从炉膛底部进入炉膛，在炉膛下部使燃料最初的燃烧阶段处于还原性气氛，以控制 NO_x 的生成，其余的燃烧空气则以二次风形式分级在上部位置送入炉膛，保证燃料的完全燃烧。

1）炉膛结构形式。与其他形式的锅炉相比，循环流化床锅炉炉膛有明显差别。目前采用的炉膛结构形式主要如下：圆形炉膛、下圆上方形炉膛、立式方形（长方形或正方形）炉膛等。

圆形炉膛或下圆上方形结构的炉膛，圆形部分一般不设水冷壁受热面，完全由耐火砖砌成。因此，炉膛内衬耐热且能防止炉内（或密相区内水冷壁受热面）的磨损。虽然这种结构对防磨和压火保温可起到一定作用，但是锅炉启动时间仍比燃烧室全部由水冷壁结构组成的锅炉启动时间长。另外，这种结构由于上部炉膛被悬吊在钢架上，下部为支撑方式，其上下结合处不易密封，加之耐火材料对温升速度要求严格，完全由耐火砖砌成的炉膛目前已不多见。

立式方形炉膛是目前最常见的炉膛结构形式，其横截面形状通常为矩形，炉膛四周由膜式水冷壁围成。这种结构的炉膛常常与一次风室、布风装置连成一体悬吊在钢架上，可上下自由膨胀。立式方形炉膛的优点是工艺制造简单，密封好，水冷壁布置方便，锅炉体积相对较小，锅炉启动速度快，启动时间一般仅是燃烧室由耐火砖砌成的锅炉的 $1/4 \sim 1/3$。其缺点是水冷壁磨损较大。为了减轻水冷壁受热面的磨损，在炉膛下部密相区水冷壁内侧均衬有耐磨耐火材料，一般厚度小于 50mm，高度为 $2 \sim 4$mm，如图 9-10 所示。立式方形炉膛已在大型循环流化床锅炉中普遍应用。

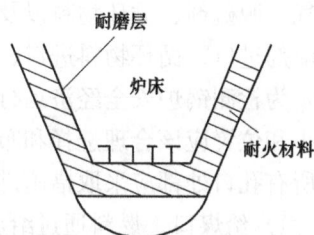

图 9-10 水冷壁内衬防磨简图

随着锅炉容量的增加，立式方形炉膛的高度和长宽比将增加，而截面积和体积比将会减小；同时，由于大容量循环流化床锅炉要求给煤分布均匀，要考虑给煤点的位置；另外，从经济性的角度考虑，炉膛高度的增加受到限制。因此，对大容量的循环流化床锅炉，必须设法维持炉膛结构尺寸在合理的比例范围，从而出现了多种炉膛结构方案。譬如，图 9-11（a）所示为具有共同尾部烟道的双炉膛结构。图 9-11（b）所示为分叉腿形设计的单炉膛结构，在炉膛中间布置翼墙受热面，或在物料循环系统布置流化床换热器。除了在其中布置过热器、再热器外，有的还布置一部分蒸发受热面以解决在炉膛内蒸发受热面布置不下的问题；或在单一炉膛内采用全高度带有开孔的双面曝光膜式壁分隔屏，见图 9-11（c）。

2）炉膛下部区域设计要求。循环流化床锅炉燃烧所需的空气按一、二次风分级送入时，一般床层就被人为地分成两个区域：下部密相区和上部稀相区，二次风口的位置也就决定了密相区的高度。一次风通过布风板送入炉膛，作为流化介质并提供密相区燃烧所需的空气。二次风可以单层或多层送入，送入口应在炉膛扩口处附近，以保证上部的燃烧份额。在二次风口以下的床层，如果截面积保持与上部区域相同，流化风速会下降，特别是在低负荷时会产生床层流化不良等现象，所以循环流化床锅炉的二次风口以下区域大多采用较小的横截面积，并采取向上渐扩的结构，如图 9-12 所示。二次风口位置一般离布风板 $1.5 \sim 3$m。

(a) 双炉膛　　(b) 分叉腿形单炉膛　　(c) 带开孔的分隔屏

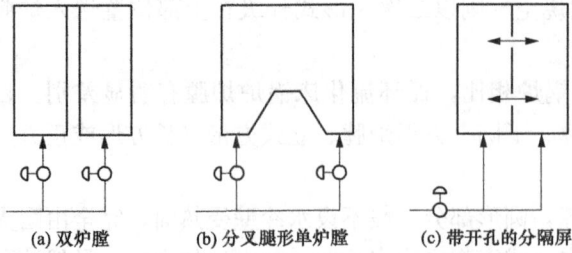

图 9-11　大型循环流化床锅炉的炉膛结构　　图 9-12　不等截面炉膛形状

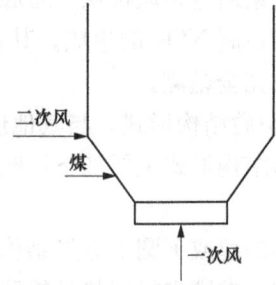

炉膛截面的收缩有两种方式：一种是下部区域采用较小的截面积，在二次风口送入位置采用渐扩的锥形扩口，扩口的角度小于 45°；另一种是在炉膛布风板上就呈锥形扩口状，这有助于在布风板附近提高流化风速，减少床内分层和大颗粒沉底，有利于燃烧和降低上部截面烟速，减少受热面磨损，增加物料在炉内的停留时间，提高燃烧效率。

（2）燃烧室（炉膛）开口。在循环流化床锅炉的炉膛内，为送入锅炉燃烧需要的燃料、空气、脱硫剂、循环物料以及排除烟气、灰渣等，除一、二次风口外，还需要设置给煤口、脱硫剂进口、循环物料进口、炉膛烟气出口、排渣口和各种观察孔、人孔、测试孔等等。另外，为检测锅炉安全经济运行，还要安装必要的温度、压力测点。炉膛内各种开孔的数量、大小和位置应该合理选择和布置，尽量减少对水冷壁的破坏，保持炉膛严密不漏风，同时，对所有孔口处都应采取措施进行特殊的防磨处理。

1）给煤口。燃料通过给煤口进入循环流化床内，给煤口处的压力应高于炉膛压力，防止高温烟气从炉内通过给煤口倒流，通常采用密封风将给煤口和上部的给料装置进行密封。给煤点的位置一般在敷设有耐火材料的炉膛下部还原区，并且尽可能地远离二次风入口点，以使煤中的细颗粒在被高速气流夹带前有尽可能长的停留时间。有些循环流化床锅炉，煤先被送入返料装置预热，然后与循环物料一起进入炉内，这种给煤方式对于高水分和强黏结性的燃料比较合适。

因为循环流化床锅炉床内的横向混合远比鼓泡流化床强烈，所以其给煤点的数量比鼓泡流化床锅炉要少，一般认为一个给煤点可以兼顾 $9 \sim 27 m^2$ 的床面积。如果燃料的挥发分含量高，反应活性高，则可以取低值，反之取高值。

2）石灰石给料口。由于石灰石脱硫时的反应速度比煤燃烧速度低得多，而且石灰石给料量少，粒度又较小，对其给料点的位置及数量要求可低于给煤点，既可以采用给料机或气力输送装置将石灰石单独送入床内，也可以将其通过循环物料口或给煤口给入。目前，国内中小容量循环流化床锅炉普遍采用气力输送装置在给煤点附近将石灰石送入，大型锅炉采用单独的石灰石给料装置。

3）排渣口。循环流化床锅炉的排渣口设置在床的底部，通过排渣管排出床层最底部的大渣。排放大渣可以维持床内固体颗粒的存料量以及颗粒尺寸，不致使过大的颗粒聚集于床层底部而影响流化质量，从而保证循环流化床锅炉的安全运行。

排渣口的布置一般有两种方式：一种是布置在布风板上，即去掉一定数量的风帽用排渣管取代，排渣管的尺寸应足够大，以使大颗粒物料能顺利地排出，并特别注意将排渣管周围的风帽开孔适当加大以使布风均匀；第二种方式是将排渣管布置于炉壁靠近布风板，这样，就无需在布风板上开孔布置排渣管，但在床面较大时，这种布置比较困难。目前多采用第一种布置方式。

排渣口的个数视燃料颗粒尺寸而定。当燃料颗粒尺寸较小且比较均匀时，可采用较小的排渣口；相反，如果燃用的颗粒尺寸较大，应增加排渣口并在布风板上均匀布置，以使可能沉底的大颗粒能及时排出。

4）循环物料进口。为增加未燃尽碳和未反应脱硫剂在炉内的停留时间，循环物料进口（又称返料口）布置在二次风口以下的密相区内。由于这一区域的固体颗粒浓度比较高，设计时必须考虑返料系统与炉膛循环物料进口点处的压力平衡关系。循环物料进口的数量对炉内颗粒横向分布有重要影响，通常一个送灰器有一个返料口。为加强返料的均匀性，防止密集物料可能带来的磨损以及局部床温偏低，可以采用双腿送灰器，以增加循环物料进口。

5）炉膛出口。炉膛出口对炉内气固两相流体的流体动力特性有很大影响。采用特殊的炉膛出口结构可使炉膛顶部形成气垫，床内固体颗粒的内循环增加，炉膛内固体颗粒浓度会呈倒 C 形分布。循环流化床锅炉采用具有气垫的直角转弯炉膛出口最佳，也可采用直角转弯型式的炉膛出口，延长颗粒在床内的停留时间。

6）其他开孔。除上述开口外，循环流化床锅炉中的观察孔、炉门、人孔、测试孔等其他开孔可根据需要设定。但应提出的是，由于循环流化床锅炉炉内受热面采用膜式水冷壁结构，设置这些开孔时必须穿过水冷壁，需要水冷壁"让管"。在"让管"时，必须注意向炉膛外让管，而炉膛内不能有任何突出的受热面，否则会引起严重的磨损问题。

3. 布风装置

布风装置是流化床锅炉实现流态化燃烧的关键部件。目前流化床锅炉采用的布风装置主要有两种形式：风帽式布风装置由一次风室、布风板、风帽（喷管）和隔热层组成；密孔板式布风装置包括风室和密孔板。我国流化床锅炉中使用最广泛的是风帽式布风装置。

由风机送来的空气从位于布风板下部的风道进入一次风室，再通过风帽底部的通道从风帽上部径向分布的小孔流出。由于经过二次导向与分流，小孔的总通流面积又远小于布风板面积，从风帽小孔中喷出的气流具有较高的速度和功能。气流进入床层底部吹动颗粒，并在风帽周围和帽头顶部产生强烈扰动的气垫层，从而强化了气固之间的混合，产生小而少的气泡使床层建立起良好的流态化状态。

风帽式布风装置的优点是布风均匀，当负荷变化时，流化质量稳定，但风帽帽顶容易烧坏，磨损也较严重。

为保证流化床的正常工作，对布风装置的要求如下：①能均匀、密集地分配气流，避免布风板上面局部形成死区。②风帽小孔出口气流具有较大动能，使布风板上的物料与空气产生强烈扰动和混合。③空气通过布风板的阻力损失不能太大，以尽可能降低风机的能耗。④具有足够的强度和刚度，能支承本身和床料的重量，锅炉压火时能防止布风板受热变形，风帽不烧损，检修清理方便。⑤结构要合理，能防止锅炉运行或压火时床料由床内漏入风室。

（1）布风板。流化床锅炉炉膛下部密相区底部的炉算称为布风板。布风板是布风装置的重要部件，其主要功能如下：

1）支撑风帽和床料。

2）对气流产生一定的阻力，使流化空气在炉膛横截面上均匀分布，维持流化床层的稳定。

3）通过安装在它上面的排渣管及时排出沉积在炉膛底部的大颗粒和炉渣，维持正常流态化。

按冷却条件的不同，布风板一般有水冷式和非冷却式两种。

由于大型循环流化床锅炉一般采用热风点火，要求启停时间短、变负荷快，采用水冷式布风板有利于消除热负荷快速变化对流化床锅炉造成的热膨胀不均匀等不利影响。另外，采用床下点火时必须使用水冷风室和水冷式布风板。水冷式布风板常采用膜式水冷壁管拉稀延伸形式，在管与管之间的鳍片上开孔，布置风帽，如图9-13所示。

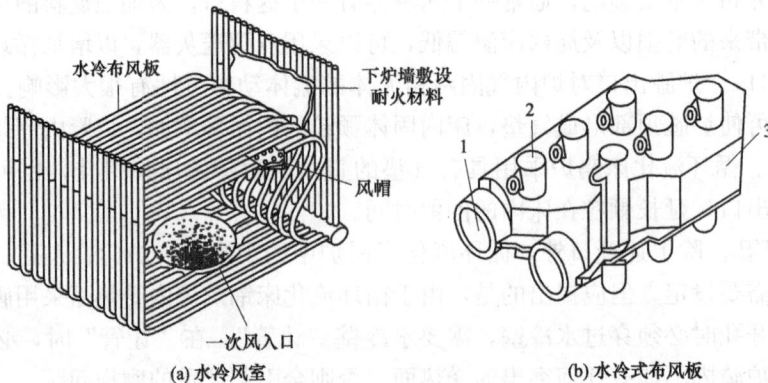

图9-13　由膜式水冷壁构成的水冷风室和水冷式布风板
1—水冷壁管；2—风帽；3—隔热层

非冷却式布风板由厚度为12～20mm的钢板或厚度为30～40mm的铸铁板制成，板上按布风要求和风帽形式开有一定数量的圆孔。非冷却式布风板通常称为花板，或简称布风板。布风板的截面形状及其大小取决于流化床锅炉炉膛底部的截面形状，目前用得最广泛的是矩形布风板。布风板上的开孔也就是风帽的排列以均匀分布为原则，通常按等边三角形排列，节距的大小与风帽帽檐尺寸、风帽的个数及小孔出口流速等匹配。

图9-14所示为非冷却式布风板的典型结构。为便于固定和支撑，布风板每边需留出

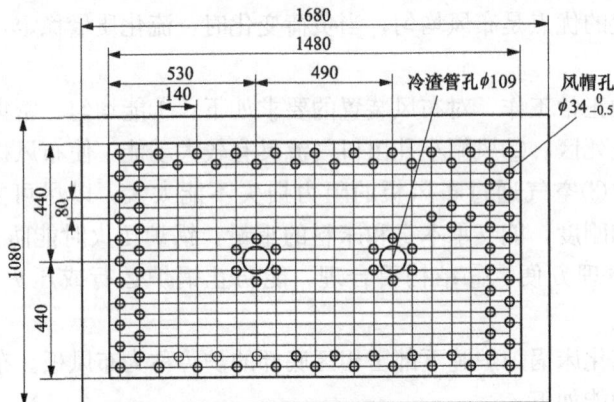

图9-14　非冷却式布风板结构（单位：mm）

50～100mm 的安装尺寸。当采用多块钢板拼接时，必须用焊接或用螺栓将钢板连成整体，以免受热变形不一致发生扭曲，使布风板漏风和隔热层产生裂缝（冷渣管孔）。排渣管常用 $\phi108$ 的金属管，能够顺利将大渣排出。另外，为弥补由于安装排渣管损失的风帽开孔，排渣管周围的风帽应适当加大开孔，或布置特殊风帽。

（2）风帽。风帽是流化床锅炉实现均匀布风以维持炉内合理的气固两相流动的关键部件，直接关系到锅炉的安全经济运行。随着循环流化床锅炉的发展，出现了多种结构形式的流化风帽，主要有小孔径风帽、大孔径风帽和定向风帽。我国发展鼓泡流化床锅炉初期，鼓泡床多采用大孔径风帽，这类风帽会造成流化质量不良，飞灰带出量很大。经过多年实践，目前循环流化床趋向于采用小直径大孔径风帽，直径为 40～50mm。

图 9-15 所示为目前广泛应用的几种风帽，(a)、(b) 为带有帽头的风帽，这种风帽阻力大，长时间连续运行后，一些大块杂物容易卡在帽檐底下，不易清除，冷渣也不易排掉，积累到一定程度，风帽小孔将被堵塞，阻力增加，进风量减少，甚至导致灭火，需要停炉进行清理，但气流的分布均匀性较好；图 9-15 (c)、(d) 为无帽头风帽，这种风帽阻力较小，制造简单，但气流分配性能略差。每个风帽的四周侧向开 6～12 个孔，小孔直径一般采用 4～6mm，可以一排或双排均匀布置，小孔中心线成水平，见图 9-15 (a)～图 9-15 (c)；或向下倾斜 15°，以利于风帽间粗颗粒的扰动和减少细颗粒通过风帽小孔漏入风室，如图 9-15 (d) 所示。

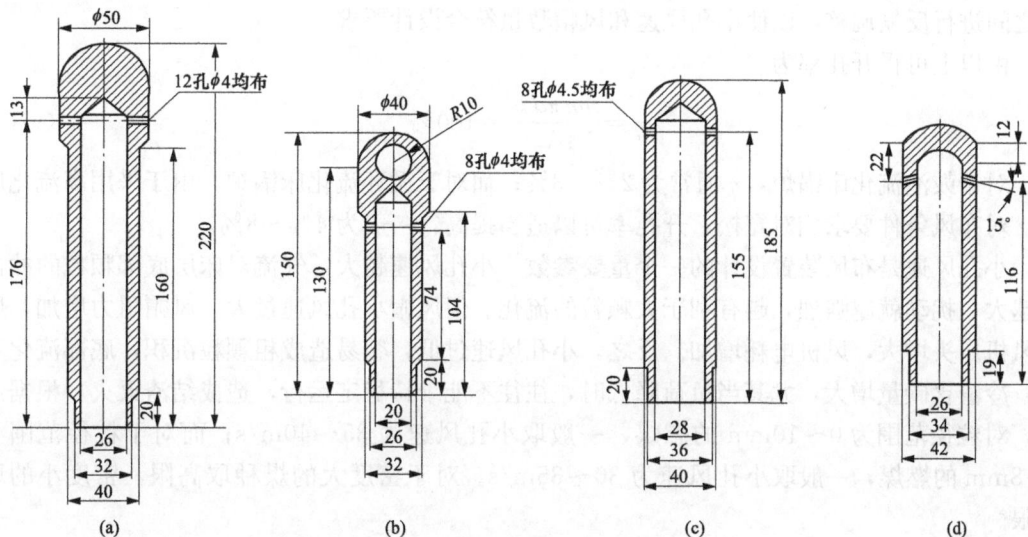

图 9-15　典型风帽结构（单位：mm）

循环流化床锅炉运行过程中在炉膛底部往往会有一些大的渣块，为使这些渣块有控制地排出床外，许多循环流化床锅炉采用了定向风帽。定向风帽的特点是布风均匀，采用大开孔喷口可以防止堵塞，喷口布置不是垂直向上而是朝着一定的水平方向，喷口定向射流有足够的动量，能有效地将沉积在床层底部的大颗粒灰渣及杂物沿规定方向吹至排渣口排出。定向风帽有两种结构形式，即单口定向风帽和双口定向风帽。

开孔率 η 是风帽设计的一个重要参数，指各风帽小孔面积的总和 $\sum f(\mathrm{m}^2)$ 与布风板有效面积 $A_b(\mathrm{m}^2)$ 的比值，以百分率表示，即

$$\eta = \frac{\sum f}{A_b} \times 100\%$$ (9-7)

风帽小孔面积的总和根据小孔出口风速按下式计算：

$$\sum f = \frac{\alpha_1 B_i V^0}{3600 u_{or}} \times \frac{273 + t_0}{273}$$ (9-8)

式中　B_i——计算燃料消耗量，kg/h；

　　　u_{or}——风帽小孔风速，m/s；

　　　α_1——过量空气系数；

　　　V^0——理论空气量，m^3/kg；

　　　t_0——进风温度，℃。

小孔面积确定后，一般取小孔直径 $d_{or} = 4\sim6mm$，用式（9-9）计算开孔数，即

$$m = \frac{4\sum f}{n\pi d_{or}^2}$$ (9-9)

式中　m——单个风帽的开孔数，应取偶数；

　　　n——风帽数量；

　　　d_{or}——风帽小孔直径，m。

实际上，风帽的计算往往不能一次完成，需要在风帽数量、开孔数、小孔直径及小孔风速之间进行反复调整，以使小孔风速和风帽数量符合设计要求。

由以上可得开孔率为

$$\eta = \frac{nm\pi d_{or}^2}{4A_b} \times 100\%$$ (9-10)

对于鼓泡流化床锅炉，η 通常为 2%～3%；而对于循环流化床锅炉，由于采用高流化风速，对布风条件要求相对宽松，开孔率可以适当提高，一般为 4%～8%。

小孔风速是布风装置设计的一个重要参数。小孔风速越大，气流对床层底部颗粒的冲击力越大，扰动就越强烈，越有利于大颗粒的流化。但风帽小孔风速过大，风帽阻力增加，所需风机压头增大，风机电耗增加。反之，小孔风速过低，容易造成粗颗粒沉积，底部流化不良，冷渣含碳量增大，尤其当负荷降低时，往往不能维持稳定运行，造成结渣灭火。根据经验，对粒径范围为 0～10mm 的燃煤，一般取小孔风速为 35～40m/s；而对于粒径范围为 0～8mm 的燃煤，一般取小孔风速为 30～35m/s。对于密度大的煤种取高限，密度小的取低限。

均匀稳定的流化床层要求布风板具有一定的压降，一方面使气流在布风板下的速度分布均匀，另一方面可以抑制由于气泡和床层起伏等原因引起的颗粒分布和气流速度分布不均匀。布风板压降大小与布风板上风帽开孔率平方成反比，但由于布风板的压降给风机造成了压头损失和电耗，因此在设计时应考虑维持均匀稳定的床层所需的布风板最小压降。

4. 风系统的组成和布置

循环流化床锅炉烟风系统根据其作用和用途主要分为一次风、二次风、播煤风（也称三次风）、回料风、冷却风、石灰石输送风等。

（1）一次风。循环流化床锅炉的一次风与煤粉炉的一次风概念和作用均有所不同。煤粉炉中的一次风是风粉混合的气-固两相流，主要作用是输送煤粉（燃料）并提供一定的燃烧

氧量；而循环流化床锅炉的一次风是单相的气流，主要作用是流化炉内床料，同样给炉膛下部密相区送入一定的氧量供燃料燃烧。一次风由一次风机供给，经布风板下一次风室通过布风板和风帽进入炉膛。由于布风板、风帽及炉内床料（或物料）阻力很大，并且要使床料达到一定的流化状态，因此一次风压头很高，一般在 15～20kPa 范围内。一次风压头大小主要与床料成分、固体颗粒的物理特性、床料厚度以及炉床温度等因素有关。一次风量一般占总风量的 50%～65%，当燃用挥发分较低的燃料时，可适当调大。

由于一次风压头高，风量较大，一般的鼓风机难以满足要求，特别是较大容量的锅炉，一次风机的选型比较困难，因此有的锅炉一次风由两台或两台以上风机供给，对压火要求更高的锅炉，一次风机也采用串联的方式以提高压头。通常一次风为空气，有时掺入部分烟气，特别是锅炉低负荷或煤种变化较大时，为了满足物料流化的需要，又要控制燃料在密相区的燃烧份额，往往采用烟气再循环方式是比较有效的。一次风压和风量的调整对循环流化床锅炉至关重要，运行中需注意。

（2）二次风。二次风的作用与煤粉炉的二次风基本相同，主要是补充炉内燃料燃烧的氧气和加强物料的掺混，另外循环流化床锅炉的二次风能适当调整炉内温度场的分布，对防止局部烟气温度过高、降低 NO_x 的排放量起着很大作用。

二次风一般由二次风机供给，有的锅炉一、二次风机共用。为了达到上述的作用，二次风分级布置，最常见的分级从炉膛不同高度给入，有的也分三级送入燃烧室。二次风口根据炉型不同，有的布置于侧墙，有的布置于四周炉墙、还有的四角布置，但无论怎样布置和给入，绝大多数布置于给煤口和回料口以上的某一高度，其作用都是相同的。运行中通过调整一、二次风比和各级二次风比，就可控制炉内燃烧和传热。由于二次风口一般处在正压区，所以二次风机压头也高于煤粉炉的送风机压头，若一、二次风共用一台风机，其风机压头按一次风需要选择。

（3）播煤风。播煤风（也称三次风），其概念来源于抛煤炉，其作用与抛煤炉的播煤风一样，使给煤比较均匀地播撒入炉膛，提高燃烧效率，使炉内温度场分布更为均匀。播煤风一般由二次风机供给，运行中应根据燃煤颗粒、水分及煤量大小来适当调节，使煤在床内播撒更均匀。

（4）回料风。对于非机械回料阀均由回料风作为动力输送物料返回炉内。根据回料阀的种类不同，回料风的压头和风量大小及调节方法也不尽相同。对于自平衡回料阀，当调整正常后一般不再作大的调节；对于 L 形回料阀往往根据炉内工况需要调节回料风，从而调节回料量。回料量占总风量的比例很小，但对压头要求较高，因此，对于中小锅炉一般由一次风机供给，较大容量的锅炉因回料量很大（每小时上千吨甚至更大），为了使回料阀运行稳定，常设计回料风机独立供风。对回料阀和回料风应经常监视，防止因风量调整不当而阀内结焦。

（5）冷却风和石灰石输送风。冷却风和石灰石输送风并非每台循环流化床锅炉都有。冷却风是专供风冷式冷渣器冷却炉渣的；石灰石用风是对采用气力输送脱硫剂——石灰石粉而设计的。

风冷式冷渣器种类很多，但实际上都采用流化床原理（鼓泡床）用冷风与炉渣进行热量交换，把炉渣冷却至一定的温度，冷风加热后携带一部分细小颗粒作为二次风的一部分再送回炉膛。因此对冷却风要有足够的压头克服流化床和炉内阻力，冷却风常由一次风机出口（未经预热器）引风管供给，或单设冷渣冷却风机。

循环流化床锅炉的主要优点之一是应用廉价的石灰石粉在炉内可以直接脱硫。因此循环流化床锅炉通常在炉旁设有石灰石粉仓，虽然石灰石粉粒径一般小于 1mm，但其密度较大，一般的风机压头无法将石灰石粉从锅炉房外输送入仓内，若用气力输送时需对风机的选型进行周密的计算。

（6）风系统的布置。循环流化床锅炉风机多、风系统复杂、投资大、运行电耗也较大。在风系统设计时应尽可能地减少风机，简化系统，但常常受到运行技术的限制。每种风都有其独自的作用，而且锅炉工况变化时，各风的调节趋势和调整幅度又各不相同，往往相互影响，给运行人员的操作带来困难。因此对于风系统的设计必须进行技术经济比较、系统优化。下面对中小型锅炉送风系统的几种布置形式做一简单介绍。

中小容量的循环流化床锅炉，风量相对较小，风机选型广，对于系统技术要求又不太高，尤其国内生产制造的 75t/h 容量以下的锅炉，基本未采用石灰石脱硫和连续排渣冷渣技术，所以风系统设计比较简单，主要有以下两种方式：

方式一是根据锅炉容量一般布置一台或两台送风机，由送风机供给锅炉所需的一次风、二次风、播煤风以及回料风。该方式的优点是风机数量少、系统简单、投资小，但运行中操作比较复杂，调整每一个风门将影响其他风的变化，开大或关小风机挡板，各股风都随之增大或减小。如果风机设计余量不当，常常出现"夺风"现象。由于一次风、二次风压头要求相差加大，由一台风机供给一、二次风往往很难恰当地符合设计要求。

方式二是把一次风、二次风分别由各自风机提供，比较好地解决了上述问题，但风系统较方式一要复杂，两者综合比较，方式二优于方式一。风系统设计方式一、二如图 9-16 所示。

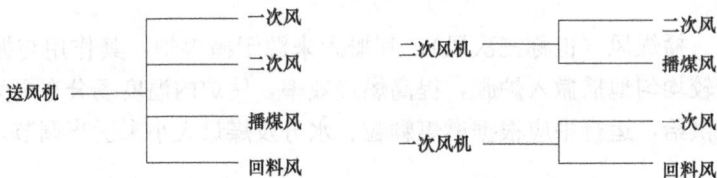

图 9-16　风系统设计方式一、二

对于容量大于 130t/h 的锅炉，由于总风量较大，而大风量高压头风机的选型比较困难，常采用串联风机方式提高风压，并且由于容量较大的锅炉均采用石灰石（或其他脱硫剂）脱硫和连续排渣，甚至设计有烟气返送和飞灰返送系统，因此风机类型和台数大大增加，风系统更加复杂。

方式三和方式四是两种相对比较简单的布置方式。

方式三和方式四共同特点是采用分别供风的形式布置的，低压风由二次风机供给，高压用风基本上由一次风机供给，特殊用风独自设立风机，当然在具体设计时也会考虑互为备用问题，这种布置方式，对于运行操作和调整比较方便。方式四中，高压风是由容量较大的送风机提供风源，再由送风机出口串联的加压风机增加风压供给，以满足一次风和冷渣器用风（或回料风）的需要。上述两种投资相对较大，对于大、中型锅炉风系统布置比较有利。风系统设计方式三、四如图 9-17、图 9-18 所示。

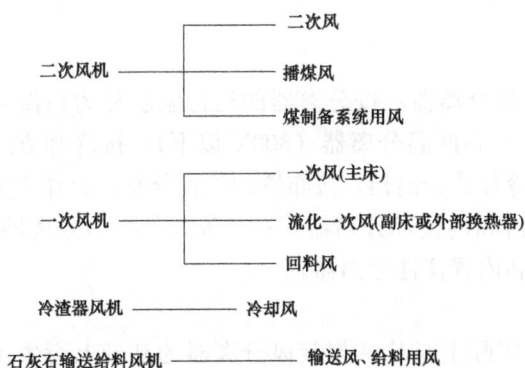

图 9-17 风系统设计方式三　　　　图 9-18 风系统设计方式四

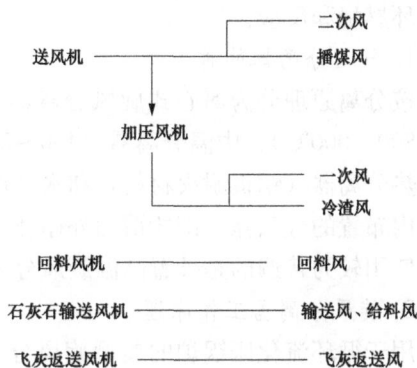

图 9-19 所示为某 220t/h 锅炉烟风系统,其中风系统按方式二布置。由图可见,一台容量较大的送风机提供的风源分成了三路:其中一路作为一次风,经送风机出口串联的加压一次风机增压,并依次经过暖风器、空气预热器加热后送往炉膛下部的水冷一次风室,经水冷布风板和风帽进入炉膛;另外一路作为二次风,经空气预热器加热后在炉膛的不同高度进入燃烧室,以利于燃料燃尽并实现分级燃烧;第三路作为冷渣器流化风,经冷渣风机增压后供给冷渣器,冷渣器流化风将大渣冷却到一定温度后携带部分细颗粒送回炉膛。回料风由一台高压风机单独供给,用于使飞灰回送装置中的物料流化流动,并返回炉膛。石灰石输送风由两台输送风机单独供给,用于输送石灰石进入炉内进行脱硫。燃料燃烧后的烟气由两台并联运行的引风机经烟囱排向大气。

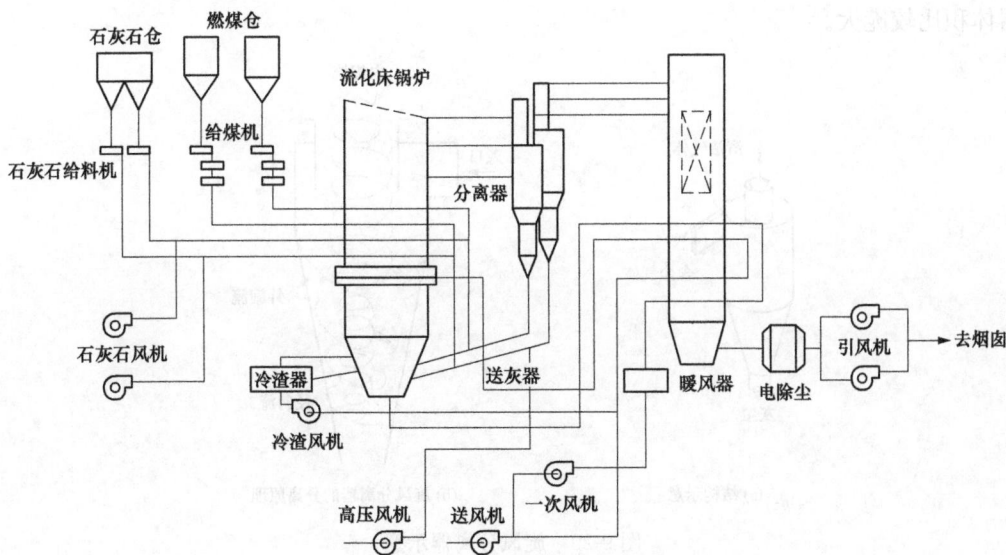

图 9-19 某 220t/h 循环流化床锅炉的烟风系统布置

9.3.6 气固分离器

气固分离器是循环流化床锅炉最重要的标志性设备之一。其作用是将大量高温固体物料从烟气中分离下来并返送回炉膛内,以维持炉内的快速流态化状态,使燃料和脱硫剂能够多次循环燃烧和反应。

1. 气固分离器的种类

按分离原理分为离心式旋风分离器和惯性分离器；按分离器的运行温度分为高温分离器（800~900℃）、中温分离器（400~500℃）和低温分离器（300℃以下）；按冷却方式分为绝热分离器（钢板耐火材料）和水（汽）冷却式分离器；按布置的位置分有炉膛外布置和炉膛内布置的分离器，即所谓的外循环分离器和内循环分离器等；在各式各样的分离器中，当前使用较为普遍的是外置高温旋风分离器和内置惯性分离器。

2. 旋风分离器工作原理

用于循环流化床锅炉的典型旋风分离器实际上是从常规旋风分离器的基础上衍生出来的，典型结构形式见图9-20（a），由切向入口、圆筒及圆锥体构成的分离空间、净化气排出及分离颗粒排出等几个部分组成。各部分的结构有很多形式，从而又有各种形式的旋风分离器，但它们的分离原理都是一样的。旋风分离器的分离原理如图9-20（b）所示，气固两相流沿切向引入筒体后，以筒壁为边界做螺旋向下运动，此为外旋气流。旋转产生的离心力使密度重于气体的固体颗粒脱离气体主流汇聚到筒壁，并在进口动量和重力的作用下沿筒壁下滑至加速段，由其下口排出后经料腿、回料阀等回送到炉膛。旋转下降的外旋气流到达锥体后受圆锥形壁面制约而向分离器中心收缩，由于旋转矩不变，故其切向速度不断提高。当气流到达锥形加速段下端某一位置时，开始以同样的旋转方向反弹上升、继续做螺旋形流动，形成内旋气流。失去所携固体成分的内旋气流经排气芯管离开分离器，少部分未被捕集的细小颗粒也随之逃逸。旋风分离器的特点是分离效率高，特别是对细小颗粒的分离效率远远高于惯性分离器，因此绝大多数循环流化床锅炉采用旋风分离设备作为物料分离器，但是该分离器体积比较庞大。

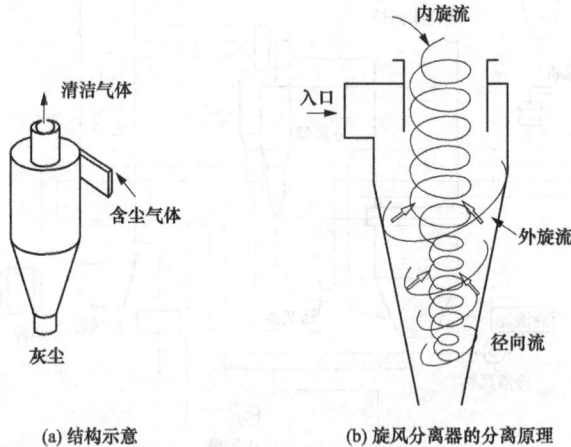

(a) 结构示意　　(b) 旋风分离器的分离原理

图 9-20　旋风分离器示意

根据分离器的工作条件，旋风分离器可分为高温、中温两种。

高温旋风分离器通过一段烟道与炉膛连接，其布置根据锅炉结构及分离器数量的不同而有所变化，大多布置于炉膛后部，也有的布置在炉膛前墙或两侧墙，并多采用上排气形式。高温旋风分离器的结构形式主要有两种，一种是由钢板和耐火材料构成不冷却的绝热旋风筒，另一种是由膜式壁构成通过水（或蒸汽）冷却的水（汽）冷却式旋风筒。

3. 高温绝热旋风分离器

高温绝热旋风分离器内烟气和物料温度高（850℃左右），甚至有颗粒在分离器内继续燃烧，同时物料在分离器内高速旋转，故绝热分离器内衬有较厚（80mm以上）的高温耐火材料，外设保温层隔热。

表9-3列出了220t/h及以下容量循环流化床锅炉燃烧室和高温绝热旋风分离器的主要尺寸以及两者的匹配情况，表中尺寸说明参见图9-21。

表9-3　　　　　　　　　循环流化床锅炉燃烧室和高温绝热旋风分离器主要尺寸

蒸发量（t/h）	A(m)	B(m)	D_0(m)	H(m)	分离器数量（个）
9	9.1	1.8	3	4.6	1
23	12.2	2.7	3.7	6.1	1
46	15.2	3.7	4.6	7.6	1
90	15.2	3.7×3.7	4.6	7.6	2
150	29	5	7.5	16	1
220	30	4.5×6	6	12	2

应用绝热旋风器作为分离器的循环流化床锅炉称为第一代循环流化床锅炉。德国鲁奇公司较早地开发出采用保温、耐火及防磨材料砌成筒身的该型分离器，并为鲁奇公司、芬兰奥斯龙公司以及由其技术转移的公司设计制造的循环流化床锅炉所采用。据统计，目前有78％的循环流化床锅炉采用了绝热高温旋风分离器。但这种分离器也存在一些问题，主要是旋风筒体积庞大，钢材耗量较高，密封和膨胀系统复杂，耐火材料用量较大，分离器热惯性大，启动时间较长。另外，在燃用挥发分较低或活性较差的煤种时，旋风筒内的燃烧将导致分离后的物料温度上升，从而引起旋风筒内或立管、返料阀超温结焦。

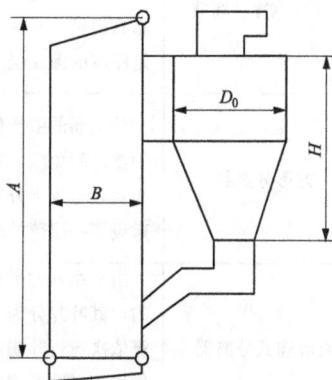

图9-21　燃烧室和高温绝热旋风分离器主要尺寸

4. 中温旋风分离

所谓中温分离，就是分离器入口介质温度较低，一般不高于600℃。中温分离与高温分离相比，有如下几方面优点：

（1）由于入口烟气温度较低，烟气总体积相对降低，因而旋风分离器尺寸可以减小，加之烟气颗粒浓度降低，可以提高分离器效率。

（2）由于分离器温度降低，可以采用较薄的保温层，这样可以缩短锅炉启停时间。在保温相同的条件下，减小散热损失。

（3）采用中温分离，分离器内不会发生燃烧，也不会超温结焦。

（4）中温分离对保温材料的耐温要求降低，可以降低成本。

（5）采用中温分离器分离下来的物料温度较低，这对抑制炉床超温，防止炉床发生结渣以及对负荷调整有利。

采用中温分离的最大缺点是由于分离器不像高温分离那样布置于过热器前面，而是布置于过热器后面，过热器所处的烟气含物料量较大，固体颗粒也较粗，增加了过热器的磨损，

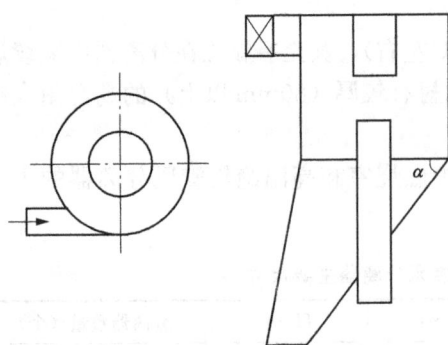

图 9-22　下排气分离器旋风筒结构简图

其他类型的分离器见表 9-4。

严重影响过热器的安全运行，所以中温分离一般应用于低循环倍率循环流化床锅炉上，并且对分离器前受热面采取有效的防磨措施，以提高使用寿命。

目前应用较多的中温旋风分离器是一种下排气的分离器。采用下排气分离器是为了克服常规上排气旋风分离器结构与尾部烟道的协调布置问题。下排气分离器可以缩小锅炉的外部尺寸，简化烟风道布置，从而降低锅炉造价。图 9-22 所示为下排气分离器旋风筒结构简图。

表 9-4　　　　　　　　　　　　　　其他类型分离器

分离器名称	结构特点	优缺点
水冷/汽冷分离器	外壳由水冷或汽冷管弯制、焊装而成，取消了绝热旋风筒的高温绝热层，代之以受热面制成的曲面，其内侧布满销钉，有一层较薄的耐火耐磨浇注料，外侧覆以一定厚度的保温层	可吸收一部分热量，分离器内物料温度不会上升，甚至略有下降，较好地解决了旋风筒内的燃烧结焦问题
方形分离器	分离器的壁面作为炉膛壁面水循环系统的一部分，与炉壁之间免除了热膨胀节。同时方形分离器可紧贴炉膛布置，布置十分紧凑。为防止磨损，方形分离水冷表面敷设了一层薄的耐火层	会减少整个循环流化床锅炉的体积，而且分离器起到传热表面的作用，并使锅炉启动和冷却速率加快
百叶窗式分离器	由一系列的平行叶片（叶栅）按一定的倾角组装而成的，其叶片分为平板形和波纹形。从入口进入的含尘气流依次流过叶栅，当气流绕流过叶片时，尘粒因惯性的作用撞在叶栅表面并反弹而与气流脱离，从而实现气固分离	结构简单，布置方便，与锅炉匹配性好，热惯性小，流动阻力一般也不高，但分离效果欠佳，特别是对惯性小、跟踪性强的细微颗粒捕集效果更差
平面流分离器	主要是依靠撞击横向布置在气体通道上的分离体来分离固体。基于气-固两相流经过分离器通道时为二元流动	结构比较简单、在高温下运行稳定、压降低、放大容易，但是分离效率低

9.3.7　返料系统

循环流化床锅炉之所以能实现循环燃烧和高效脱硫，物料返料系统起到了关键作用，因此是循环流化床锅炉的核心系统，也是循环流化床锅炉所独有的系统，主要由气固分离器和返料阀等组成，它直接影响锅炉燃烧、传热和运行稳定。

1. 返料系统作用

返料系统概括起来有以下作用：

（1）保证物料高效分离。无论锅炉是高负荷运行还是低负荷运行，系统中的分离器均应有较高的分离效率，使烟气中的固体物料被捕捉下来，减小飞灰量，降低因尾部受热的磨损和固体未完全燃烧热损失。

（2）稳定回料。炉膛内流化状态、燃烧和传热都与返料有关。要保证锅炉安全稳定运行达到较高的燃烧效率和额定出力，就必须保持一定的返料量及返料的连续稳定。

（3）防止炉内烟气由返料系统窜入分离器。物料通过立管和返料阀由低压部位送入炉膛下部的高压部位，因此系统必须有足够的压头克服这个压差。飞灰回送装置的功能是将循环灰分离器分离下来的高温固体颗粒连续稳定地回送至压力较高的炉膛内，并使反窜到分离器的气体量为最小。循环流化床锅炉运行时，大量固体颗粒在炉膛、分离器和回送装置以及外置式换热器等组成的物料循环回路中循环。一般循环流化床锅炉的循环倍率为 5～20 倍，也就是说有 5～20 倍给煤量的返料灰需要经过回送装置返回炉膛再燃烧。同时，运行中返料量的大小依靠飞灰回送装置进行调节，而返料量的大小直接影响到锅炉的燃烧效率、床温以及锅炉负荷。因此，飞灰回送装置是关系到锅炉燃烧效率和运行调节的一个重要部件，其工作的可靠性直接影响锅炉的安全经济运行。

2. 返料阀

返料阀种类较多，使用较多的有 U 形阀、J 形阀、L 形阀等。这些阀的名称是根据阀的结构与某些英文字母比较相像而得来的。例如：U 形阀的结构与字母 U 很相似，L 形阀的结构形状与字母 L 很相似。其主要结构形式如图 9-23 所示，结构形式特点见表 9-5。

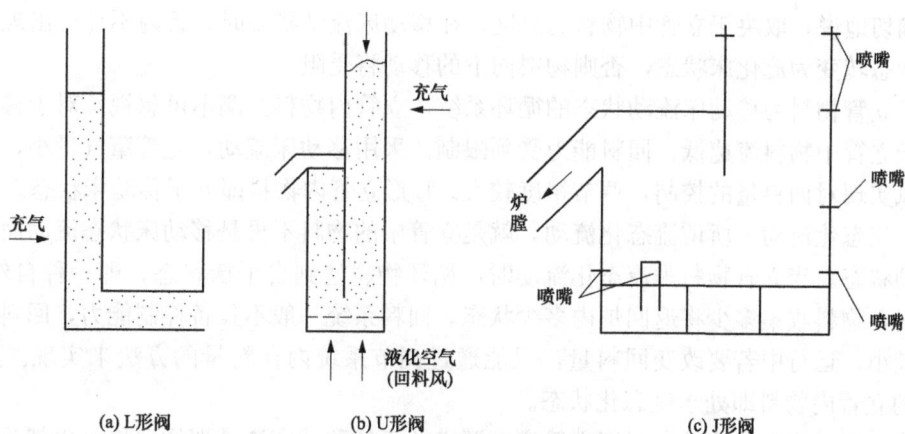

图 9-23　返料阀的结构形式

表 9-5　各返料阀结构特点

返料阀名称	结构特点	优缺点
U 形阀	阀的底部布置有风室和布风板，布风板由花板和风帽组成。阀体由下降段和上升段组成，下降段与立管连通，物料在其中向下移动；上升段为鼓泡流化床，通过回料管与炉膛连通，物料在流化状态下向上溢流进入炉膛；下降段和上升段之间有水平孔口使物料通过。物料在阀内先向下运动，通过水平通道再折转向上，溢流进入炉膛，整个流动路线像字母 U	U 形阀属于自平衡阀，即流出量根据进入量自动调节，这使得 U 形阀操作简单，运行可靠
L 形阀	它由直角弯管、垂直管和水平管组成。L 形阀的垂直段与分离器连接，水平段与炉膛相连。回料风充气点以上为立管、以下为阀体。一定温度和压力的回料风由充气点进入阀体、推动物料返回炉膛，调节回料风可以控制回料量的多少	结构简单，回料量调节范围宽，属于可控型回料阀，但在运行中立管内料位高度的监测要求较严格

返料阀名称	结构特点	优缺点
J形阀	J形阀由下降段和上升段组成，采用钢板卷制而成，内壁敷设防磨材料和保温材料，以避免高温高浓度含尘气流对分离器金属壁面的磨损	结构简单、循环物料的回送流率高，返料风量小，体积小，布置紧凑

3. 立管

通常把物料循环系统中的分离器与回料阀之间的回料管称为回料立管，简称为竖管或料腿。立管的作用是输送物料，系统密封，产生一定的压头防止回料风或者炉膛烟气从分离器下部进入，与回料阀配合使物料由低压向高压（炉膛）处连续稳定地输入。

立管内物料的流动状态主要有非流态化流动和流态化流动两种，它与立管的高度、直径和回料阀充气点位置、料位等因素有关。因此在运行中，若要稳定地回料，必须控制调整好管内物料的流动。

（1）移动床流动。立管中的物料伴随有一定的气体向下流动，当气－固两相流未达到流态化状态时，物料处于移动床状态向下滑动，这时回料阀最大传递物料量取决于立管的高度，更确切地说，取决于立管中物料的高度。在移动床流动状态时，管内不允许出现气泡或移动床状态转变为流化床状态，否则物料向下的移动将受阻。

对于立管物料为移动床流动状态的循环系统，立管内物料监测不可忽视。对于移动床流动，由于立管中物料流速低，回料能力受到限制。采用移动床流动，立管窜气量小，通过调节回料风实现对回料量的控制，调节裕度较大。L形立管内物料即处于移动床状态。

（2）流态化流动。所谓流态化流动，就是立管中的物料不再是移动床状态流动而进入流化床运动状态。当立管物料为流态化流动时，循环物料达到自平衡状态，即一种自然循环，自动回料，物料收集多少将返回炉内多少状态。回料系统一般不具备控制能力，回料量的调节裕度较小，运行中若要改变回料量，只能通过调节系统内存料量的方法来实现。J形阀、U形阀的立管内物料即处于流态化状态。

立管内物料流态化流动，对于立管高度要求并不像移动床流动那样严格，也就是传送同样的回料量，它可以有较短的立管高度，或者同样立管高度能够传递更多的物料，对于流态化流动，立管内固体颗粒下滑速度应该小于产生节涌之前的气泡速度，不然将失去有效压头和系统稳定。

9.3.8 除渣除灰系统

循环流化床锅炉运行中必须保持一定的灰平衡，灰平衡的基本概念之一就是进入炉内的灰量和排出的灰量保持平衡，即质量相等。这里讲的"灰"包括给入的燃料含有的灰、脱硫用的石灰石以及加入的砂子和飞灰、炉渣的再循环部分。这些"灰"的一部分从炉床底部排出，称为炉渣（或称大渣），一部分从尾部烟道排出称为飞灰。一般情况下返料机构（或外置式流化床换热器）也应排走一部分灰，另外在对流竖井下的转弯烟道也有可能会排走一部分灰。因此对于一台锅炉飞灰和渣的排出量一般是一定的（灰/渣比是一定的），但是由于炉型不同，流化速度和炉内固体颗粒物理特性不同，每台锅炉的灰渣比也往往不同，如有的锅炉灰渣比为 60：40，有的为 50：50，还有的为 30：70 等。灰渣比的概念对于锅炉设计和除渣、除尘设备的选型以及锅炉运行都是十分重要的。

1. 冷渣器

炉渣与飞灰不仅粒径大小不同，温度差异也很大，炉渣温度的高低与炉内燃烧温度有关，循环流化床锅炉炉内温度一般在 850～900℃，因此炉渣的温度也在这一温度范围内，为了利用炉渣这部分热量，提高锅炉热效率和保证排渣运行人员的安全，必须把炉渣冷却至一定的允许温度之内（一般在 100℃左右），这样锅炉应设置冷渣器冷却炉渣。冷渣器按灰渣运动方式的不同可分为流化床式、移动床式和混合床式以及螺旋输送机式几种；按冷却介质的不同可分为水冷式、风冷式和风水共冷式三种。

(1) 水冷螺旋冷渣器。螺旋冷渣器是使用最普遍的冷渣器之一，其结构与螺旋输灰机基本一致，不同的是其螺旋叶片轴为空心轴，内部通冷却水，外壳是双层结构，中间有水通过。炉渣进入螺旋冷渣器后，被轴内和外壳层内的冷却水冷却。为了增加螺旋冷渣器冷却面积，防止叶片过热变形，有的螺旋冷渣器采用双螺旋或多螺旋轴结构。

图 9-24 所示为双螺旋冷绞龙的结构，主要由旋转接头、料槽、机座、机盖、螺旋叶片轴、密封与传动装置等组成。

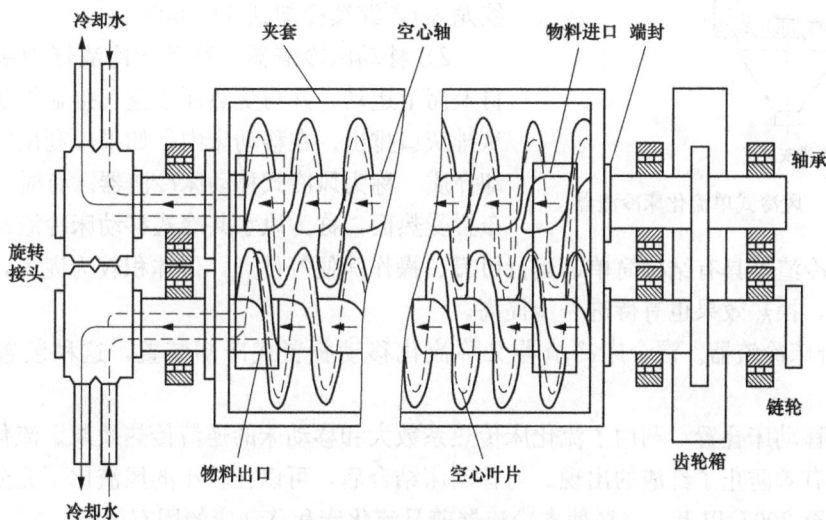

图 9-24 双螺旋水冷绞龙的结构

螺旋叶片轴是水冷绞龙的主要换热部件，由空心轴、空心叶片、两端轴组成，一端接传动机构，另一端接旋转接头。物料在螺旋叶片的作用下，在夹套式结构的料槽内运动。流化床锅炉的灰渣进入该水冷绞龙后，在两根相反转动的螺旋叶片的作用下，做复杂的空间螺旋运动。运动着的热灰渣不断地与空心叶片、轴及空心外壳接触，其热量由在空心叶片、轴及空心外壳内流动的冷却水带走。最后，冷却下来的灰渣经出口排掉，完成整个输送与冷却过程。

水冷螺旋冷渣器具有体积小、占地面积和空间小、易布置（可布置于锅炉本体下部）、冷却效率较高等优点。但也存在许多缺陷：对金属材料要求高，制造工艺较复杂，设备初期投资大；很难达到选择性排渣，使石灰石利用率和燃料燃烧效率降低，增加运行成本；螺旋冷渣器较长，中间不设支承轴承，在运行中如被金属条或其他硬物卡住，易造成断轴等故障。随着水冷绞龙不断改进，这些缺陷逐渐得到改善。

（2）风冷式冷渣器。风冷式冷渣器种类很多，它主要是流化介质（空气或烟气）和灰渣通过逆向流动过程完成热量交换，从而使灰渣得到冷却。主要包括流化床式冷渣器、混合床式冷渣器和气力输送式冷渣器等几种。而流化床式冷渣器又分为单流化床式和多流化床式两种。

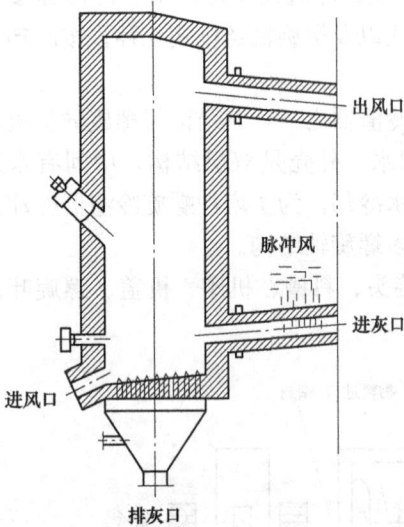

图 9-25　风冷式单流化床冷渣器

1）风冷式单流化床冷渣器。典型的风冷式单流化床冷渣器如图 9-25 所示，在紧靠燃烧室下部设置两个或多个风冷式流化床冷渣器。根据锅炉炉内压力控制点的静压，通过脉冲风来控制进入冷渣器的灰渣量。冷却介质由冷风和再循环烟气组成。加入烟气的目的是防止残炭在冷渣器内继续燃烧。冷渣器内的流化速度为 1～3m/s，冷风量约为燃烧总风量的 1%～7%，根据燃料灰分的多少而定。床灰经冷渣器冷却到 300℃左右以后，排至下一级冷渣器（如水冷螺旋绞龙等），继续冷却到 60～80℃。

2）移动床冷渣器。移动床冷渣器中灰渣靠重力自上而下运动，并与受热面或空气接触换热，冷却后从排灰口排出。在移动床中，如果仅利用空气作为冷却介质，称为风冷式移动床冷渣器。有时同时在床内布置受热面，称为风水共冷式移动床冷渣器。

移动床冷渣器具有结构简单、运行可靠、操作简便等优点，但体积较为庞大，且因空间死角的存在，换热效果也有待进一步提高。

3）混合床冷渣器。混合床冷渣器又称流化移动叠置式冷却装置，这种装置结构特点如下：

①流化移动床叠置，利用了流化床传热系数大和移动床的逆流传热效果。流化床内温度分布均匀，有效防止了红渣的出现。与移动床结合后，可以在较小的风渣比下充分冷渣，并将风温提高至 300℃以上，这样使本冷渣器兼具流化床和移动床的固有优点；

②进出渣控制机构能方便地根据炉膛内存料量调节锅炉放渣量，这对于循环流化床锅炉是十分必要的；

③布置紧凑，充分利用了流化床的悬浮空间，使整个装置占的空间高度控制在 3m 以下，以便适应各种锅炉；

④进出渣控制装置可处理 400mm 以下的渣粒，而冷却床内流道宽，渣流顺畅，无堵塞搭桥现象。

（3）风水共冷式流化床冷渣器。对于高灰分的燃料或大容量的流化床锅炉而言，单纯的风冷式流化床冷渣器往往难以满足灰渣的冷却要求。这时，除采用两级冷渣器串联布置外，还可以采用风水共冷式流化床冷渣器，即在风冷式流化床冷渣器中布置埋管受热面来加热低温给水（替代部分省煤器）或凝结水（替代部分回热加热器）。这样，可以利用床层与埋管受热面间强烈的热交换作用，大大提高冷却效果，并最大限度地减少冷渣器的尺寸。对于风水共冷式冷渣器，由于灰渣粒度较大，流化速度较高，所以，必须采取严格的防磨措施，以防埋管受热面的磨损。

风水共冷式流化床冷渣器的冷却效果好,但系统却较风冷式流化床冷渣器复杂,常规的机械排、输渣方式不可取,推荐采用非机械方式。

2. 除渣除灰系统

(1)除渣系统。由于循环流化床锅炉属低温燃烧,灰渣的活性好,并且炉渣含碳量很低(一般在1%～2%)。可以用作许多建筑材料的掺合剂,综合利用广泛,因此锅炉灰渣一般采用干除渣。

炉渣的输送方式和输送设备的选择,主要决定于灰渣的温度,对于温度较高的灰渣($T>400℃$)一般采用冷风输送,冷风在输渣过程中把炉渣冷却下来,送入厂房外渣仓内再用车辆运出。这种输送方式的缺点是,为了冷却灰渣需要大量的冷风,使管道磨损严重,而且灰渣的温度较高需要在渣仓储存冷却一定时间才可以运出利用。这种方式对于未布置冷渣器、渣量不大的小型循环流化床锅炉可以采用,对于中、大容量的锅炉一般均匀布置有冷渣器,冷渣器通常把灰渣冷却至200℃以下,因此灰渣可以采用埋刮板输送机把灰渣输送至厂房外仓内,对于温度低于100℃的炉渣也可以采用链带输送机械输送,当然对于较低温度的灰渣也可采用气力输送方式。气力输送系统简单、投资小,易操作,但管道磨损较大。在电厂中最常用的输渣方式是埋刮板和气力输送。

目前国内绝大部分35t/h、75t/h锅炉未布置有冷渣器,采用高温灰渣直接排放和水力除渣方式,不仅损失了灰渣中大量的热,而且高温灰渣与水接触产生大量的水蒸气、弥漫在锅炉房内,很不安全。

(2)除灰系统。循环流化床锅炉除灰系统与煤粉炉没有太大的区别,但采用静电除尘器和浓相正压输灰或负压除灰系统时,当特别注意循环流化床锅炉飞灰、烟气与煤粉炉的差异。譬如,循环流化床锅炉由于炉内脱硫等因素使其烟尘比电阻较高,而且除尘器入口含尘浓度大,飞灰颗粒粗等,这些都将影响静电除尘器的除尘效率和飞灰输送。因此,对于循环流化床锅炉,不宜采用常规煤粉炉的电除尘器,必须特殊设计和试验。此外,输灰也应考虑灰量的变化以及飞灰颗粒的影响。

为了便于调节床温,有时会将静电除尘器灰斗收集的部分飞灰由仓泵经双通阀门送入再循环灰斗,再由螺旋输送机或其他形式的输灰机械排出并由高压风送入燃烧室。这个系统称为冷灰的再循环系统。除尘器冷灰再循环有以下三个优点:

1)提高炭粒的燃尽率。

2)提高石灰石的利用率。

3)调节床温,使其保持在最佳的脱硫温度。

但冷灰再循环系统使整个锅炉的系统变得更为复杂,控制点增多,对自动化水平要求较高。

9.3.9 启动燃烧器

1. 启动燃烧器的功能与布置

循环流化床锅炉的冷态点火启动就是将床料加热至运行所需的最低温度以上,以便投煤后稳定燃烧运行。由于从点燃底料到正常燃烧是一个动态过程,燃用的多是难以着火的劣质煤,循环流化床锅炉冷态启动比煤粉炉中的煤粉点燃或层燃炉中煤块的点燃困难得多,通常需要采用燃油或燃烧天然气的燃烧器,在流态化的状态下将惰性床料加热到600℃以上的温度,然后投入固体燃料,使燃料着火燃烧。这种用于锅炉点火和启动主燃烧室的燃烧器称之为启动燃烧器。启动燃烧器投运后，随着固体燃料的不断给入，床温不断升高。相应的减少启动燃烧器的热量输出直至最后停止启动燃烧器的运行，并将床温稳定在 850～950℃的范围内，即完成锅炉的点火启动过程。

循环流化床锅炉燃油或燃烧天然气的冷态启动燃烧器有三种不同的布置方式，即床上布置、床下布置和床上加床下布置。其中，床内布置指布置在布风板上，床下布置多指一次风道内布置。图 9-26 所示为采用床上布置方式时启动燃烧器的位置。由图可见，启动燃烧器布置在炉膛下部流化床层上面的两侧墙上。图 9-27 所示为奥斯龙公司在美国纽克拉电站110MW 循环流化床锅炉上采用的启动燃烧器床下布置（布置在一次风道内，又称风道燃烧器）方式。

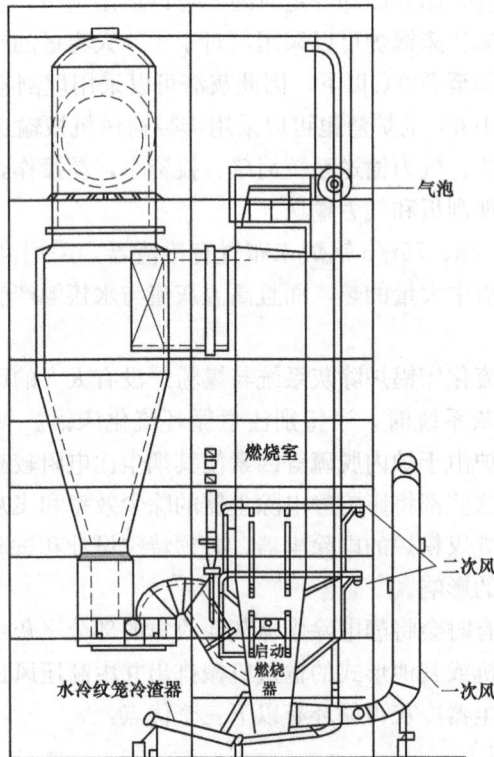

图 9-26　启动燃烧器的床上布置

2. 启动燃烧器的结构

（1）床上布置的启动燃烧器。图 9-28（a）所示的启动燃烧器为一种燃油燃烧器（俗称油枪）。由图可见，燃烧器略向下倾斜安装，目的是使火焰能与流化床层接触，更好地加热床料。图 9-28（b）所示为布置在布风板上燃烧气体燃料的启动燃烧器示意。如图所示，燃烧器喷管置于布风板的风帽中间，在启动时从风帽小孔流出的空气不但为床料提供流化风，也提供天然气燃烧所需的氧气，使天然气的燃烧过程在流化床内进行加热床料。

（2）床下布置的启动燃烧器。在循环流化床锅炉冷态启动时，风道燃烧器先将一次风加热至 700～800℃的高温，高温一次风进入水冷风箱，再通过布风板将惰性床料流化，并在流态化的条件下对床料进行均匀地加热。与启动床上燃烧器相比，由于风道燃烧器采用将一

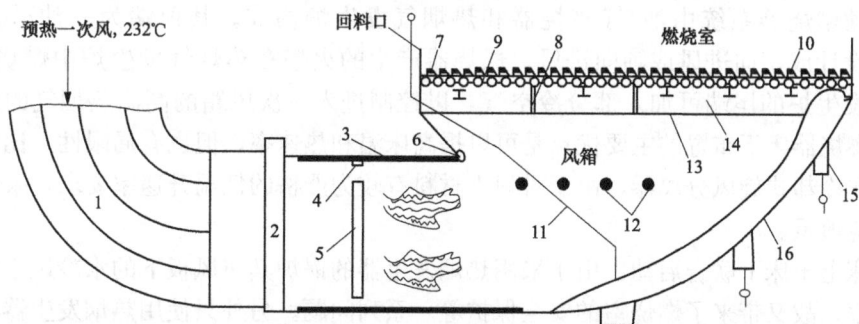

图 9-27　启动燃烧室的床下布置

1——一次风道；2——膨胀节；3——绝热层；4——启动燃烧器；5——启动燃烧器调整装置；6——风箱折焰角；

7——裂缝位置；8——膨胀槽；9——风帽；10——布风板绝热保护层；11——回漏床料返送管；12——起吊位置；

13——支撑结构；14——水冷布风板；15——回漏床料收集装置；16——回漏床料

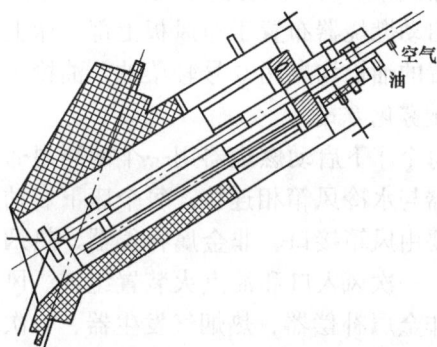

(a) 向下倾斜安装的燃油启动燃烧器　　　　　　　(b) 布风板上的燃烧气体燃料的启动燃烧器

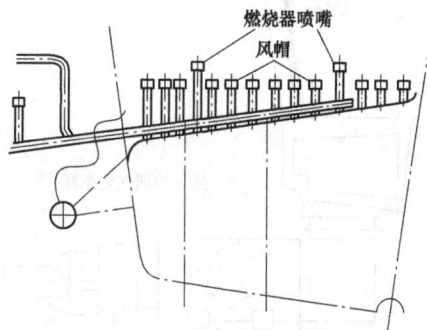

图 9-28　床上布置的启动燃烧器

次风加热到高温来预热床料的启动方式，热风加热使床内温度分布十分均匀，再加上床内强烈的湍流混合和传热过程，对床料的加热十分迅速，炉膛散热损失也很小，可大大缩短启动时间，节省启动燃料。

据估算，一台 300MW 的循环流化床锅炉，每冷态启动一次，风道燃烧器启动要比床上布置燃烧器节省启动燃料 60%。因此，布置在一次风管道内的启动燃烧器现在普遍得到应用。图 9-29 所示为巴布科克公司设计的一次风道内启动燃烧器的结构示意。它与一次风从风箱底部进入的风道燃烧器不同，其一次风从风箱的侧面（根据布置方便可从炉膛的前墙或后墙）进入

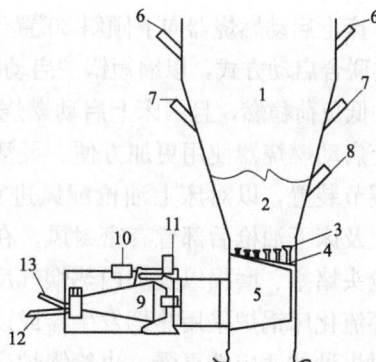

图 9-29　巴布科克公司的风道燃烧器结构示意

1——锅炉；2——流化床层；3——风帽；4——天然气启动系统；

5——一次风室；6——三次风；7——二次风；8——给料口；

9——热烟气发生炉；10——启动燃油进口；11——空气进口；

12——油启动燃烧器；13——天然气燃烧器

风箱。启动燃烧器系统由油/气燃烧器和热烟气发生炉构成。其顶端为一油/气燃烧器，燃烧器可设计成切向进风或轴向进风。燃烧器产生的火焰在热烟气发生炉中燃烧并燃尽，在热烟气发生炉的尾端可加入部分冷空气，以控制进入一次风箱的高温热烟气的温度。

　　启动燃烧器床下布置的主要优点是可以提高床温和热速率，但也有局限性。比如，如果采用高温非冷却式旋风分离器，由于对耐火材料有较为严格的低温升速率要求，采用床下布置方式就应慎重。

　　（3）床上＋床下联合启动。由于采用热烟发生器的锅炉其布风板下的水冷风室实际上是一个燃烧室，故又带来了燃烧室的安全保护等一系列问题。另外只使用热烟发生器不会把床料温度加热得太高，对烧无烟煤或贫煤等低挥发分煤质的锅炉，热烟发生器还要与床上启动燃烧器或床枪配合才能把床料加热到投煤温度。

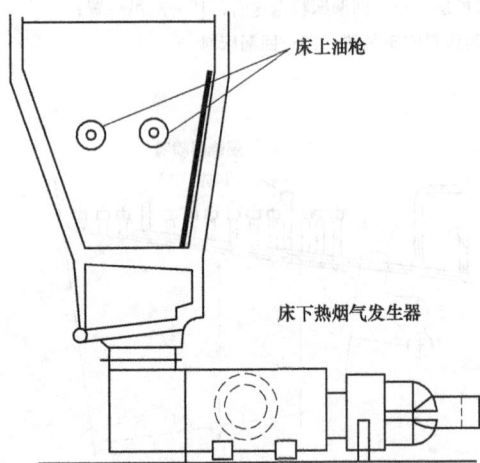

图 9-30　床上＋床下联合启动燃烧器布置方式

　　图 9-30 所示为床上＋床下联合启动的燃烧器布置方式，设有床下启动燃烧器和床上启动燃烧器。床下启动燃烧器布置在水冷风箱下部，床上启动燃烧器布置于布风板上部。床上和床下装置的油枪均燃用 0 号轻柴油，油枪采用简单机械雾化方式。

　　每个床下启动燃烧器用一个耐高温非金属补偿器与水冷风箱相连接。每个床下启动燃烧器主要由风箱接口、非金属补偿器、热烟气发生器、一次风入口和油点火装置组成。风箱接口、非金属补偿器、热烟气发生器、一次风入口等内砌有耐火和保温材料；预燃室内仅敷设有耐火材料，其外部敷设有保温材料。

　　床上启动燃烧器布置在床上距离布风板约 3m 处两侧墙上，床上启动燃烧器主要由以下几部分组成：油枪及其伸缩机构、点火枪及其伸缩机构、配风器及其支吊、火焰检测器和看火孔等。床上启动燃烧器向下倾斜 30°置于二次风口内，与床下启动燃烧器一起构成"床上＋床下"的联合启动方式，以缩短锅炉启动时间。床上启动燃烧器与床下启动燃烧器一样，也可用于锅炉低负荷稳燃，且因床上启动燃烧器火焰直接与炽热的物料接触，故在低负荷稳燃方面，床上启动燃烧器使用更加方便、灵活、有效。在床上启动燃烧器入口处，另设有流量计和风门调节装置，以对床上油枪配风进行测量和调节，使之更好地与油枪负荷相匹配，另外，床上及床下油枪后部皆有密封风，在锅炉运行及油枪抽出进行检修时，需通入该密封风以防油枪头堵塞、磨损以及炉内热烟气反窜。

　　循环流化床锅炉采用热烟发生器或以热烟发生器为主配以床上启动燃烧器的设计方案，使锅炉对煤种的适应性更强，也给锅炉启动和运行带来了方便。

9.4　故障诊断及解决方案

9.4.1　燃烧系统的主要问题及解决措施

在循环流化床锅炉的实际运行中，经常遇到一些问题。这些问题可概括为两个方面：一是设备在设计，制造、安装等方面自身存在的问题；二是操作技术问题。就现在投入运行的循环流化床锅炉来看，问题多出在设备自身，特别是国内开发、研制的循环流化床锅炉，研制资金投入不足，开发力量分散，试验手段欠缺。另外，由于循环流化床锅炉自身特有的气固两相流动特点，使得其磨损明显高于其他炉型，这也是循环流化床锅炉亟待解决的问题。

国产的循环流化床锅炉存在最根本的问题是锅炉额定蒸发量达不到的设计值。影响这一问题的因素是多方面的，主要有以下几点：

1. 气固分离器效率低

分离器运行实际效率达不到设计要求是造成锅炉出力不足的重要原因，锅炉设计时采用的分离器效率往往是套用小型冷态模型试验数据而定的。然而，在实际运行时，由于热态全尺寸规模与冷态小尺寸规模有较大差异。比如，温度、物料特性（尺寸）、结构设计、二次夹带等因素以及负荷变化等影响，使分离器实际效率显著低于设计值，导致小颗粒物料飞灰增大和循环物料量的不足。因此，造成悬浮段载热质（细灰量）及其传热量不足，炉膛上、下部温差过大，使锅炉出力达不到额定值，同时造成飞灰可燃物含量增大，影响燃烧效率。

2. 燃烧份额分配不合理

物料的平衡和热量的平衡是关键，运行时实际燃烧份额分配与设计是否相符会直接影响运行工况、流化床锅炉的运行是否正常以及是否能够达到额定出力。

所谓物料的平衡，简单地说，就是炉内物料与锅炉负荷之间的对应平衡关系。具体来讲，物料的平衡包括三个方面的含义：一是物料量与相应物料量下锅炉负荷之间的平衡关系；二是物料的浓度梯度与相应负荷之间的平衡关系；三是物料的颗粒特性与相应负荷之间的平衡关系。这三个含义缺一不可，对于循环流化床锅炉，每一负荷工况下均对应着一定的物料量、物料浓度梯度分布和物料的颗粒特性。炉内物料量的改变，必然影响炉内物料的浓度，从而影响传热系数，负荷也就随之改变。如果仅仅在量上达到了平衡而浓度的分布不合理也会影响炉内温度的均匀性和热量的平衡。另外，即使上述两个条件均满足，但是物料的颗粒特性达不到设计要求，也很难使负荷稳定，反过来说，在物料的颗粒特性与负荷不平衡的条件下达到物料量和浓度分布的平衡是很难的，仅仅通过改变一、二次风比的方法来调整物料的浓度分布，必然会影响炉内的动力特性，而且物料的颗粒大小对炉内传热系数也有影响，因此要保证锅炉的出力，首先要保证物料的平衡。

所谓热平衡，就是指燃料在燃烧室内沿炉膛高度上、中、下各部位所放出的热量与受热面所吸收的热量的平衡，只有达到这种平衡，炉内才能有一个较均匀、理想的温度场，一般来说流化床锅炉燃烧室内横向、纵向温度差都不会超过50℃（一般在20℃左右），只有在一个较理想的温度场下，炉内各部分才能保证实现设计的换热系数，工质才能吸收所有的热量，从而达到各部位热量的平衡，保证锅炉出力。热平衡与物料的平衡是相辅相成的，要达到这两种平衡，必须确定进入燃烧室内的燃料在上、中、下各部位的燃烧份额，如果在各部位的燃烧份额分配得不合理，就必然造成局部温度过高，而另一些部位温度又太低，受热面吸收不到所需的热量，从而影响锅炉的出力。另外，目前在运行的一些循环流化床锅炉达不到额度负荷的一个主要原因，就是锅炉设计时燃烧份额分配得不合理，或者是运行中燃烧调整不当，致使燃料燃烧份额分配未达到设计要求。

3. 燃料的粒径和份额与锅炉不适应

循环流化床锅炉对燃料颗粒的粒径分布有比较特殊的要求，入炉煤中所含较大颗粒只占很少一部分，而较小颗粒的份额所占的比例却较大，也就是要求有合适的燃料颗粒粒径分布或者筛分特性。如果循环流化床锅炉由于煤料制备系统选择不合理，没有按燃料的破碎特性选择合理的工艺系统和破碎机，或者是燃料制备虽然设计合理，适合设计煤种，而实际运行时由于煤种的变化而影响燃料颗粒粒径分布特性，造成锅炉出力下降。

4. 锅炉受热面布置不合理

稀相区受热面与密相区受热面布置的不恰当或者有矛盾，特别是在烧劣质煤时，密相区内受热面布置不足，锅炉负荷高时则床温超温，这无形中限制了锅炉负荷的提高。

5. 锅炉配套辅机的设计不合理

循环流化床锅炉能否正常运行，不仅仅是锅炉本体自身的问题，锅炉辅机和配套设备是否适应循环流化床锅炉的特点对锅炉也会有很大影响，特别是风机，如果它的流量、压头选择不当，将影响锅炉出力。总之，循环流化床锅炉本体、锅炉辅机和外围系统以及热控系统必须作为一个整体来考虑。如何改善这些因素，使锅炉能够满负荷运行，这是设计、制造、使用单位和部门需要共同解决的问题，经过十几年来的实践，人们对循环流化床锅炉的工艺技术过程和运行特性的认识已经逐渐深入，对有些问题产生原因的分析和看法也已逐步取得共识，提出了一些切实可行的改善措施。例如，改进分离器结构设计从而提高其分离效率，改进燃料制备系统减小粒径、改善级配从而增大小颗粒份额，在一定的燃烧份额分配下采取有效的措施以保证物料平衡和热平衡，正确地设计和选取辅机及其外围系统，增设飞灰回燃系统和烟气再循环系统等，都为循环流化床锅炉技术的成熟打下了一定基础。

9.4.2　床层结焦原因及解决措施

1. 结焦原因

在循环流化床锅炉的实际运行中，如果炉内温度超过灰渣的熔化温度，就会导致结焦现象的产生，破坏正常的流化燃烧状况，影响锅炉正常运行。对于大多数循环流化床锅炉和鼓泡床锅炉，结焦现象主要发生在炉床部位。结焦要及时发现并处理，不可待焦块扩大、全床结焦时再采取措施，否则，不但清焦困难，而且容易损坏设备。

结焦有以下几种原因：

（1）操作不当。床温超温而产生结焦。

（2）运行中一次风量保持太小，低于最小流化风量。这使物料不能很好流化而堆积，改变了整个炉膛的温度场，稀相区燃烧份额下降，锅炉效率降低，这时加大给煤量，必然造成炉床超温而结焦。

（3）燃料制备系统的选择不合理。燃料分配过大和颗粒份额较大，造成密相区床超温而结焦。

（4）煤种变化太大。必须说明，对循环流化床来说，燃煤中灰分大是个有利条件，即使分离器效率略低，也能保持循环物料的平衡；而煤的挥发分低是不利条件，炉膛下部密相区容易产生过多热量。解决的办法是将部分煤磨细些，使之在悬浮段燃烧。而对既定的燃料制备系统来说，一般都是根据某一设计煤种选取的，虽然具有一定的煤种适应性，但如果煤种的变化范围过大，肯定有不适合于这种破碎系统的煤种，如果这种煤又恰恰是挥发分含量低、运行人员又没及时发现的，时间长就会结焦。

一些现象可以帮助我们判断是否结焦，如风室静压波动很大、有明亮的火焰从床下窜上来、密相区温差变大等，这多半是发生了结焦。在运行中，如果合理控制床温在允许范围内，进行合理的风煤配比，可以防止结焦的发生。

2. 结焦类型

流化床锅炉中的结焦可分为低温结焦和高温结焦两种。

低温结焦是指在点火过程中，整个流化床的温度还很低（400～500℃），但由于点火过程中风量较小，布风板均匀性差，流化效果不好，使设备达到着火温度，虽然尚未流化但此时的风量却足以使之迅速燃烧，致使该处物料温度超过煤灰的熔融温度，发现、处理不及时就会结焦。此时，整个床层的温度还很低，故称为低温结焦。这类焦块的特点是熔化的灰渣与未熔化的灰渣互相黏结，当发现结焦时，应立即使用专用工具推出，然后重新启动。

高温结焦是在点火后期料层已全部流化，床温已达到着火温度，此时料层中可燃成分很高，使床料燃烧异常猛烈，温度急剧上升，火焰呈刺眼的白色，当温度超过灰熔化温度时，就有可能发生结焦。高温结焦的特点是面积大，甚至波及整个床，且焦块是由灰化的灰渣组成，质坚，这种结焦一经发现要立即处理，否则会扩大事态。

对于这两种结焦，只要认真做好冷态实验，控制好温升及临界流化风量并按点火过程进行操作，就可避免结焦。

9.4.3 回料系统常见问题及解决措施

1. 高温分离器分离效率下降

高温旋风分离器结构简单，分离效率高，是循环流化床锅炉应用最广泛的一种气固分离装置。影响高温分离器分离效率的因素很多，如形状、结构、进口风速、烟温、颗粒浓度与粒径等，已建成的循环流化床锅炉分离器结构参数已定，且一般经过优化设计，故结构参数的影响不再讨论，运行中分离器效率如有明显下降则可考虑以下因素：

（1）分离器内壁严重磨损、塌落从而改变了基本形状。

（2）分离器密封不严导致空气漏入，产生二次携带。

（3）床层流化速度低，循环灰量少且细，分离效率下降。

需强调指出的是，漏风对分离效率有着极其重要的影响。由于在正常状态下分离器内静压分布特点为外周高、中心低，锥体下端和灰出口处甚至可能为负压，分离器筒体尤其是排灰口处若密封不佳，有空气漏入，就会增大向上流动的气速，并将筒壁上已分离出的灰粒夹带走，严重影响分离效率。

防止分离器分离效率下降的措施主要如下：

（1）当发现分离器分离效率明显降低时，应先检查是否漏风、窜气，如有则应及时解决。

（2）检查分离器内壁磨损情况，若磨损严重则须进行修补。

（3）检查流化风量和燃煤的筛分特性，应使流化风量与燃煤的筛分特性相适应，以保证合理的循环物料量。

2. 回料阀堵塞

回料阀是循环流化床锅炉的关键部件之一，如果回料阀突然停止工作，会造成炉内循环物料量不足，汽盘、汽压急剧降低，床温难以控制，危及正常的运行，为防止返料器堵塞，保证锅炉稳定、安全运行，应勤检查、勤调节，及时发现问题，及时处理。

一般回料阀堵塞有两种情况，一是由于流化风量和返料风量不足，造成循环物料大量堆积而堵塞。通风不足的原因有以下几方面：

（1）回料阀下部风室落入冷灰使流通面积减小。

（2）风帽小孔被灰渣堵塞，造成通风不良。

（3）风帽的开孔率不够，不能满足流化物料所需的流化风量。

（4）回料系统发生故障。

（5）风压不够。

这些因素有可能造成物料流化不良而最终使回料系统发生堵塞。回料阀堵塞要及时发现并及时处理，否则，堵塞时间一长，物料中可燃物质可能会再次燃烧，造成超温、结焦，扩大事态，给处理增加了难度。处理时，要先关闭流化风，利用下面的排灰管放掉冷灰，然后再采用间断送风的形式投入回料阀。

第二种情况是回料阀处的循环灰结焦而堵塞，这种结焦与流化程度、循环物料的温度、循环物料量的多少都有关系。如果回料阀处漏风，也会造成局部超温面结焦。为避免此类事故的发生，应对回料阀进行经常性检查，监视其中的物料温度，特别是采用高温分离器的回料系统，选择合适的流化风量和松动风量，并防止回料阀处漏风。

第 10 章　锅炉结渣、积灰、腐蚀、磨损与超温

　　本章分 6 节讲述锅炉结渣、积灰、腐蚀、磨损与超温。分别为水冷壁的结渣与腐蚀、对流受热面的高温积灰与腐蚀、低温受热面的积灰和腐蚀、换热器高温破坏、飞灰磨损、管壁超温。读者可扫描二维码获取资源。

第 10 章

参 考 文 献

[1] 叶江明. 电厂锅炉原理及设备. 北京：中国电力出版社，2004.

[2] 樊泉桂. 锅炉原理. 北京：中国电力出版社，2004.

[3] 徐通模，金定安，温龙. 锅炉燃烧设备. 西安：西安交通大学出版社，1990.

[4] 唐必光. 燃煤锅炉机组. 北京：中国电力出版社，2003.

[5] 容銮恩. 燃煤锅炉机组. 北京：中国电力出版社，1998.

[6] 陈立勋，曹子栋. 锅炉本体布置与计算. 西安：西安交通大学出版社，1976.

[7] 冯俊凯，沈幼庭，杨瑞昌. 锅炉原理及计算. 北京：科学出版社，2003.

[8] 周菊华，操高城，郝杰. 电厂锅炉. 2版 北京：中国电力出版社，2010.

[9] 周强泰. 锅炉原理. 3版. 北京：中国电力出版社，2008.

[10] 李恩辰，徐合曼. 锅炉设备及运行. 北京，水利电力出版社，1991.

[11] 陈学俊，陈听宽. 锅炉原理：上、下册. 2版. 北京：机械工业出版社，1991.

[12] 金维强. 大型锅炉运行. 北京：中国电力出版社，1998.

[13] 张永涛. 锅炉设备及系统. 北京：中国电力出版社，1998.

[14] 张松寿. 工程燃烧学. 上海：上海交通大学出版社，1988.

[15] 林宗虎. 循环流化床锅炉. 北京：化学工业出版社，2004.

[16] 岑可法. 循环流化床锅炉理论设计与运行. 北京：中国电力出版社，1997.

[17] 冯俊凯，岳光溪，吕俊复. 循环流化床燃烧锅炉. 北京：中国电力出版社，2003.

[18] 贾鸿祥. 制粉系统设计及运行. 北京：水利电力出版社，1995.

[19] 锅炉机组水力计算标准方法. 北京锅炉厂设计科，译. 北京：机械工业出版社，1976.

[20] 林宗虎，徐通模. 实用锅炉手册. 北京：化学工业出版社，1999.

[21] 朱宝山. 锅炉安全手册. 北京：中国电力出版社，2001.

[22] 黄新元. 电站锅炉运行与燃烧调整. 北京：中国电力出版社，2003.

[23] 岑可法. 锅炉和热交换器的积灰、结渣、磨损和腐蚀的防止原理与计算. 北京：科学出版社，1994.

[24] 华东六省一市电机工程（电力）学会. 锅炉设备及其系统. 北京：中国电力出版社，2001.